科学出版社"十三五"普通高等教育研究生规划教材

电力系统规划与可靠性

钟建伟　宋全清　编著

科学出版社
北　京

内 容 简 介

电力系统规划是从国民经济整体、地区和环境情况，以及电力系统特点出发，研究在规划期内为了满足整个社会对电力增长的需求，合理利用现有的一次能源资源，以最佳的投资效果和技术，确定整个规划期内系统建设的战略决策。本书主要介绍电力系统规划的内容、方法，以及经济性和可靠性评价等方面内容，以期对推动电力系统规划有一定的指导性和操作性。

本书可作为电气工程及其自动化等相关专业的本科生、研究生的相关教材，也可作为从事电力系统工程技术人员的参考书。

图书在版编目（CIP）数据

电力系统规划与可靠性/钟建伟，宋全清编著.—北京：科学出版社，2021.6
科学出版社"十三五"普通高等教育研究生规划教材
ISBN 978-7-03-068863-7

Ⅰ.① 电… Ⅱ.① 钟… ②宋… Ⅲ.① 电力系统规划-高等学校-教材
Ⅳ.① TM715

中国版本图书馆 CIP 数据核字（2021）第 098831 号

责任编辑：吉正霞 曾 莉/责任校对：高 嵘
责任印制：赵 博/封面设计：苏 波

科 学 出 版 社 出版
北京东黄城根北街 16 号
邮政编码：100717
http://www.sciencep.com
北京凌奇印刷有限责任公司印刷
科学出版社发行 各地新华书店经销
*
开本：787×1092 1/16
2021 年 6 月第 一 版 印张：15 1/4
2025 年 1 月第五次印刷 字数：386 000
定价：88.00 元
（如有印装质量问题，我社负责调换）

前 言 Foreword

随着电力系统规模越来越庞大，结构越来越复杂，合理安排电力建设工程，更好地利用现有一次能源资源，实现最佳的投资效果，电力系统规划意义非凡。电力系统规划是能源规划的重要组成部分，也是国民经济和社会发展规划的有机组成部分，同时，它还是指导电力工业发展的纲领性文件。电力系统规划有效保证了电力系统的建设满足整个社会对电力的需求，促进了能源与经济社会创新发展、协调发展、绿色发展、开放发展、共享发展。

本书结合课题组人员多年从事发电厂、电网、配电小区及新能源发展规划的经验，紧贴电力系统规划发展的实际，贯彻国家能源发展战略和相关产业政策，遵循电力行业相关规程、规范和标准的要求。

本书第 1 章对电力系统规划的意义、作用、要求、内容等进行系统介绍；第 2 章主要介绍电力系统规划中常用的电力负荷预测方法及近年来新的电力负荷预测方法；第 3 章从电力电量平衡角度介绍如何确定电力系统规划年的装机容量和需新增的容量；第 4~6 章分别从电源、电网、配电网层面介绍一般规划方法和优化规划方法；在电网规划的基础上，第 7 章和第 8 章分别介绍无功规划和自动化规划；考虑到电力系统规划是一项复杂的系统工程，第 9 章介绍电力系统规划的经济评价方法；第 10 章从电力系统可靠性角度，介绍电力系统规划定量的评价指标及提高可靠性的措施。

本书注重理论的系统性与实用性，以期对学习电力系统规划和从事电力系统规划的相关人员提供有益的帮助。

本书由湖北民族大学钟建伟和国网湖北省电力有限公司恩施供电公司宋全清编写。具体分工为：钟建伟编写第 1~8 章，宋全清编写第 9 章和第 10 章。全书由钟建伟统稿。本书的出版得到了湖北民族大学学术著作出版基金资助，同时也得到了国网湖北省电力有限公司恩施供电公司多位专家和领导的支持，在此一并致谢。

由于编者水平有限，书中难免有疏漏和不足之处，恳请读者提出宝贵的意见和建议（E-mail：zhjwei163@163.com）。

作　者

2020 年 8 月 28 日于恩施

目 录 Contents

第1章 电力系统规划概论

1.1 电力系统规划的意义和作用

电能是现代社会必不可少的二次能源,可由水力、风力等机械能,煤炭、石油等燃烧产生的化学能,太阳的光能,以及原子核裂变时产生的原子能等多种一次能源转化而来。受资源及环境条件的制约,发电厂与电力负荷中心往往相距很远,因此必须用送电线路将电能从发电厂输送到电力负荷中心。另外,为了保证安全可靠、经济合理地供电,需要将使用不同能源孤立运行的发电厂用输电线路连接起来,组成统一的电力系统。随着经济的发展,社会发展对电能需求不断增大,电力系统规模也不断扩大。由于电力系统是一个有机整体,任何较大的建设,都将不同程度地影响系统的运行和今后的发展。

近几十年来,我国经济迅猛发展,与此同时,电力行业也取得了突飞猛进的发展,电力供应基本能够满足社会需求,有效改善了我国多地电力资源缺乏的问题。但是,电力行业在不断扩大与发展的同时,也面临着新的挑战。风电、光伏发电等可间断电源的不断渗透,使得电能供应结构逐渐变得复杂,电力行业对此还缺乏有效的调控措施,极易引发供电中断等问题。要解决这些问题,就需要对电力系统进行科学、全面的规划,提高其预见性和科学性,以保障其运行,提升电力资源的利用率。

电力系统规划的任务不是对建设项目进行具体的设计,而是从国民经济整体、地区和环境情况,以及电力系统的特点出发,在规划期内,为满足整个社会对电力增长的需求,合理地利用现有一次能源资源,以最佳的投资效果和技术,确定应该建设哪些项目、规模多大、各项目的基本参数、各项目建设投入顺序,以及某些重大的技术措施等,即整个规划期内系统建设的战略决策。具体来说,电力系统规划的基本任务大致可以归纳如下[1]。

(1)分析影响系统负荷增长的各种因素,预测规划期内各年度的电力负荷及其特点;

(2)根据系统所在区域的发展情况、地理位置、经济状况,以及某些建设项目的影响和有关政府的整体规划,确定规划应考虑的范围和规划期限;

(3)根据负荷预测结果,考虑能源供应情况,提出规划期内合理的电源建设方案;

(4)根据系统的无功平衡,提出无功补偿规划;

(5)根据负荷发展和电源布局,提出系统电网的合理建设方案;

(6)根据本系统及其相邻系统的电源、负荷、能源等情况,研究系统之间互联的效益和联网的必要性,以及联络输电线路的初步规划;

(7)对系统进行必要的计算,提出保证可靠性和供电质量的重大措施;

(8)提出需要进一步研究和解决的问题。

在这些基本任务中,最主要的是负荷预测、电源规划和电网规划。由于各个系统具体情况不同,基本任务和侧重点也有些差别。

科学合理地进行电网规划不仅是社会经济发展的需要,而且可以为电力系统所呈现出的充裕性进行正确的判断，并在此基础上提出相关的解决方案。对具体的投资工作进行较为详尽的规划，还应将经济、社会、环境等因素综合考虑在内，对电力工业的发展进行较为合理的布局，努力控制好电力工程建设的发展速度。电力规划对做好电力工程建设的前期工作，落实发、送、变电本体工程的建设条件，以及优化设计方案，意义尤为重大。正确合理的电力系统规划设计实施后可以最大限度地节约国家基建投资，促进国民经济其他行业的健康发展，提高其他行业的经济和社会效益。

做好影响电力建设的系统性与全局性工作，对电力规划起着十分重要的作用，不仅为电力建设进一步提出了可持续性发展的策略，同时还为电力规划的进一步发展指明了前进的方向。一方面，电力规划应全面考虑具体规划区域与整体的周边系统有无明确的网络联系，进一步缩小电力规划的有效范围，满足不同地区的整体负荷需求，进而实现电力资源的节约式发展，从而达到电力建设的最终目的；另一方面，在电力系统规划中应做好节约能源与保护环境的合理规划工作，将一次能源的使用情况考虑在内，并结合具体的交通运输、电力设备等条件，进一步降低耗能。

1.2　电力系统规划的基本指导思想和基本要求

电力系统规划对电力建设有着重要的促进作用，更能进一步促进社会经济向前发展。具体的电力系统规划应符合国家能源发展战略，遵循统筹兼顾、协调发展，坚持电网坚强与智能高度融合，坚持技术领先、经济合理、因地制宜的原则[2]；明确电力需求，进行针对性的预测，符合电力规划与建设发展的方向，做好电力规划等相关管理工作，发挥出电力规划的有利因素，为电力系统综合发展提供较为重要的基础性与合理性保障。

1.2.1　电力系统规划的基本指导思想

1. 正确认识电力生产的客观规律

1）产销的同时性

由于发电、输电、变配电、用电是同时进行的，且电能不能大量储存，必须每时每刻保持发、供、用电之间的平衡，这就要求电力负荷预测有相当高的可靠性。

2）发展的同步性

电网的发展，固然受到资源（包括动力资源、资金等）的制约，但其基本依据是用电需求量。发、供、配电设施与用电的需求增长要协调一致，要同步。

2. 力求建设一个安全、可靠、高效、经济的电网

由于电力工业是服务性行业，是以满足国民经济各部门和人民物质文化生活对电力的需要为最高宗旨的，要坚持经济合理地优化电网结构，坚守安全底线，科学推进远距离、大容量电力外送，构建规模合理、分层分区、安全可靠的电力系统，提高电力抗灾和应急

保障能力[3]。

3. 努力寻求经济效益指标好的规划方案

电力工业是资金密集型行业，用于基本建设的资金在整个工业部门的投资中比重较大，应合理安排建设项目和进度，缩短工期，节省投资，提高电力工业经济效果，寻求最佳的规划方案，将经济效果好作为电力系统规划的一个基本指导思想。

4. 合理利用各种发电能源并充分利用地方动力资源

做好电力系统规划应坚持生态环境保护优先，坚持发展新能源发电与煤电清洁高效有序利用并举，坚持节能减排。

中国动力资源比较丰富，但分布不均：北方有煤，西方有水力资源，东方和南方能源资源缺乏。因此，在规划电力项目时，应充分考虑能源资源的这种特点，合理安排电源项目，使整个能源的输送方向既经济又合理。

5. 调整好电力工业内部的各种比例关系

过去，电力工业存在"重发、轻供、不管用"的倾向。随着社会的发展，在抓紧做好电源规划的同时，应注意发、输、配电之间的合理比例关系，不仅要做好发电规划，而且要做好输电规划和配电规划，这三个规划应该彼此衔接，相互协调。

6. 注意电力工业发展的外部条件

宏观经济发展导致的电力需求变化是引领电力工业整体运行态势的主要因素，同时，工业化进程、固定资产投资、国民消费等多方面因素也会对电力需求造成影响。电力产量趋势与宏观经济运行趋势基本相同，电力产量受宏观经济周期性影响而呈现周期性变动。

电力工业的发展是外部环境因素作用的结果，同时，离不开外部条件的配合。其主要外部条件是能源资源条件和交通运输条件。电力规划应与能源开发规划和交通运输规划密切配合，协调一致。

7. 通过科技创新推动电力工业技术进步

我国电力工业的科学技术水平与发达工业国家相比，还有一定的差距，要加强重大关键技术攻关，完善科技创新体系，激发创新活力；健全成果转化应用机制，提升电力工业科技含量；实施技术标准战略，夯实高质量发展基础；大量采用与国力、国情相适应的科技，采用实用性和经济效果最佳的技术。

8. 建立电网互联新格局

建立电网互联新格局应综合考虑清洁能源资源和电力需求分布，按照完全可靠、结构清晰、交直流协调发展的原则，加快推进建设以特高压为骨干网架的东部和西部两个同步网，加强与周边国家互联互通，形成"西电东送、北电南供、多能互补、跨国互联"的电网总体格局[4]。这既是我国电力发展的长远战略，也是电力系统不断发展的客观规律。

1.2.2　电力系统规划的基本要求

电力系统应向用户提供充足、可靠、优质的电能，而可靠性、经济性、灵活性是电力系统应该具有的品质，因此满足一定程度的可靠性、经济性、灵活性是对电力系统规划设计的基本要求[5]。

1. 电力系统的可靠性

1）供电的充足性

供电的充足性是指系统满足一定数量负荷用电的不间断性，在各种运行方式下电力都能安全经济地输送到用户，且输、变、配比例适当，并留有适当裕度。在电力网络上既不存在电能不能充分利用的现象，也不存在设备能力闲置、资金积压的现象。目前，国际上已普遍采用电力不足概率（或失负荷）来作为对电力系统供电充足性的评价标准，我国一直沿用发电装机容量备用率的概念来表征电源的充足程度。

2）供电的安全性

供电的安全性是指系统在保持向用户安全稳定供电时能够承受故障扰动的严重程度，通常是指规程中规定的故障条件。电力系统发展设计的主要任务之一，就是通过电力系统的安全校核计算，包括稳态的 $N-1$ 安全检查和暂态的稳定计算来保证系统达到一定的安全标准。

2. 电力系统的经济性

电力系统的经济性包括燃料的输送和供应，电能的生产和输送，发、送、变电设备的一次投资和折旧，能量输送过程中的损耗，以及其他运行费用等。

由于是规划设计中的系统，系统运行费用是以生产模拟方法来计算的，总的要求是年费用最低。

对于跨区联网送电工程、远距离送电和建厂比较等大型系统规划设计项目，还应进行项目的财务分析，以确定其贷款偿还能力和经济效益。

3. 电力系统的灵活性

1）电力系统对基本建设条件变化适应的灵活性

电力系统规划设计阶段会遇到很多不确定因素，从规划设计完成到基本建设项目实施投产，系统中电源、负荷、网络情况可能会发生某些变化，设计系统应能够在修改不大的情况下仍然满足应有的技术经济指标。这就是电力系统对基本建设条件变化适应的灵活性。

2）电力系统在运行方面适应的灵活性

在生产运行中，电网和厂、所电气主接线，以及有功、无功电源，应能够在各种正常运行、检修包括事故情况下灵活地调度，以应付各种元件的投退，从而保证系统安全稳定地向用户供应充足的电力。这是对电力系统在运行方面的灵活性要求。在系统设计阶段，这是衡量系统设计方案优劣的重要技术条件之一。

1.3 电力系统规划的内容和分类

1.3.1 电力系统规划的内容

电力系统规划是在整个国民经济计划指导下，根据经济发展和电力负荷需求的增长，对电力系统未来发展所做的统一安排和优化决策。其内容包括电力负荷预测、电源发展规划、电力网发展规划、动力资源开发，提出电力系统地理接线图、单线接线图、逐年工程建设项目表，为发电厂设计、变电站设计、电力系统继电保护与安全自动装置设计、电力系统通信设计、电力系统调度自动化设计提供设计依据。

1.3.2 电力系统规划的分类

为了研究和正确处理电力系统规划中不同时期、不同阶段、不同组成部分的特点和任务，可以将电力系统规划进行分类研究[6]。

1. 按时间分类

电力系统规划按时间分为长远规划、中期规划和近期规划三种。

（1）长远规划是指研究 15～30 年电力工业发展的战略性计划。长远规划主要包括根据国民经济和社会发展长期规划、经济布局、能源资源开发与分布情况宏观分析电力市场需求，综合分析煤、水、电、运、环境等，提出电力可持续发展的基本原则和方向，电源的总体规模、基本布局、基本结构，能源多样化等电网主框架；必要时提出更高一级电压的选择意见、电力设备制造能力开发要求、电力科学技术的发展方向。

长远规划为中期规划指出了方向、任务和基本内容，是制定中期规划的依据。

（2）中期规划是指研究 5～15 年电力工业发展的战略性计划。中期规划主要包括根据国民经济及社会发展目标、发电能源资源开发条件、节能分析、环境、社会影响等，分析电力需求水平及负荷特性、电力流向，提出规划水平年的电源布局、结构、建设项目，电网布局、结构、建设项目，并对建设资金、电价水平、设备、燃料、运输等进行测算和分析。

中期规划与长远规划的任务有相同之处，但在确定战略目标和任务时，中期规划比长远规划更为具体一些，细致一些，明确一些，不确定性因素也少一些。中期规划的内容可作为近期规划的依据。

（3）近期规划一般指 3～5 年的规划设计，是电力工业发展计划的主要形式，是执行计划。近期规划主要包括根据国民经济和社会发展五年规划及经济结构调整对电力工业发展的要求，找出电力工业中不相适应的主要问题，深入研究电力需求水平及负荷特性、电力电量平衡、环境、社会影响等，提出 3～5 年电源结构调整和建设的原则，需要调整和建设的项目、进度、顺序；提出电网结构调整和建设原则，需要调整和建设的项目、进度、顺序；开展二次系统规划工作；进行逐年投融资、设备、燃料及运输平衡，测算逐年电价、环境指标等。

这种计划的期限较短，不确定性因素较少，可靠性较高，因此可以比较准确地衡量计划期各种因素的变动及其影响，将中长期规划中提出的各项任务具体化，对完成中长期规划中的战略目标的措施做出具体的安排。近期规划是中长期规划的继续和深入化、具体化。

2. 按管理级别分类

电力系统规划按管理级别分为国家规划、大区规划和地方规划。

（1）国家规划由国家电力主管部门制定，根据国家制定的国民经济发展计划和科学技术发展计划，提出全国的电力发展规划和电力科学技术发展规划。

国家规划是大区电力规划和地方电力规划的主要依据。地方规划应服从国家规划，首先保证国家规划的实施。

（2）大区规划跨省区电力系统发展规划，由电力系统工业管理部门制定，以国家电力规划的电力系统地区任务为依据，因地制宜地对本电力系统范围内的电力发展做出具体安排，对电力系统范围内的人力、物力、财力进行全面的综合平衡。

大区规划是国家规划与地方规划之间的纽带和桥梁，既是地方规划的指导和依据，又是国家规划的基础。

（3）地方规划由省、地、县三级的电力规划部门制定，根据国家电力规划和所在电力网的电力规划规定的任务，对本省、地、县的电力工业发展做出具体的安排。

地方规划与地方其他经济发展计划相协调，对国家规划和大区规划中不安排的地方性电力项目建设做出具体安排。

3. 按电力生产的主要环节分类

电力系统规划按电力生产的主要环节分为发电规划、供电规划和送变电设备建设规划。

（1）发电规划是根据规划期预测的电力需要，在保证规划的供电可靠性条件下，制定最经济的新增供电能力计划。发电规划主要包括结合负荷预测、电力电量平衡（包括确保规定的备用容量），确定经济合理的电源结构;确定各种形式的发电厂建设地点和建设时间;调查和落实各发电厂的厂址条件，并对各方案进行经济分析，以选出最佳的电源结构和电源建设方案。发电规划应既使制定的电源开发规划如期实现，又使电源规划有一定的适应负荷发展变化的能力。

（2）供电规划对应于预测的电力需求，在满足供电可靠性要求及经济合理地开发使用电力设备的条件下确定电力供需的实际状况。供电规划主要包括结合供电能力和供电量，考虑用户需求的最大电力和电量平衡，制定近几年的短期供电规划及5~10年的较长期供电规划，以与近期电力发展规划和中期电力发展规划相适应。在计算供电能力的时候，要明确供电能力的限度，清楚备用容量的状况;在计算供电量时，要根据实际情况进行逐月、逐年的供电量计算，并进行电量平衡。

（3）送变电设备建设规划是考虑保持电能的生产与消费之间的平衡，提高整个电力系统的供电可靠性而制定的建设规划。送变电设备建设规划要考虑经济合理的与电源发展规划和供电规划相适应的送、变、配电设备建设规划，并考虑实际施工的可行性。

4. 按电力结构分类

电力系统规划按电力结构分为电力负荷预测、电源规划和电网规划。

（1）电力负荷预测是电力规划的重要组成部分，是电力系统经济运行的基础。电力系统规划根据国民经济整体规划及各用电部门的发展计划，计算出相应的电力电量需要量，并分析电力负荷的有关特性，以便为电力建设发展计划提供可靠的依据。电力负荷预测是在收集大量的历史数据的前提下，建立科学有效的预测模型，采用有效的算法，以历史数据为基础，不断修正模型和算法，以真正反映负荷变化规律。

（2）电源规划是电力系统电源布局的战略决策，直接影响系统今后运行的可靠性、经济性、电能质量、网络结构及其将来的发展。电源规划根据某一时期预测的负荷需要量，在满足一定可靠性水平的条件下，寻求一个最经济的电源建设方案，使规划期内电力系统能安全运行且投资经济合理。

（3）电网规划也称输电系统规划，以电力负荷预测和电源规划为基础，是电力系统规划的重要组成部分。电网规划根据电力系统的负荷及电源发展规划对输电系统的主要网架制定发展规划，以确定在何时何地投建何种类型的输电线路及其回路数，以达到规划期内所需要的输电能力，在满足各项技术指标的前提下使输电系统的建设费用最小。电网规划是确保供电所要求的输送容量、电压质量和供电可靠性，以使电力系统整体结构的运行效率最高，经济上最合理，并能充分适应系统日后的发展。

1.4　电力系统规划设计的基本步骤

电力系统规划是电力建设前期工作的重要组成部分，为此，必须科学合理地进行电力系统规划，使其设计能够在电力工程设计中得到更加良好的应用。电力系统规划设计的基本步骤如下。

第一，数据收集与整理。需要做的就是开展科学调研与资料收集，对区域的电力系统整体状况有一个大致的了解。此外，还需要对该区域的变电站、发电厂、输电线路等做好信息调查工作，并对收集到的信息进行系统的分析和对比，以此为基础建立完善的数据信息库。

第二，电力负荷预测及特性分析。电力系统的规划设计是对电力工程的电力负荷测试和特性分析的重要组成部分，可以说，在电力负荷的整体测试过程中，电力系统要在实施过程中进行短期的电力负荷测试，只有这样才能了解历年经济数据信息，并基于国民经济的发展与运行情况，对附近区域的中短期最大负荷实施负荷预测。对于一些正在建设和已经建设的重大项目的电力负荷特性要进行详细的分析，并且应对该项目的审查影响进行仔细检查。实际的电力负荷测试有很多种方法，既有传统的测试方法，也有新的测试方法，而具体使用哪种预测方法应根据实际情况予以选定。特别是对于那些输送量较大的电力线路、容量较大的发动机组、处于枢纽位置的变电站，对其进行预测时，必须使用多种多样的预测方法，从而更为准确地分析研究电力负荷的增长。

第三，对电源规划情况与电力情况进行分析。对于地方电源与统筹电源共同组成的电源来说，很多地方企业都利用自备发电机组和小型的水电厂进行供电，大型的水电厂则属于统调电源。电源规划是电力系统规划设计最为重要的内容。此外，每一种电源的出力情况都不尽相同，要想使后续的电力规划设计工作能够得以顺利进行，就必须对每一种电源的处理情况给予具体分析。

第四，电力电量的平衡分析。在电力系统规划设计过程中，需要电力电量的平衡作为约束。在电量平衡实施的过程中，需要电力负荷的预测和电源规划这两个步骤同时进行，因此，需要根据电力负荷预测才能够判断每年电力系统中平均出来的最大负荷，并且在结合电源的不同情况下才能出现，最终得到电力电量的具体数值，从而根据这个数据对电力系统实际需要的电力设备容量加以确定。

第五，合理进行可行性研究及系统规划设计。在进行电力系统发展规划的同时，也要进行水、火电厂及联网工程的初步可行性研究，以便编报项目建议书。项目建议书审批立项后可开展可行性研究，为编写设计任务书提供依据。同时，可以开展发电厂接入系统设计、系统专题设计以配合稍后开展的本体工程初步设计，提供设计的技术条件和参数规范。在系统发展规划完成之后还应进行系统发展设计，但其任务是面向全网的，并不能代替具体电厂的接入系统设计。水电厂在可行性研究阶段只进行接入系统配合，到电厂初步设计正式开始后才进行接入系统的设计。

第六，对规划方案进行分析比较。在分析了各个计算结果之后，还要对规划项目的方案进行比较。也就是说，要在全面分析项目方案的同时，对电力发展规划的经济性、适用性、安全性、可靠性进行综合分析，实施方案比较，从而选择出最佳的系统规划设计方案。

除此之外，规划的设计方案、工艺流程、设备选型、设施布置、结构设计、材料选用等，要符合运行安全、经济，操作、检修、维护、施工方便，造价低、原材料节约的要求，新技术的应用要落实到位。

第 2 章　电力负荷预测

在对电力系统进行规划的过程中，必须要对电力负荷进行科学的预测，并对电力负荷的特性进行细致的分析。电力负荷预测的质量会直接影响电力系统规划的水平，还可能会影响城市社会经济发展能源开发利用战略目标的制定。

2.1　电力负荷预测的基本概念

2.1.1　电力负荷的定义

在电力系统中，千万个用电设备消费的功率称为电力负荷，也称为电力系统综合用电负荷[7]。在电力系统规划中，广泛使用的电力负荷概念是指国民经济整体或部门对电力电量消耗量历史情况的掌握及未来变化发展趋势的预测。

电功率分为视在功率、有功功率和无功功率，一般用电流表示的负荷，实际上是对应视在功率而言的。

电力负荷包括以下两方面的含义。

（1）电力工业的服务对象，包括使用电力的部门、机关、企事业单位、工厂、农村、车间、学校，以及各种各样的用电设备；

（2）各用电单位、部门或设备使用电力电量的具体数量。

2.1.2　电力负荷的分类

1. 按物理性能分类

电力负荷按物理性能分为有功负荷和无功负荷。

（1）有功负荷是指在电力系统中产生机械能、热能或其他形式能量的负荷。在数学形式上，它的消耗等于电压与同方向电流分量的乘积；在物理上，它是将电能转化为热能、机械能等其他形式能量的元件；在电力系统中，它一般由异步电机、电热元件承担。

（2）无功负荷是指在电力负载中不做功的部分，只在感性负载中才消耗无功功率，即定子线圈为产生磁场所需要消耗的无功功率。

需要注意的是，有功负荷不仅仅消耗有功功率，例如，电动机在消耗有功功率的同时，也消耗无功功率建立磁场[8]。

2. 按电能的生产、供给、销售过程分类

电力负荷按电能的生产、供给、销售过程分为发电负荷、供电负荷和用电负荷。

（1）发电负荷是指供电负荷加上同一时刻各发电厂的厂用负荷（厂用电），构成电网的全部生产负荷。

（2）供电负荷是指用电负荷加上同一时刻的网络损失负荷（包括线路和变压器损耗）。

（3）用电负荷是指用户的用电设备在某一时刻实际消费的功率总和。

3. 按负荷的重要性分类

电力负荷按重要性分为一级负荷、二级负荷和三级负荷。

（1）一级负荷是指中断发电会造成人身伤亡危险或重大设备损坏且难以修复，或者在政治上或经济上造成重大损失的用电设备。

（2）二级负荷是指中断供电将导致产生大量废品、大量材料报废、大量减产，或者将发生重大设备损坏事故，但采取适当措施能够避免的用电设备。

（3）三级负荷是指所有不属于一类和二类的用电设备。

4. 按所属行业分类

电力负荷按所属行业分为国民经济行业用电和城乡居民生活用电。

（1）国民经济行业用电是指第一产业（农、林、牧、渔、水利业）用电、第二产业（工业、建筑业）用电、第三产业（国民经济行业用电中的其他剩余部分）用电。

（2）城乡居民生活用电是指城镇居民和乡村居民照明及家用电器用电。

2.1.3　负荷特性及其参数

负荷特性是指电力负荷从电力系统的电源吸取的有功功率和无功功率随负荷端点的电压及系统频率的变化而改变的规律。负荷特性是电力系统的重要组成部分，它作为电能的消耗者对电力系统的分析、设计、控制有着重要影响。

1. 负荷特性指标

1）日最大（小）负荷

日最大（小）负荷是指在典型日记录的所有负荷数值中的最大（小）值。典型日通常选最大负荷日，也可以选最大峰谷差日，还可以按照地区情况选择不同季节的某一代表日；记录时间间隔可以选择 1 h、30 min、15 min 或瞬时。

2）日平均负荷

日发（用）电量除以 24 h，即为日平均负荷。

3）年平均负荷

电力负荷在一年（8 760 h）内平均消耗的功率，即为年平均负荷。

4）负荷率

负荷率（γ）是指统计期（日、月、年）内的平均负荷（P_p）与最大负荷（P_{max}）的比值，即

$$\gamma = \frac{P_p}{P_{max}} \tag{2.1}$$

负荷率按统计时间不同可分为日负荷率（一天内的平均负荷与最大负荷的比率）、年负荷率（一年内平均负荷与最大负荷的比率）和年平均日负荷率（全年日负荷率的平均值）。

5）最小负荷率

最小负荷率（β）是指统计期（日、月、年）内的负荷曲线中最小功率（$P_{\min}$）与最大功率（$P_{\max}$）之比，即

$$\beta = \frac{P_{\min}}{P_{\max}} \tag{2.2}$$

最小负荷率反映了负荷变动的幅度，常用概念是日最小负荷率（当日最小负荷除以当日最大负荷）。

6）最大负荷利用率

最大负荷利用率（δ）是指该年最大负荷利用小时数（$T_{\max}$）除以全年小时数，即

$$\delta = \frac{T_{\max}}{8\,760} \tag{2.3}$$

7）年最大负荷利用小时数

年最大负荷利用小时数（$T_{\max}$）是指用户或地区的年用电量与该用户或地区当年发生的最大负荷之比。年最大负荷利用小时数为年实际用电量按最大负荷折算的等效用电小时数，其值应小于或等于 8760 h，常用来预计最大负荷，即

$$T_{\max} = \frac{A}{P_{\max}} \tag{2.4}$$

式中：$T_{\max}$ 为年最大负荷利用小时数（h）；A 为年用电量（kW·h）；$P_{\max}$ 为年用电负荷最大值（kW）。

8）负荷峰谷差

负荷峰谷差是指某一时间周期内最大负荷与最小负荷之差，通常以日为单位，即日负荷峰谷差。

积累电力系统负荷峰谷差的资料可以用以研究电力系统调峰措施，作为电力系统调整负荷节约用电措施的依据，并为电力系统电源规划提供参考条件。

2. 常用负荷曲线

负荷曲线是指某一时间段内负荷随时间变化的规律。负荷曲线反映了用户用电的特点和规律，是调度电力系统的电力和进行电力系统规划的依据。常用的负荷曲线有以下几种。

1）日负荷曲线

日负荷曲线是指一天内每小时（整点时刻）负荷的变化情况。负荷曲线通常绘制在直角坐标系中，横坐标表示负荷变动时间，纵坐标表示负荷大小。

2）周负荷曲线

周负荷曲线是指一周内每天最大负荷的变化情况曲线。

3）年负荷曲线

年负荷曲线是指每年每个月（每日）最大负荷变化情况。年负荷曲线分为年运行负荷曲线（按全年日负荷曲线间接制成，反映一年内逐月或逐日最大负荷的变化）和年持续负荷曲线（按不同负荷值在年内累计持续时间重新排列组成）。

2.1.4 电力负荷预测的概念

1. 电力负荷预测的定义

电力负荷预测是根据系统的运行特性、增容决策、自然条件、社会影响等诸多因素，在满足一定精度要求的条件下，确定未来某特定时刻的负荷数据，其中负荷是指电力需求量（功率）或用电量[9]。从预测对象来看，电力负荷预测包括对未来电力需求量（功率）的预测、对未来用电量（能量）的预测，以及对负荷曲线的预测。

电力负荷预测是电力系统规划的重要组成部分，也是电力系统经济运行的基础，它是电力系统经济调度中的一项重要内容，是能量管理系统（energy management system，EMS）的一个重要模块。随着我国电力供需矛盾的突出、社会发展速度的不断加快和信息量的膨胀，电力负荷预测的准确度变得愈加困难。

2. 电力负荷预测的意义

电力负荷预测是电力部门的重要工作之一，准确的负荷预测，可以经济合理地安排电网内部发电机组的启停，保持电网运行的安全稳定性，减少不必要的旋转储备容量，合理安排机组检修计划，保障社会的正常生产生活，有效降低发电成本，从而提高经济效益和社会效益。

电力负荷预测的结果，还有利于决定未来新的发电机组的安装，决定装机容量的大小、地点、时间，决定电网的增容和改建，决定电网的建设和发展，为电力系统规划提供可靠的决策依据。

3. 电力负荷预测的特点

由于电力负荷预测是根据电力负荷的过去和现在推测它的未来数值，它研究的对象是不确定事件，只有不确定事件、随机事件，才需要人们采用适当的预测技术，推知负荷的发展趋势和可能达到的状况。这使得电力负荷预测具有以下明显的特点。

1）不准确性

电力负荷的未来发展受到复杂因素（如政治、经济、气象、预测技术）的影响，而且各种影响因素也是发展变化的。人们对于这些发展变化有些能够预先估计，有些却很难事先预见到，加上一些临时情况的影响，导致了预测结果的不准确性或不完全准确性。

2）条件性

各种电力负荷预测都是在一定条件下得出的。条件可分为必然条件和假设条件两种：如果真正掌握了电力负荷的本质规律，那么预测条件就是必然条件，所做出的预测往往是比较可靠的；而在很多情况下，由于负荷未来发展的不确定性，需要一些假设条件，当然，不能毫无根据地凭空假设，而应根据研究分析，综合各种情况来得到。预测结果加以一定的前提条件，更有利于用电部门使用预测结果。

3）时间性

各种电力负荷预测都有一定的时间范围，因为电力负荷预测属于科学预测的范畴，所以要求有比较确切的数量概念，往往需要确切地指明预测的时间。

4）多方案性

由于预测的不准确性和条件性，有时要对负荷在各种情况下可能的发展状况进行预测。采用不同的电力负荷预测方法，就会得到各种条件下不同的电力负荷预测方案。

4. 影响电力负荷预测的因素

在电力负荷预测中，很多因素不同程度地影响着电力负荷的预测值。有些因素因自然而变化，如气象；有些因素按地区条件存在差异，如工农业发展速度；有些因素是无法估计的重大事件，如严重灾害等。并且，各种因素对负荷的响应可能不一样，而且同一因素的不同水平对负荷的影也是不同的。从根本上来说，影响电力负荷预测的因素具体如下。

1）经济发展水平、结构调整

国家政策、工农业等宏观产业结构调整会影响经济产业结构的变化，从而导致用电量占全社会用电量的比重不断变化。

2）气象因素

温度、湿度、雨量等气象因素会直接影响负荷波动，尤其在居民负荷占据较高比例的地区，这种影响更大。由于天气变化大，负荷大幅波动，造成负荷预测的难度加大。近年来，随着人民生活水平的提升，空调在家庭中的普及让居民家庭的降温负荷日益加剧，因此气温突变很可能导致夏季负荷预测准确率降低。目前的天气预报信息只能大概呈现次日天气和气温，而雷雨天气的雷电方位、大小、时间长短等都无法准确预测，这会导致地区负荷曲线的突然变化，复测预测在这方面精度不高的现象也就比较容易发生。与此同时，部分地区在旱情比较严重的时候会进行人工增雨，这也给负荷预测带来了一定的难度，由于这方面信息的不同步且相关作业效果无法预测，电力负荷预测偏差较大也是可能出现的。

3）大工业用户突发事件

对于大工业用户装机容量占用电负荷较高的地区，大工业用户在电力负荷预测偏差中起到的影响作用也比较大。一般情况下，大工业用户连续生产情况下日常用电负荷相对稳定。不过，由于自身设备的原因或在外部因素变化的情况下，偏差出现的可能性也是存在的。例如，设备发生临时故障或天然气来量不足等现象都可能造成用电负荷突变，影响电力负荷预测准确率。

4）负荷特性分析及预测方法

由于很多地区对负荷种类结构及变化因素的统计分析工作做得不够深入系统，需要历史数据进行对照时无法展开工作，对于负荷特性和相关变化规律的总结也就无从谈起。而现实当中，不少电网的省调和地调在预测曲线制作时仅凭预测人员的经验办事，预测软件应用率比较低。以人工经验为主要手段进行预测，由于数据性不强、方式单一，其预测结果具有一定的局限性。

5）管理与政策

电力负荷预测是一项技术含量很高的工作，然而该工作在很多地区还没有得到足够的重视，基础工作薄弱，与用户的信息沟通不畅，大用户用电缺乏计划性和有序性；预测人员缺乏良好的综合素质、较高的分析能力和丰富的运行经验，不适应高标准工作的要求。

此外，电价政策也是影响电力负荷预测的重要因素。

2.2 电力负荷预测的分类

2.2.1 按时间分类

1. 按电网规划的时间范围分类

电力负荷预测按电网规划的时间范围可分为短期负荷预测、中期负荷预测和长期负荷预测。

（1）短期负荷预测是指日负荷预测和周负荷预测，分别用于安排日调度计划和周调度计划，包括确定机组的启动和停止、水火电协调、联络线交换功率、负荷经济分配、水库调度、设备检修等。对短期预测，需充分研究电网负荷变化规律，分析负荷变化相关因子，特别是天气因素、日类型等与短期负荷变化的关系。

（2）中期负荷预测是指月负荷预测和年负荷预测，主要是确定机组运行方式、设备大修计划等，对电网的规划、增容、改建工作至关重要。

（3）长期负荷预测是指电网规划部门根据国民经济的发展及电力负荷的需求所做的电网改造、扩建工作的远景规划，确定电力工业的战略目标。

2. 按电网调度部门的时间范围分类

电力负荷预测按电网调度部门的时间范围可分为超短期负荷预测、短期负荷预测、中期负荷预测和长期负荷预测。

（1）超短期负荷预测（未来 1 h 以内）用于编制发电机的运行计划、确定旋转备用容量、控制检修计划、估计收入、计算燃料，以及购入电量的数量和费用。其中，用于电能质量控制需要 5～10 s 的负荷预测值，在安全监视状态下，需要 1～5 min 的预测值，预防性控制和紧急状态处理需要 10 min～1 h 的预测值。

（2）短期负荷预测（24～48 h）用于水火电分配、水火协调、经济调度、功率交换，使用对象是编制调度计划的工程师。

（3）中期负荷预测（1 周～1 月）用于水库调度、机组检修、交换计划、燃料计划，使用对象是编制中长期运行计划的工程师。

（4）长期负荷预测用于电源和电网的发展计划，需数年的负荷值。

2.2.2 按行业分类

电力负荷预测按行业分类，可分为城市用电负荷预测、商业用电负荷预测、工业用电负荷预测、农村用电负荷预测及其他用电负荷预测。不同的行业对应不同的负荷类型，它们具有各自不同的特点和规律。

（1）城市用电负荷主要为居民的家用电器，在一定时期内，它具有年年增长的趋势及明显的季节性波动特点，而且与居民的日常生活和工作规律紧密相关。

（2）商业用电负荷是指商业部门的照明、空调、动力等用电负荷，其覆盖面积大，增长平稳，同样具有季节性波动的特点。商业用电负荷中的照明类负荷占用电力系统高峰时段。此外，商业部门在节假日会增加营业时间，从而影响电力负荷。

（3）工业用电负荷是指工业生产用电，一般工业用电负荷的比重在用电构成中居于首位，它不仅取决于工业用户的工作方式，包括设备利用情况、企业的工作方式等，而且与各行业的特点、季节因素都有紧密的联系，一般负荷是比较恒定的。

（4）农村用电负荷是指农村居民用电和农业生产用电。此类用电负荷与工业用电负荷相比，受气候、季节等自然条件的影响更大，这是由农业生产的特点所决定的。农业用电负荷也受农作物种类、耕作习惯的影响，但就电网而言，农业用电负荷集中的时间与城市工业负荷高峰时间是有差别的。同时，随着农村居民电气化水平的逐步提高，其用电水平持续增长。

（5）其他用电负荷包括政府办公、市政（如街道照明等）、铁路、电车、公用事业、军用等用电负荷。

2.2.3　按特性分类

电力负荷预测按其特性不同可分为平均负荷、最高负荷、最低负荷、低谷负荷的平均值、高峰负荷的平均值、平峰负荷的平均值、负荷峰谷差、母线负荷、全网负荷和负荷率等。

2.3　电力系统规划中负荷预测的内容

负荷预测是电力系统规划设计中极其重要的工作，是进行电力建设的依据。它不仅关系到电力系统规划设计的整体质量，还会给电力系统的正常运营带来直接影响。电力负荷预测包括对未来电力需求量（功率）的预测、对未来用电量（能量）的预测，以及负荷曲线的预测。

2.3.1　电量需求预测

电量需求预测是一段时间内电力系统的负荷消耗电能总量的预报，精确的电量预测模型有助于了解电力消耗发展趋势，在规划设计中电量需求预测的内容如下。

（1）各年（或水平年）需电量；

（2）各年（或水平年）一、二、三产业和居民生活需电量；

（3）各年（或水平年）分部分、分行业需电量；

（4）各年（或水平年）经济区域、行政区域或供电区需电量。

2.3.2　电力负荷预测

电力负荷预测是以电力负荷为对象进行的一系列预测工作。从预测对象来看，电力负荷预测包括对未来电力需求量（功率）的预测、对未来用电量（能量）的预测，以及对负荷曲线的预测。在电力系统规划设计中电力负荷预测的主要工作如下。

(1) 各年（或水平年）最大负荷；

(2) 各年（或水平年）代表月份的日负荷曲线、周负荷曲线；

(3) 各年（或水平年）年持续负荷曲线、年负荷曲线；

(4) 各年（或水平年）负荷特性及其参数，如平均负荷率、最小负荷率、最大峰谷差、最大负荷利用小时数等。

2.3.3 用电增长的因素和规律分析

为了更好地掌握电力系统中用电增长的因素和规律，需要在充分调查研究的基础上，对以下内容进行分析。

(1) 能源变化的情况与电力负荷的关系；

(2) 国内生产总值增长率与电力负荷增长率的关系；

(3) 工业生产发展速度与电力负荷增长速度的关系；

(4) 设备投资、人口增长与电力负荷增长的关系；

(5) 电力负荷的时间序列发展过程。

此外，还需研究经济政策、经济发展水平、人均收入变化、产业政策变化、产业结构调整、科技进步、节能措施、需求侧管理、电价、各类相关能源与电力的可转换性及其价格、气候等因素与电力需求水平、电网特性的关系。同时，需要进一步分析研究电网的扩展性、城市电网改造、供电条件改善、农村电气化等对电力需求的影响。

2.3.4 电力电量、负荷特性、缺电情况分析

根据《电力系统设计内容深度规定》（DL/T 5444—2010）要求，应对过去实际电力负荷进行分析，具体包括以下内容。

(1) 地区电力电量消费水平及其构成；

(2) 地区总电力电量消费与工农业产值的比例关系；

(3) 过去 5～10 年电力电量增长速度；

(4) 负荷特性、缺电情况。

2.3.5 设计负荷水平的确定

对电力系统规划审议确定的负荷水平，特别是设计水平年的负荷水平进行以下分析和核算，并报有关单位认可，即作为本设计的负荷水平。

(1) 与本地区过去的电力电量增长率进行对比；

(2) 与政府主管部门对全国或本地区的装机、发电量预测和控制数进行分析对比；

(3) 说明与地区电力部门的预测负荷和电量是否一致；

(4) 对负荷的主要组成、分布情况和发展趋势进行必要的描述；

(5) 必要时还应根据关键性用户建设计划及主要产品产量对电力负荷预测进行分析评价。

2.4　电力负荷预测的基本程序

电力负荷预测工作的关键在于收集大量的历史数据，建立科学有效的预测模型，采用有效的算法，以历史数据为基础，进行大量试验性研究，总结经验，不断修正模型和算法，以真正反映负荷变化规律，其基本程序如图 2.1 所示。

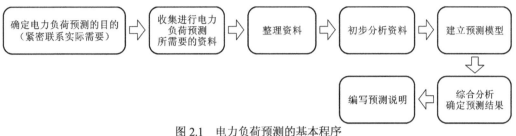

图 2.1　电力负荷预测的基本程序

1. 确定电力负荷预测的目的

就电力系统规划而言，可靠的电力负荷预测是非常重要的。在电力系统中，新建电源的布局，电网的发展建设，发电设备与输配电设备的安装容量、设备类型、投产时间、检修安排等，都与电力负荷的发展与变化有关。要使电力系统的发展建设能满足各行业用电需求并及时发挥经济效益，促进经济发展，必须对未来的电力负荷进行科学的预测，以掌握电力负荷的发展趋势与变化规律，从而为电力系统发展建设的正确决策提供可靠的依据。

2. 收集进行电力负荷预测所需要的资料

根据电力负荷预测目的的具体要求，广泛调研，收集进行预测所需要的有关资料，包括地区总体规划中有关人口、用地、能源等，各功能分区的布局改造和发展规划，统计部门、气象部门等提供的有关历史数据和预测信息，电力系统规划中电力电量平衡、电源布局、历年用电量、高峰用电负荷、典型日负荷曲线、电网潮流图、各级电压变电站的负荷记录、典型负荷曲线、功率因数。电源或供电网能力不足时，应根据有关资料估算出潜在电力负荷的情况。资料是进行电力负荷预测的依据，应尽量系统而全面。

3. 整理资料

一般来说，由于预测的质量不会超过所用资料的质量，要对所收集的与负荷有关的统计资料进行审核和必要的加工整理，来保证资料的质量，从而为保证预测质量打下基础，即要注意资料的完整无缺，数字准确无误，反映的都是正常状态下的水平，资料中没有异常的"分离项"，还要注意资料的补缺，并对不可靠的资料加以核实调整。

4. 初步分析资料

画出电力负荷动态折线图或散点图，观察变动的轨迹，计算相关统计量，查明异动的原因并加以处理。

5. 建立预测模型

建立预测模型是统计资料轨迹的概括，预测模型是多种多样的，因此，对于具体资料要选择恰当的预测模型，这是电力负荷预测过程中至关重要的一步。当由于模型选择不当而造成预测误差过大时，需要改换模型，必要时还可同时采用几种数学模型进行运算，以便对比和选择。在选择适当的预测技术后，建立负荷预测数学模型，开始预测工作。

6. 综合分析，确定预测结果

由于已掌握的发展变化规律并不能代表将来的变化规律，要对影响预测对象的新因素进行分析，对预测模型进行恰当的修正后再确定预测值。选择适当的预测技术运算得到预测值，参照当前的各种可能性，对新的趋势和发展进行综合分析，对初步预测进行调整。条件许可时，应采用多种预测方法进行预测，通过比较、综合，对预测结果进行修正。

7. 编写预测说明

对取得这些结果的预测条件、假设、限制因素等情况进行详细的说明。

2.5 电力负荷预测数据的处理技术

2.5.1 数据处理的必要性

1. 必要性

科学合理进行数据处理是提高电力负荷预测精度最基本的环节之一。历史数据的正确性将直接影响预测的精度，因此需要对历史数据进行合理性分析，去伪存真。数据的前置处理可以优化原始数据，降低算法时间和空间的复杂性，利于算法的最终实现。

2. 基本要求

要排除人为因素带来的错误及由统计口径不同带来的误差，尽量减少异常数据，历史上的突发事件或某些特殊原因会对统计数据带来重大影响。

2.5.2 数据处理的基本内容

1. 数据补全

数据补全可使用人工填写空值、填充最可能的值、填充一个全局常量等方法。

2. 数据噪声处理

由于数据录入或测量仪表等可能会使数据存在较大偏差，为了保证预测模型的有效性，必须对异常数据进行相关处理，常用的方法有分箱、聚类、回归、计算机与人工检查结合四类方法。

3．数据预处理

数据预处理是指对历史负荷数据资料中的异常值的平稳化及缺失数据的补遗，主要采用水平处理方法和垂直处理方法。

2.5.3 数据预处理的方法

在经过初步整理之后，还要对所用资料进行数据分析预处理，即对历史资料中的异常值的平稳化及缺失数据的补遗，主要有传统负荷数据预处理方法和新兴负荷数据预处理方法[10]。

1．传统负荷数据预处理方法

传统负荷数据预处理方法主要包括经验修正法、分时段设定阈值判别法、曲线置换法、数据横向比较法、数据纵向比较法、插值法、概率统计法等。

1）经验修正法

经验修正法是指根据专家或预测人员的经验、知识、能力，通过观察分析对负荷数据进行辨识与修正。

2）分时段设定阈值判别法

分时段设定阈值判别法是一种对负荷异常数据进行辨识的方法，它将预处理过程分为不同时段，在不同时段负荷的波动程度不同，设置负荷的变化范围，通过是否符合负荷的变化范围对数据进行约束，将范围外的异常值挑选出来。

3）曲线置换法

曲线置换法是指通过统计分析得出正常情况下的负荷曲线，将检测结果为异常的负荷曲线用正常情况下的负荷曲线代替。

4）数据横向比较法

数据横向比较法，即在进行数据分析时，将前后两个时间的负荷数据作为基准，设定待处理数据的最大变动范围。如果待处理数据超过这个范围，就视为不良数据，采用平均值的方法平稳其变化。

5）数据纵向比较法

数据纵向比较法是利用负荷纵向相似性，即不同年、月、周、日同一日期的负荷应该具有相似性，将同一时刻负荷数据与基准数据的偏差率作为判别依据，设定一定的阈值，对于超出设定阈值范围的负荷数据视为异常数据，并采用取前后两点平均值的方法进行修正。

6）插值法

插值法，即采用各种差值算法对负荷数据进行辨识与修正。

7）概率统计法

概率统计法，即采用概率统计中的置信区间对异常数据进行判别，对置信区间进行估计，剔除落在置信区间以外的负荷数据。

2. 新兴负荷数据预处理方法

新兴负荷数据预处理方法主要是将现今流行的理论或数据算法与负荷数据的波动特性相结合的负荷数据预处理方法，如傅里叶（Fourier）变换、经验模态分解、小波变换、数据挖掘等[11]。

2.6 传统的需电量预测方法

需电量预测是电力需求预测的重要组成部分，是编制电力行业规划和计划的基础，也是电力企业编制企业规划和计划、投资项目、进行经营活动的基础。需电量预测一般按照全社会和电网两个口径进行预测，主要包括全社会用电量、第一产业用电量、第二产业用电量、第三产业用电量、居民生活用电量、分行业（部门）需电量。

2.6.1 用电单耗法

用电单耗法是指根据产品（或产值）用电单耗量和产品产量（或产值）来推算电量，是预测有单耗指标的工业和部分农业用电量的一种直接有效的方法。其计算公式为

$$A = \sum QG \tag{2.5}$$

式中：A 为所需要的用电量；Q 为用电单耗量；G 为预测期的产品产量（或产值）。

用电单耗法的优点是方法简单，对已有生产或建设计划的中短期负荷预测效果较好；缺点是需要大量细致的调研工作，比较笼统，很难反映经济、政治、气候等条件的影响。

2.6.2 电力弹性系数法

电力弹性系数是一个宏观指标，一般用于远期规划粗线条的负荷预测。电力弹性系数是经济发展与电力需求增长速度关联性的宏观指标，综合反映了经济增长对电力需求的拉动作用。经济发展所处的阶段、产业结构、工业内部结构变化趋势、生活用电的比重等因素对电力弹性系数水平有较大影响。其准确性依赖于对国民经济历史资料统计的准确性及未来经济结构和技术进步对电力需求的正确估计。

电力弹性系数包括电力生产弹性系数和电力消费弹性系数。电力消费弹性系数是指电力消费增长率与国民经济增长率的比值。分析多采用电力消费弹性系数，即

$$k_{dt} = \frac{k_{zch}}{k_{gzch}} \tag{2.6}$$

式中：k_{dt} 为电力消费弹性系数；k_{zch} 为某一时期内用电量的平均年增长率；k_{gzch} 为同时期国内生产总值（GDP）平均年增长率。

假设 GDP 和需电量均按比例正常增长，则需电量为

$$A_{\mathrm{m}} = A_0(1 + k_{\mathrm{gzch}}k_{\mathrm{dt}})^n \tag{2.7}$$

式中：A_{m} 为规划期年末需电量；A_0 为规划期始基准年的需电量；k_{gzch} 为 GDP 的年平均增长率；n 为计算期的年数。

例 2.1　某地区电力弹性系数根据地区以往数据并结合地区发展规划取为 1.05，GDP 年平均增长率为 15%，2013 年的用电量为 20 亿 kW·h，预测 2019 年的用电量。

解　$\quad A_{2019} = A_{2013} \times (1 + k_{\mathrm{gzch}}k_{\mathrm{dt}})^n = 20 \times (1 + 15\% \times 1.05)^6 = 48$ （亿 kW·h）

2.6.3　负荷密度法

负荷密度是指每平方千米土地面积上的平均负荷数值。一般并不直接预测整个城市的负荷密度，而是根据城市发展规划、人口规划、居民收入水平增长情况等，按城市区域或功能分区，首先计算现状和历史的分区负荷密度，然后根据地区发展规划及各分区负荷发展的特点，推算出各分区目标年的负荷密度预测值。至于分区中少数集中用电的大用户，在预测时可另作点负荷单独计算。由于城市的社会经济和电力负荷常有随着某种因素不连续（跳跃式）发展的特点，负荷密度法是一种比较直观的方法。其计算公式为

$$P = Sd \tag{2.8}$$

式中：P 为地区年综合负荷；S 为地区土地面积；d 为平均每平方千米负荷密度。

2.6.4　综合用电水平法

综合用电水平法是指按照预测人口数和每人平均耗电量来预测居民总用电量，即

$$A = W_{\mathrm{a}}NT_{\max} \tag{2.9}$$

式中：A 为用电量；W_{a} 为年人均用电量（kW·h）；N 为规划期人口数；$T_{\max}$ 为年综合最大利用小时数。

人均用电指标的确定，应按当地实际用电情况及发展需求而定，可采用类比法（横向比较法）来确定适合本地区的标准。

综合用电水平法和负荷密度法都是用来预测城乡居民生活用电的方法。

2.6.5　人均电量指标换算法

人均电量指标换算法是指选取一个与本地区人文地理条件、经济发展等各方面相似的国内外地区作为比较对象，通过分析比较两地过去和现在的人均电量指标得到本地区的人均电量预测值，再结合人口分析得到总用电量的预测值。

2.6.6　分部门法

分部门法是指根据国民经济行业用电将全社会用电分为国民经济各行业用电，结合本

地区各行业发展实际情况的不同特点，采用各种方法对各行业用电进行预测并汇总。

分部门法考虑了各行业部门对负荷的影响，精度高，但数据量需求较大。

2.6.7　回归分析法

回归分析法是指利用数理统计原理，对大量的统计数据进行数学处理，并确定用电量与某些自变量之间的相关关系，建立一个相关性较好的数学模式即回归方程，并加以外推（也称外推法），用以预测今后的用电量。

回归分析法是最小二乘法原理的发展，根据自变量的多少，回归分析法包括一元线性回归法、多元线性回归法和非线性回归法。

1. 一元线性回归法

一元线性回归模型可以表述为

$$y = f(\boldsymbol{S}, \boldsymbol{X}) = a + bx + \varepsilon \tag{2.10}$$

式中：$\boldsymbol{S}$ 为模型的参数向量，$\boldsymbol{S} = [a,b]^{\mathrm{T}}$；$\boldsymbol{X}$ 为模型的自变量向量；x 为自变量；y 为依赖于自变量的随机变量（如电力负荷）；ε 为服从正态分布 $N(0,\sigma^2)$ 的随机误差，也称随机干扰。

残差平方和为

$$Q(a,b) = \sum_{i=1}^{n}(y_i - a - bx_i)^2 \tag{2.11}$$

式中：x_i 和 y_i 为样本。

利用最小二乘法估计模型参数 a 和 b，即选取参数 a 和 b，使 Q 达到极小值，得到的模型参数估计值为

$$\begin{cases} \hat{b} = \dfrac{\sum\limits_{i=1}^{n}(x_i - \overline{x})(y_i - \overline{y})}{\sum\limits_{i=1}^{n}(x_i - \overline{x})^2} \\ \hat{a} = \hat{y} - \hat{b}\overline{x} \end{cases} \tag{2.12}$$

式中：$\overline{x} = \dfrac{1}{n}\sum\limits_{i=1}^{n}x_i$；$\overline{y} = \dfrac{1}{n}\sum\limits_{i=1}^{n}y_i$。

变量 y 对 x 的线性回归方程式，即预测方程为

$$\hat{y} = \hat{a} + \hat{b}x \tag{2.13}$$

回归预测模型建立后必须进行相应的统计检验，以保证回归方程的实用价值。

2. 多元线性回归法

电力负荷变化常受到多种因素的影响，这时根据历史资料研究负荷与相关因素的依赖关系就要用多元回归分析方法来解决，该方法简单且应用广泛[12]。

多元线性回归分析的模型可表述为

$$\begin{cases} y = f(\boldsymbol{S}, \boldsymbol{X}) = a_0 + \sum_{i=1}^{m} a_i x_i + \varepsilon \\ \varepsilon \sim N(0, \sigma^2) \end{cases} \tag{2.14}$$

式中：$\boldsymbol{X}$ 为由对负荷产生影响的一系列因素构成的自变量向量；y 为依赖于自变量的随机变量（如电力负荷）。

模型参数为 $\boldsymbol{A} = [a_0, \quad a_1, \quad \cdots, \quad a_m]^{\mathrm{T}}$，同样基于残差平方和最小二乘法对参数进行估计，其表达式为

$$\hat{\boldsymbol{A}} = \begin{bmatrix} \hat{a}_0 \\ \hat{a}_1 \\ \vdots \\ \hat{a}_m \end{bmatrix} = (\boldsymbol{X}^{\mathrm{T}} \boldsymbol{X})^{-1} \boldsymbol{X}^{\mathrm{T}} \boldsymbol{Y} \tag{2.15}$$

式中：$\boldsymbol{Y} = \begin{bmatrix} y_1 \\ y_2 \\ \vdots \\ y_n \end{bmatrix}$，$\boldsymbol{X} = \begin{bmatrix} 1 & x_{11} & x_{12} & \cdots & x_{1m} \\ 1 & x_{21} & x_{22} & \cdots & x_{2m} \\ \vdots & \vdots & \vdots & & \vdots \\ 1 & x_{n1} & x_{n2} & \cdots & x_{nm} \end{bmatrix}$。

将得到的参数估计值代入预测方程，得到负荷的预测数值为

$$\hat{y} = \hat{a}_0 + \sum_{i=1}^{m} \hat{a}_i x_i \tag{2.16}$$

同样，得到预测值之后，需对其进行假设检验，以确定其实用价值。

3. 非线性回归法

非线性回归模型的自变量与因变量之间存在的相关关系的表现形式是非线性的，这类情形虽然在实际系统中最为常见，但是考虑到非线性回归模型参数求取的复杂性，常见的非线性回归模型主要指其中可以通过适当的变量代换，将非线性关系转化为线性关系来处理的模型。这种模型一般有以下几种。

（1）双曲线模型，即

$$\frac{1}{y} = a + \frac{b}{x} \tag{2.17}$$

（2）幂函数曲线模型，即

$$y = x^a \quad (a > 0) \tag{2.18}$$

（3）指数曲线模型，即

$$y = a\mathrm{e}^{b/x} \quad (a > 0) \tag{2.19}$$

（4）倒指数曲线模型，即

$$y = ax^b \quad (a > 0) \tag{2.20}$$

（5）S 型曲线模型，即

$$y = \frac{1}{a + b\mathrm{e}^{-x}} \tag{2.21}$$

从理论上讲，任何回归方程只适用于原来观测数据的变化范围内，而不适用于外推，但在实际应用中总在适当范围内外推。

2.6.8 时间序列法

时间序列法是指根据历史统计资料总结出电力负荷发展水平与时间先后顺序的关系，即把时间序列作为一个随机变量序列，用概率统计的方法，尽可能减少偶然因素的影响，得出电力负荷随时间序列所反映出来的发展方向和趋势，并进行外推以预测未来电力负荷发展的水平。简单平均法、加权平均法、移动平均法等都属于时间序列法。

1. 时间序列法预测的基本思路

时间序列法是一种最为常见的短期电力负荷预测方法，它是针对整个观测序列呈现出的某种随机过程的特性，去建立和估计产生实际序列的随机过程的模型，并用这些模型去进行预测。该方法利用了电力负荷变动的惯性特征和时间上的延续性，通过对历史数据时间序列的分析处理，确定其基本特征和变化规律，预测未来负荷值[13]。

2. 时间序列预测方法

时间序列预测方法可分为确定型和随机型两类。确定型时间序列作为模型残差用于估计预测区间的大小；随机型时间序列预测模型可以看成一个线性滤波器。根据线性滤波器的特性，时间序列可分为自回归（auto-regressive，AR）、移动平均（moving average，MA）、自回归-移动平均（auto-regressive moving average，ARMA）等几类模型，其电力负荷预测过程一般分为模型识别、模型参数估计、模型检验、电力负荷预测、精度检验预测值修正五个阶段[14,15]。

3. 自回归模型

若时间序列 X_t 是它的前期值和随机项的线性函数，即可表示为

$$X_t = \varphi_1 X_{t-1} + \varphi_2 X_{t-2} + \cdots + \varphi_p X_{t-p} + u_t \qquad (2.22)$$

式中：$\varphi_1, \varphi_2, \ldots, \varphi_n$ 称为自回归系数，是待求参数；u_t 为相互独立的白噪声序列，且服从均值为 0、方差为 σ^2 的正态分布。则式（2.22）称为 p 阶自回归模型，记为 $\mathrm{AR}(p)$。

记 B^k 为 k 步滞后算子，即 $B^k X_t = X_{t-k}$，则模型（2.22）可表示为

$$X_t = \varphi_1 B X_t + \varphi_2 B^2 X_t + \cdots + \varphi_p B^p X_t + u_t \qquad (2.23)$$

令 $\varphi(B) = 1 - \varphi_1 B - \varphi_2 B^2 - \cdots - \varphi_p B^p$，则模型可简写为

$$\varphi(B) X_t = u_t \qquad (2.24)$$

$\mathrm{AR}(p)$ 过程平稳的条件是滞后多项式 $\varphi(B)$ 的根均在单位圆外，即 $\varphi(B) = 0$ 的根大于 1。

4. 移动平均模型

若时间序列 X_t 是它的当期和前期的随机误差项的线性函数，即可表示为

$$X_t = u_t - \theta_1 X_{t-1} - \theta_2 X_{t-2} - \cdots - \theta_q X_{t-q} \qquad (2.25)$$

式中：实际参数 $\theta_1, \theta_2, \cdots, \theta_n$ 称为移动平均系数，是待估参数。则式（2.25）称为 q 阶移动平均模型，记为 $\mathrm{MA}(q)$。

引入滞后算子，并令 $\theta(B)=1-\theta_1 B-\theta_2 B^2-\cdots-\theta_q X^q$，则模型（2.25）可简写为

$$X_t=\theta(B)u_t \qquad (2.26)$$

说明：

（1）移动平均过程无条件平稳。

（2）令滞后多项式 $\theta(B)=0$，若其根都在单位圆外，说明 AR 过程与 MA 过程能相互表出（即过程可逆），也就是 MA 过程等价于无穷阶的 AR 过程。

5. 自回归–移动平均模型

若时间序列 X_t 是它的当期和前期的随机误差项及前期值的线性函数，即可表示为

$$X_t=\varphi_1 X_{t-1}+\varphi_2 X_{t-2}+\cdots+\varphi_p X_{t-p}+u_t-\theta_1 u_{t-1}-\theta_2 u_{t-2}-\cdots-\theta_q X_{t-q} \qquad (2.27)$$

式中：$\varphi_1,\varphi_2,\cdots,\varphi_p$ 为自回归系数，$\theta_1,\theta_2,\cdots,\theta_q$ 为移动平均系数，都是模型的待估参数。则式（2.27）称为 (p,q) 阶的自回归–移动平均模型，记为 ARMA(p,q)。

引入滞后算子，式（2.27）可简记为

$$\varphi(B)X_t=\theta(B)u_t \qquad (2.28)$$

ARMA 过程的平稳条件是滞后多项式 $\varphi(B)$ 的根均在单位圆外，ARMA 过程的可逆条件是滞后多项式 $\theta(B)$ 的根都在单位圆外。

2.7 传统的最大负荷值预测方法

最大负荷值预测对确定电力系统发电设备和输变电设备的容量是非常重要的。为了选择适当的机组类型、合理的电源结构，并确定燃料计划等，还必须预测负荷值。当已知规划期的负荷需用电量后，一般可用最大负荷利用小时数法或同时率法预测最大负荷值。

1. 最大负荷利用小时数法

当年用电量预测值求出以后，就可以通过对年最大负荷利用小时数的估计求年最大负荷，即

$$P_{\max}=\frac{A}{T_{\max}} \qquad (2.29)$$

式中：$P_{\max}$ 为年最大负荷；A 为年用电量；$T_{\max}$ 为年最大负荷利用小时数（参考历史统计值、经负荷特性分析后确定）。

由于系统中各行业的年最大负荷利用小时数不尽相同，而同行业的年最大负荷利用小时数变化不大，此方法用于按行业预测更为有效。

2. 同时率法

当各行业或各地区的最大负荷求出以后，就可以通过对负荷同时率的估计求出系统的综合最大负荷，即

$$P_{\max}=K\sum_{i=1}^{m}P_{\max i} \qquad (2.30)$$

式中：P_{max} 为年最大负荷；P_{maxi} 为各行业或各地区的最大负荷；K 为负荷同时率。

由于各用户的最大值不可能在同一时刻出现，一般负荷同时率的大小与电力用户的多少、各用户的用电特点等有关，每个系统应根据实际统计资料确定。

整个系统的综合用电最高负荷，加上整个系统的线损和厂用电，就是整个系统的最大发电负荷。

2.8 确定性负荷的预测方法

确定性负荷预测方法是把电力负荷预测用一个或一组方程来描述，电力负荷与变量之间有明确的一一对应关系。它可以分为经验预测法、经典预测法、指数平滑预测法、时间序列预测法、经济模型预测法、相关系数预测法和饱和曲线预测法等[16]。

2.8.1 经验预测法

电力负荷的经验预测法主要依靠专家的判断，不建立数学模型，用于针对电力负荷变化给出方向性的结论。

1. 专家预测法

1）专家个人意见法

专家个人意见法是指专家们通过书面形式独立地发表看法，并给专家重新考虑、修改原先意见的机会，最后得到预测结果。其优点是可以充分发挥专家的知识和才能、积极性和创造性，预测专家可以综合运用自身的经验和知识来进行预测工作，而且意见也比较集中；缺点是受专家占有资料、个人兴趣、认识程度、知识面等的限制，预测结果带有一定的主观片面性。

2）专家会议法

专家会议法是通过召集专家开会面对面地讨论问题。其优点是信息量大，能集思广益，充分考虑多方面的意见。其缺点一方面是会议上容易出现屈从多数人或权威人士意见，但多数人或权威人士错误时，必然导致预测结果失误；另一方面是少数专家发表了不正确的意见后，碍于面子不愿在会上修正自己的意见，从而造成意见难以集中。

2. 类比法

类比法是指对事物进行对比分析，通过已知事物对未知事物做出预测。类比法中用于比较的两个事物对研究的问题要具有相似的主要特征，这是比较的基础；两个事物之间的差异要区别处理，有的可以忽略，有的可用于对预测进行个别调整或系统调整。

3. 主观概率法

主观概率是人们对未来事件发生可能性程度的一种主观度量，是一种根据多次经验结果所做的主观判断。应用主观概率法进行预测，就是先由预测者对预测问题进行主观估计，然后运用主观概率加以判定。实际应用时，主观概率法常采用三点估算公式进行计算和预测。

2.8.2　经典预测法

从严格意义上来说，电力负荷预测的经典预测法并不是真正的电力负荷预测方法，仅仅是依靠专家的经验或一些简单的变量之间的相关关系对未来负荷值做出一个方向性的结论，其预测精度差。该类方法主要有用电单耗法、电力弹性系数法、负荷密度法、综合用电水平法、人均电量指标换算法、分部门法、回归分析法、时间序列法等。

2.8.3　指数平滑预测法

指数平滑预测法是指以某种指标的本期实际数和本期预测数为基础，引入一个简化的加权因子，即平滑系数，以求得平均数的一种时间序列预测法，即对离预测期较近的历史数据给予较大的权值，权值由近至远按指数规律递减取加权平均。指数平滑预测法是趋势外推法中的一种重要方法，广泛应用于中长期电力负荷预测中。

1. 一次指数平滑法

一次指数平滑法的预测模型为

$$\hat{y}_{t+1}=\alpha y_t+(1-\alpha)\hat{y}_t \tag{2.31}$$

即以第 t 期指数平滑值作为第 $t+1$ 期预测值。在进行指数平滑时，加权系数的选择是很重要的。α 值应根据时间序列的具体性质在 0～1 选择，由式（2.31）可以看出，α 的大小规定了在新预测值中新数据和原预测值所占的比重。α 值越大，新数据所占的比重越大，原预测值所占的比重就越小。

2. 二次指数平滑法

一次指数平滑法虽然克服了移动平均法的两个缺点，但当时间序列的变动出现直线趋势时，用一次指数平滑法进行预测，仍存在明显的滞后偏差，因此也必须加以修正。修正的方法与趋势移动平均法相同，即再作二次指数平滑，利用滞后偏差的规律建立直线趋势模型。这就是二次指数平滑法。其计算公式为

$$S_t^{(1)}=\alpha y_t+(1-\alpha)S_{t-1}^{(1)} \tag{2.32}$$
$$S_t^{(2)}=\alpha S_t^{(1)}+(1-\alpha)S_{t-1}^{(2)} \tag{2.33}$$

式中：$S_t^{(1)}$ 为一次指数平滑值；$S_t^{(2)}$ 为二次指数平滑值。

当时间序列 $\{y_t\}$ 从某时期开始具有直线趋势时，类似趋势移动平均法，可用直线趋势预测模型：

$$\hat{y}_{t+T}=a_t+b_tT \quad (T=1,2,\cdots) \tag{2.34}$$

式中：$a_t=2S_t^{(1)}-S_t^{(2)}$；$b_t=\dfrac{\alpha}{1-\alpha}(S_t^{(1)}-S_t^{(2)})$。

3. 三次指数平滑法

当时间序列的变动表现为二次曲线趋势时，需要用三次指数平滑法。三次指数平滑是在二次指数平滑的基础上，再进行一次平滑，其计算公式为

$$S_t^{(1)} = \alpha y_t + (1-\alpha)S_{t-1}^{(1)} \tag{2.35}$$

$$S_t^{(2)} = \alpha S_t^{(1)} + (1-\alpha)S_{t-1}^{(2)} \tag{2.36}$$

$$S_t^{(3)} = \alpha S_t^{(2)} + (1-\alpha)S_{t-1}^{(3)} \tag{2.37}$$

式中：$S_t^{(1)}$ 为一次指数平滑值；$S_t^{(2)}$ 为二次指数平滑值；$S_t^{(3)}$ 为三次指数平滑值。

三次指数平滑法的预测模型为

$$\hat{y}_{t+T} = a_t + b_t T + c_t T^2 \tag{2.38}$$

式中：

$$a_t = 3S_t^{(1)} - 3S_t^{(2)} + S_t^{(3)}$$

$$b_t = \frac{\alpha}{2(1-\alpha)^2}[(6-5\alpha)S_t^{(1)} - 2(5-4\alpha)S_t^{(2)} + (4-3\alpha)S_t^{(3)}]$$

$$c_t = \frac{\alpha^2}{2(1-\alpha)^2}(S_t^{(1)} - 2S_t^{(2)} + S_t^{(3)})$$

2.9 不确定性负荷的预测方法

20 世纪 80 年代后期，一些基于新兴学科理论的现代预测方法逐渐得到了成功应用，主要包括灰色预测法、小波分析预测法、人工神经网络预测法、模糊负荷预测法等。这些方法用于解决不确定性问题时，也称不确定性负荷预测方法。

2.9.1 灰色预测法

1. 灰色动态建模方法

灰色系统理论是由华中科技大学邓聚龙教授于 1982 年提出并加以发展的[17]。近几十年以来，该理论引起了国内外不少学者的关注，取得了长足的发展，在预测、决策、评估、规划控制、系统分析、建模等方面得以应用，特别是对时间序列短、统计数据少、信息不完全系统的分析与建模具有独特的功效。

灰色预测法是以灰色系统理论为基础的电力负荷预测方法。灰色系统理论用于处理信息不完全的系统，为不确定因素的处理提供了一个新的有力工具。灰色系统理论中将已知的信息称为"白色"信息，完全未知的信息称为"黑色"信息，介于两者之间的信息称为"灰色"信息。灰色预测法以灰色生成来减弱原始序列的随机性，从而在利用各种模型对生成后的序列进行拟合处理的基础上通过还原操作得出原始序列的预测结果。

电力系统本身具有灰色系统的基本特征。灰色系统模型具有要求负荷数据少、不考虑分布规律、运算方便的优点，但数据离散度大，在时间跨度长的中长期预测中，预测精度

明显减低。

灰色系统理论的核心是灰色动态建模（grey dynamic model，GM），其思想是直接将时间序列转化为微分方程。目前在电力负荷预测中经常采用的动态模型是 GM（1,1）、GM（1,n）等，其建立方法如下。

（1）将电力负荷视为在一定范围变化的灰色量，其所具有的随机过程视为灰色变化过程。

（2）生成灰色序列量，累加生成灰色模型，使灰色过程变"白"。

（3）不同生成方式与数据取舍、调整、修改，以提高精度。

（4）累减还原数据，得到预测值。

2. 灰色预测模型简介

设原始数列 $X = \{x(t)\} = \{x^{(0)}(t)\}$ （$t=1,2,\cdots,n$），对此数列作一次累加形成新的数列

$$X^{(1)}(t) = \sum_{k=1}^{t} x(k) \tag{2.39}$$

$X^{(1)}(t) = \{x^{(1)}(t)\}$ （$t=1,2,\cdots,n$）用一阶累加生成建立 GM（1,1）模型，其微分方程为

$$\frac{\mathrm{d}x^{(1)}}{\mathrm{d}t} + ax^{(1)} = \mu \tag{2.40}$$

式中：a 为发展系数；μ 为内生控制灰数。

解得预测模型为

$$\begin{bmatrix} a \\ \mu \end{bmatrix} = [\boldsymbol{B}^{\mathrm{T}} \ \boldsymbol{B}]^{-1} \boldsymbol{B}^{\mathrm{T}} \boldsymbol{C}$$

式中：$\boldsymbol{B} = \begin{bmatrix} -\frac{1}{2}\left[x^{(1)}(1)+x^{(1)}(2)\right] & 1 \\ \vdots & \vdots \\ -\frac{1}{2}\left[x^{(1)}(k-1)+x^{(1)}(k)\right] & 1 \end{bmatrix}$, $\boldsymbol{C} = \begin{bmatrix} x^{(0)}(2) \\ x^{(0)}(3) \\ \vdots \\ x^{(0)}(n) \end{bmatrix}$。于是有

$$x^{(1)}(k+1) = \left[x^{(0)}(1) - \frac{\mu}{a}\right]\mathrm{e}^{-ak} + \frac{\mu}{a} \tag{2.41}$$

经累减还原得

$$x^{(0)}(k+1) = x^{(1)}(k+1) - x^{(1)}(k) \tag{2.42}$$

由于灰色理论存在很多问题，对传统灰色电力负荷预测模型进行改进优化，使其在电力负荷预测中具有更好的拟合精度和适用范围。常用的改进预测模型有优化电力负荷数据的预测模型、优化灰色建模的预测模型、考虑电力负荷影响因素的预测模型、优化灰色组合的预测模型、残差修正的预测模型[18,19]。虽然这些改进的方法都具有意义，但在实际电力负荷预测中，依然存在拟合度不高、实时电力负荷数据中适应性不强的特点。因此，不仅要在这些方面进一步完善灰色预测技术，同时也要更多关注电力负荷数据的特点：对电力负荷数据本身进行深度挖掘，根据其特性，选择不同的灰色模型进行预测，并根据实时电力负荷数据进行自学习，提高灰色预测的适应性；对各种影响电力负荷的因素（如 GDP、天气、政策等）进行深度挖掘，发现各种数据对电力负荷影响的规律，减少电力负荷预测

中的灰度，并对预测结果进行修正；在大数据的分析和挖掘中，去发现电力负荷数据的突变点，进行精确预测。

2.9.2　人工神经网络预测法

人工神经网络预测法是利用神经网络的学习功能，通过计算机学习历史负荷数据中的映射关系来预测未来负荷。该方法具有很强的鲁棒性、记忆能力、非线性映射能力、强大的自学习能力，因此有很大的应用市场。其缺点是学习收敛速度慢，可能收敛到局部最小点，且知识表达困难，难以充分利用调度人员经验中存在的模糊知识。人工神经网络预测法适用于解决时间序列预报问题，应用于短期电力负荷预测[20]。进行预测时，一般有两种应用方式，即直接预测电力负荷未来值和预测未来电力负荷的变化。

1. 人工神经网络的原理

人工神经网络属于一项较为先进的技术形式，由输入层、隐含层、输出层等组成，如图 2.2 所示。

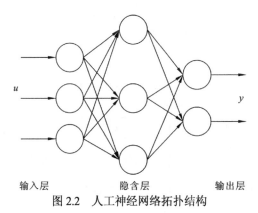

图 2.2　人工神经网络拓扑结构

人工神经网络是基于生物大脑结构和功能所形成的一项信息和处理系统。大脑主要是由大量神经细胞和神经元所构成的，可以将每个神经细胞和神经元作为处理单元，通过合理的连接方式，将这些神经细胞和神经元单元进行有效的连接，形成生物大脑内部的神经元网络系统。

人工神经网络中神经元之间的连接不是处于平衡的状态，有强弱之分，并根据外部信号的变化进行自身的调节，以此满足人工神经网络的适用环境。在应用人工神经网络的时候，一般是利用软件算法或电子线路对生物网络进行模拟，进而对各项数据和信息进行有效的处理，具有信息记忆、自主学习、知识推理、优化计算的特点，其自学习和自适应功能是常规算法和专家系统所不具备的。人工神经网络的应用范围较为广泛，如模式识别、人工智能、信号处理等。

2. 人工神经网络的特点

人工神经网络具有如下特点。

（1）非线性。非线性是人工神经网络最为明显的一个特征，主要是因为在应用人工神经网络的时候，一般有激活和抑制两种模式，这种行为属于非线性关系。该项特点的存在，可以有效提升人工神经网络的容错性和存储容量，保证人工神经网络的应用效果。

（2）非局限性。人工神经网络在应用的过程中，不仅取决于单个神经元的特点，还会受到单元之间的相互作用，以及相互连接等方面的影响。它可以通过各个神经元之间的相互作用进行大脑模拟，充分展现出其非局限性。

（3）非常定性。人工神经网络可以通过自身的优势，对各项信息进行处理，这样可以在最大限度上保证数据和信息的稳定性。同时，在处理数据和信息的时候，经常采用迭代过程对数据和信息的变化进行演化和描述，以此保证各项数据和信息的准确性。

2.9.3　小波分析预测法

小波分析是 20 世纪应用数学领域中最突出的研究成果之一，其本质属于时域-频域分析法。小波分析在时域和频域方面都具有很好的局部化性质，不仅能将不同频率的混合信号交织在一起，还能将其分成不同频带上的块信息，对捕捉和分析弱信号具有优势。

1. 小波分析预测的原理

小波分析的目的是将一个信号转化成小波变换后的系数，便于处理、存储、传输、分析及对原信号进行重建。在预测电力负荷时，首先将电力负荷序列进行小波变化，然后将其投影到不同的尺度上，通过不同尺度的频域分量，能够清晰地表现出负荷序列的周期性，最后在此基础上，实现负荷的预测。由于在预测负荷时，各个子序列具有明显的周期性，采用周期自回归模型可以得到更加准确的预测结果。

2. 小波分析预测的特点

小波分析预测的特点如下。

（1）对不同的频率成分采用逐渐精细的采样步长，可聚焦到信号的任意细节，从而在时域和频域上同时具有良好的局部化性质。

（2）能根据信号频率高低自动调节采样的疏密。

（3）对奇异信号很敏感，容易捕捉和分析微弱信号，以及信号、图像的任意细小部分。

（4）小波分析最大的不足就是未能考虑温度、湿度等气象因素对电力负荷预测的影响，而且小波基的选择也对预测结果有影响。

2.9.4　模糊负荷预测法

模糊推理知识在描述和处理不确定性问题方面有显著的优势，结合电力系统所具有的显著的不确定性特征，被广泛应用于电力负荷的数学建模。模糊负荷预测法将已有的历史数据用规则的形式表述出来，并转换成可以在计算机上运行的算法，进而完成各种工作任务。

1. 模糊负荷预测法的原理

模糊负荷预测法针对不确定或不完整、模糊性较大的数据，以隶属函数描述事物之间的从属、相关关系。模糊系统对于任意一个非线性连续函数，就是找出一类隶属函数，一种推理规则，一个解模糊方法，使得设计出的模糊系统能够任意逼近这个非线性函数。

2. 模糊负荷预测法的特点

模糊负荷预测法的特点如下。

（1）模糊推理应用于电力负荷预测的原因是其可以利用有限的规则逼近任意函数，其隶属函数可以更清楚地说明专家的意图，并能处理电力系统中大量不精确、模糊的问题。

（2）模糊方法通常利用调度员的丰富经验，对天气影响、突发事件等难以用数学关系表述的因素进行描述，往往比计算预测方法更准确。

（3）模糊理论的自适应能力也使其具有较强的自适应性和鲁棒性。

（4）相比人工神经网络预测法，该方法能够比较明确地描述专家的意图，处理电力系统中许多不精确、模糊的现象，还可以用于中长期负荷预测。

（5）模糊理论的学习能力较弱，主观人为因素影响较大。

3. 电力系统负荷预测几种基本的模糊预测方法

1）模糊聚类法

模糊聚类法采用电力负荷增长率作为被测量，调研后采取 GDP、人口、农业总产值、工业总产值、人均国民收入、人均电力等因素的增长率作为影响电力负荷增长的环境因素，构成一个总体环境；通过对历史环境及历史电力负荷总体的分类特征、环境特征的建立，进一步由未来待测年份的环境因素对各历史类环境特征的识别，来选出与之最为接近的那类环境，得出所求电力负荷增长率。

2）模糊线性回归法

模糊线性回归法认为观测值与估计值之间的偏差是由系统的模糊性引起的。回归系数是模糊数预测的结果，是带有一定模糊幅度的模糊数。模糊指数平滑法是指在指数平滑模型的基础上，将平滑系数模糊化，用指数平滑进行预测。这种方法算法简单、计算速度快、预测精度高、预测误差小，尤其在原始数据存在不确定性和模糊性时，更具有优越性。

3）模糊相似优先比法

模糊相似优先比法是用相似优先比来判断哪种环境因素发展特征与电力负荷的发展特征最为相似，选出优势因素后，通过待测年某因素与历史年相同因素的贴近度选出与待测年贴近度最大的历史年，并认为这样选中的历史年电力负荷特征与待测年的电力负荷特征相同，从而得出电力负荷预测值。该方法把影响电力负荷的多种因素"简化"为一种主要因素，适用于某种特殊功能占主导地位的供电区域。

4）模糊最大贴近度法

模糊最大贴近度法的核心在于选定某种影响因素（如经济增长速度等），通过比较所研究地区与各参考地区该因素接近的程度，选中与其最为贴近的参考地区，认为该地区相应的电力负荷发展规律与所研究地区对应的电力负荷发展规律相同。该方法与前两种模糊方法相比，不需要待测地区的历史数据，也不必通过识别历史负荷数据的发展模式来进行预测，所以不必进行历史数据修正就可以直接完成预测工作，而且数据的收集和整理也远比前两种方法方便。

2.9.5　其他预测方法

1. 混沌预测法

混沌存在于非线性的可以确定的系统中，用以探讨动态系统中无法用单一的数据关系，而必须用整体、连续的数据关系才能加以解释和预测的行为。混沌所产生的现象是一种不确定的、看似随机但实际上又不随机的现象。混沌在本质上不是随机运动，而是非线性不平衡的运动。

电力负荷是典型的非线性时间序列，混沌特性是电力负荷的本质特性。常用的电力负荷预测方法，虽然简单实用，但在一些不可抗力的因素如天气、温度的影响下，预测精度往往不高。而混沌预测法，是基于电力负荷预测的本质混沌特性出发的，最大限度地利用了信息资源，根据数据自身的客观规律进行预测，有效地避免了人为的主观选择性，从而达到较高的精确度。

2. 支持向量机预测方法

支持向量机是一类按监督学习方式对数据进行二元分类的广义线性分类器，其决策边界是对学习样本求解的最大边距超平面[21-24]。

在电力负荷预测中，支持向量机预测方法需要结合电力负荷历史值和现在值完成未来数值的推测，所以还要选取适合的预测模型解决电力负荷预测问题。实际上，采用支持向量机算法，可以利用其无限非线性逼近能力完成电力负荷的准确预测，使非线性和小样本的预测问题得到解决。

3. 组合模型预测方法

假如针对某个既定实验对象做出 k 个单独的不同模型预测，获取的预测结果有 k 个，分别为 f_i $(i=1,2,\cdots,k)$，应用这些预测值可以形成一个实验对象，获取最终的预测结果，用 $f=\phi(f_1,f_2,\cdots,f_k)$ 来表示。$\boldsymbol{W}=[w_1,w_2,\cdots,w_i]^{\mathrm{T}}$ 是每个方法的权重，组合预测模型为

$$\phi(f_1,f_2,\cdots,f_k)=\sum_{i=1}^{k}w_if_i \tag{2.43}$$

式中：$\sum_{i=1}^{k}w_i=1$。

组合预测模型对单一模型的好处做了概括，任何模型都有它自己的信息，对其进行

概括就等于把所有信息加起来均属于组合预测模型[25,26]。因此，通过组合预测获得的预测值比单一模型更加精确，最终误差减小，获取的结果更加精确。组合预测模型之所以具有其他模型所不具备的优势，在于它结合了所有预测模型的优点，使预测结果的准确度大大提升。

2.10　空间负荷预测

电力负荷预测可分为负荷总量预测和空间负荷预测。负荷总量预测属于战略预测，是将整个规划区域的电量和负荷作为预测对象，其结果决定了未来供电区域对电力的需求量和未来供电区域的供电量。随着城市规划的发展，负荷的地理分布日益细化和规范，空间负荷预测方法应运而生。空间电力负荷预测也称空间负荷预测（spatial load forecasting，SLF），是指对供电区域内未来电力负荷的大小和位置的预测，或者说是对指定区域内电力负荷时空分布的预测。

2.10.1　空间负荷预测概述

国外自从 20 世纪 30 年代中期出现有关电力负荷分布的负荷预测的记载以来，一直称之为小区负荷预测。直到 1983 年，威利斯（Willis）给出了空间负荷预测的定义，即在未来的供电范围内，根据电压水平不同，将用地按照一定原则划分为相应大小的规则或不规则小区（每个小区称为一个负荷元胞，简称元胞），通过对元胞负荷的历史数据的分析，以及对元胞内土地利用的特征和发展规律的分析，来预测每个元胞中电力用户负荷的数量、用量和产生的时间[27]。

国内关于空间负荷预测的研究起步相对较晚，最早明确使用空间负荷预测术语的文献出现在 1989 年，但最近 20 年对空间负荷预测理论进行了越来越深入的研究，并充分发挥了地理信息系统（geographic information system，GIS）平台的作用，取得了更多、更快的进展。

空间负荷预测是电力系统规划的基础性工作之一，根据空间负荷预测的结果来确定供电设备应当配置的容量及最佳位置，可提高电力系统建设的经济性、高效性、可靠性。传统负荷预测方法只预测未来负荷的大小，并不给出其较为精细的位置分布。

传统的总量负荷预测仅对未来规划水平年一个地区的总体负荷量进行预测，普遍关注负荷的历史和现有数据，以及经济因素等对负荷的影响，而对负荷的空间分布关注较少。空间负荷的预测方法，不仅可以预测未来负荷的变化规律，而且可以揭示负荷的地理分布情况，可通过分析、预测规划年城市小区土地利用的特征及发展规律，来进一步预测相应小区中电力用户和负荷分布的位置、数量、产生时间。同时，对供电部门而言，只有确定了供电区域内各小区的未来负荷，才能对变电站的位置、容量、馈线路径、开关设备、运行时间等决策变量进行规划。

2.10.2 空间负荷预测流程

1. 准备负荷数据，进行总量负荷预测

从 GIS 中提取电力负荷历史数据、环境历史数据和规划方案，采用组合式预测模型对负荷区域进行总量负荷预测，利用各类负荷预测模型的有用信息，将各预测模型融合在一起，充分发挥各自优点，最大限度提高电力负荷预测结果的准确性。

2. 土地使用类的划分及分类土地预测

土地使用类的划分主要是根据不同类型的用户对土地使用的不同要求及用电特性来确定的，可以简单地划分为工业、商业、居民、市政与学校四类。每类负荷都给定一合成负荷密度，未来的负荷密度可采用终端使用（end-use）来预测。进行终端用电预测的目的是预测各类用户未来的用电特性，特别是典型负荷曲线的变化，方法是采用负荷曲线叠加：对用地类型进一步细分，从下至上进行叠加，就可以求出未来各用地类型的负荷密度曲线[28]。

分类土地预测的目的是确定未来年份内各用地类型的土地增长量，利用社会各行业之间固有的比例关系，从总量负荷预测中推导出分类负荷，并利用典型负荷密度曲线计算出各用地类型的预测面积。

3. 小区划分

小区划分是空间负荷预测的必要步骤，即将待预测区域划分成若干个小区，其目的是预测负荷增长的位置，为配电网规划提供空间信息。这里小区的概念是空间负荷预测要处理的最小地理单位。合理的小区划分不仅可以简化空间负荷预测的过程，还可以提高预测的精度和可信度[29,30]。现有的小区划分方法主要有规则划分和不规则划分两种。

小区划分得越细，负荷预测的空间分辨率就越高，配电网规划也会越细致。目前，大多数空间负荷预测都采用规则划分，就是将整个城市平面区域划分成矩形网格，预测每个网格的未来负荷变化情况。这种划分有利于空间负荷预测方法的实现，也有利于方法的通用性和标准化；然而，分辨率越高，数据收集、维护的工作量就越大。因此，从数据收集角度，又倾向于不规则划分。不规则划分主要是按照城市的功能、行政、变电站和馈线的供电区域及自然地理边界分界。这种划分方式，小区负荷发展 S 曲线更平稳、规律性更强，预测结果有较高的可信度。

4. 用地仿真过程

1）提取空间信息

将数字化后的城市地图分成若干层，如交通和公路层、居民住宅层、学校层、商业中心层、工业区层等。对划分的每个小区计算离高速公路、居民住宅、学校、商业中心、工业区等的最小距离。对每个小区，分析土地使用类型、现有的土地使用面积，以及未来可用于发展的空地面积。

空间负荷预测涉及大量的空间信息，将 GIS 引入空间负荷预测，可以极大地减少数据收集量，是空间负荷预测方法实用化的必要步骤。

2）建立模糊规则库

对划分的 n 个土地使用类，建立 n 个初始模糊规则库。调整模糊集的参数，并训练模糊系统规则，不但可以修正规划人员凭经验给定的模糊规则库，而且可以使模糊规则库能够随着城市的发展而不断地进行自调整，从而克服了模糊规则由专家指定的缺点，也使得空间负荷预测能够适应城市的发展。

3）模糊推理及最优分配

（1）利用模糊规则库采用模糊规则推理对小区适应各类土地使用类的程度进行评分，在此基础上确定土地最优分配。

（2）评分隶属函数采用拉森（Larsen）的乘积运算法则。考虑到规划区的改造因素（市政规划因素和市场行为），根据小区改造准则判断哪些小区用地类型需要改造，并确定其改造面积。

（3）采用运输模型对土地进行最优分配。在运输模型中，分配给每个小区的所有类型负荷的土地使用面积不能超过该小区的可用土地使用面积。所有小区某一类型负荷的土地使用面积之和应该等于该类负荷的总土地使用面积。目标函数是分配给所有小区所有类型的土地使用面积与评分的乘积之和为最大。

5. 将用地分配预测转换成负荷分配预测

其方法是对每个小区，将所有用地类的密度曲线乘相应的土地面积后进行叠加，得到该小区 24 h 负荷曲线，取其最大值就是要预测的电力负荷。

6. 预测结果综合调整

不同预测方法所得结果往往不同，在不同的土地划分解析度下对同一区域的预测结果也很难保证一致，因此必须进行预测结果调整。

2.10.3 空间负荷预测方法

1. 用地仿真法

用地仿真类空间负荷预测法是指通过分析土地利用的特性及发展规律来预测土地的使用类型、地理分布、面积构成，并在此基础上将土地使用情况转化为空间负荷。其具体做法通常是将预测区域划分为大小一致的网格，每个网格为一个元胞，通过分析元胞的空间数据及相关信息，将其空间属性与用地需求相匹配，以评分的方式对各元胞适合于不同用地类型发展的程度进行评价；同时，结合整个预测区域的总量负荷预测结果和分类负荷密度预测结果，推导出未来年各用地类型的使用面积；根据元胞用地评分，建立用地分配模型，将分类土地使用面积分配到各元胞内，得到预测区域用地分布预测结果，结合分类负荷密度预测值，从而求出空间负荷分布，进而得到预测区域内匹配后的系统负荷。

用地仿真类方法把分类负荷用地面积和分类负荷密度当作已知条件，前者由规划部门确定，相对容易获得，并且该信息往往比较准确、可信，但后者数值大小的确定却并不容易。

2. 负荷密度指标法

负荷密度指标法一般先把负荷（如居民、商用、市政、医疗等）分类，然后在待预测区域内按功能小区边界生成元胞，最后通过预测各分类负荷密度，并结合用地信息来计算每个元胞的负荷值，从而实现空间负荷预测。因该方法先对负荷分类，后给待测地块（即生成元胞）分区，故也称为分类分区法。

功能小区是指一片用地类型相同的地块或街区，其中包括一个或多个负荷类型相同的电力用户。基于其生成的元胞内只含一个类型的负荷。该类方法的核心就是在各类用地面积及其位置已知的条件下，求取分类负荷密度指标。

该类方法适用于土地性质较为明确的预测环境，对城市规划方案的变化具有较强的适应性。

3. 多元变量法

多元变量法简称多变量法，它是以每个元胞的年负荷峰值历史数据及其他多个能够影响到该负荷峰值变化的变量为基础，来预测目标年的元胞负荷峰值，以及相应的系统负荷峰值。

用于分析每个元胞负荷发展的相关变量有很多（一般为 1～60 个），它们分别反映人口水平、气候条件、GDP、居民消费指数、固定资产投资、产业结构等众多因素对负荷变化的影响。多元变量法把这些相关变量作为控制数据，在此基础上建立相应的外推模型来预测元胞未来年的负荷。

多元变量法的实质就是经济计量模型预测法在空间负荷预测中的应用。

4. 趋势预测法

趋势预测法是所有基于电力负荷历史数据外推电力负荷发展趋势方法的总称，如回归分析法、指数平滑法、灰色系统理论法、动平均法、增长速度法、马尔可夫（Markov）法、灰色马尔可夫法、生长曲线法等。早在 20 世纪 70 年代基于曲线拟合的回归分析的趋势类空间负荷预测方法就被提出了，该方法利用多项式对各元胞历史电力负荷数据分别进行曲线拟合，通过回归分析求解待定系数，进而求出空间负荷预测结果。

该类方法简单方便，数据需求量小，相对而言易于实现；然而，元胞负荷的非平稳增长、负荷转移，以及新生元胞的相关数据不足等情况，都会给该类方法带来不利影响。

总而言之，空间负荷预测方法研究已经取得一定的成果，但具体预测方法的提出和实现势必会受到所使用的基础数据、应用环境与条件、预测空间误差、评价标准等因素的影响和制约，所以在空间负荷预测领域仍有很大的研究空间值得去深入探索。

2.11 电力负荷预测的综合评价

2.11.1 电力负荷预测综合评价的必要性

预测误差用以衡量一个预测模型的应用效果，务必要使其处于可接受的范围内。在弄清楚是什么原因带来的误差之后，可以相应地避免。另外，根据误差的大小判断预测结果。若误差不大，则表明该模型具有较高的精度和较高的可靠性；若误差很大，则需要改进模型或丢弃此方法。通过误差还可以判断模型的优劣，误差小的较好。一般来说，短期预测误差不应超过±3%，中期预测误差不应超过±5%，长期预测误差不应超过±15%。

1. 预测误差形成的原因

1）模型误差

在分析预测负荷模型时需要以多个影响因素的变化为基础，而不重视某些次要因素。这些次要因素不会影响电力负荷的趋势，但由于缺乏关注，会造成相应的差异。从非线性和复杂的电力负荷系统的角度来看，即使考虑许多方面，功能模型与电力负荷系统的表达也不会完全相同。如此，预测值就不会刚好与实际值相同，它们之间便有差值。所以，对于预测模型的选择必须正确，所选模型应与实际负荷变化趋势相同，在建立过程中不能忽视完美的考虑因素，以保证预测结果的准确性。

2）预测方法

电力负荷所受的影响是千变万化的，进行预测的目的和要求也是多种多样的，预测方法若选择不当，也会造成误差。

3）样本误差

如果历史数据本身存在问题，如缺乏真实性、缺乏表示等，那么基于大量数据的数据预测工作就没有任何意义。选择历史数据是尤为必要的，要对其进行多方面考虑，如环境、政治等。数据是否要特殊处理应根据当时的具体时期而言，进行恰当调整。

4）偶然因素引起的误差

使用当代先进技术方法可以最小化模型误差和样本误差，但只能减小误差。一切都面临各种不可控的因素，意外事件使得预测面临巨大的偏差。应尽量利用恰当的模型和准确的原始数据，使预测误差减小，从而提高预测的可靠性。

2. 预测误差分析指标

1）绝对误差与相对误差
绝对误差为

$$E = Y - \hat{Y} \tag{2.44}$$

相对误差为

$$\hat{E} = \frac{Y - \hat{Y}}{Y} \times 100\% \tag{2.45}$$

式中：Y 为实际值；$\hat{Y}$ 为预测值。

2）平均绝对误差

$$\text{MAE} = \frac{1}{N}\sum_{i=1}^{n}|E_i| = \frac{1}{N}\sum_{i=1}^{n}\left|Y_i - \hat{Y}_i\right| \tag{2.46}$$

式中：MAE 为平均绝对误差；E_i 为第 i 个预测值与实际值的绝对误差；Y_i 为第 i 个实际负荷值；$\hat{Y}_i$ 为第 i 个预测负荷值；N 为样本数。

3）均方误差

$$\text{MSE} = \frac{1}{N}\sum_{i=1}^{n}E_i^2 = \frac{1}{N}\sum_{i=1}^{n}(Y_i - \hat{Y})^2 \tag{2.47}$$

4）均方根误差

$$\text{RMSE} = \sqrt{\frac{1}{n}\sum_{i=1}^{n}E_i^2} = \sqrt{\frac{1}{n}\sum_{i=1}^{n}(Y_i - \hat{Y})^2} \tag{2.48}$$

5）后验差检验

以残差为基础，根据各时刻残差绝对值的大小，考虑残差较小的点出现的概率，计算得出后验差比值及小概率误差，从而对预测模型进行评价。

6）标准误差

$$S_Y = \sqrt{\frac{\sum(Y_i - \hat{Y})^2}{n-m}} \quad (i=1,2,\cdots) \tag{2.49}$$

式中：S_Y 为预测标准误差；n 为历史电力负荷数据个数；m 为自由度，即变量的个数，是自变量和因变量个数的总和。

2.11.2　减少电力负荷预测误差的措施

减少电力负荷预测误差有如下措施。

（1）根据电力负荷受气象因素影响，综合分析气候变化，建立与不同季节典型天气与电力负荷变化相关联的档案资料，从而掌握规律，提高电力负荷预测准确率。

（2）加强对电网及其负荷情况的分析研究，密切关注电网发展规划和电力负荷增长方向，梳理电力负荷构成，对电力负荷进行分类管理，实时掌握电力负荷运行情况及构成比例，分析各类电力负荷运行的特性，掌握全局电力负荷组成关系并找出规律，提高电力负荷预测准确率。

（3）针对单个预测模型的局限性，采用基于组合预测模型来解决问题，使预测结果的准确度大大提升。

（4）对投入、退出没有规律性的大用户电力负荷，采用人工及时修改电力负荷参数的方法，最终得到较精确的预测数据。

随着电力市场的发展，电力负荷预测的重要性日益显现，人们对电力负荷预测精度的要求越来越高。传统的预测方法比较成熟，预测结果具有一定的参考价值，但要进一步提高预测精度，就需要对传统方法进行一些改进。同时，随着现代科学技术的不断进步，理论研究的逐步深入，以灰色理论、专家系统理论、模糊数学等为代表的新兴交叉学科理论的出现，也为电力负荷预测的飞速发展提供了坚实的理论依据和数学基础。相信电力负荷预测的理论会越来越成熟，预测的精度也会越来越高[31,32]。

第3章 电力电量平衡

电力规划的目的之一就是规划年电力供应与需求之间的平衡。电力电量平衡就是根据规划年的电力负荷需求确定电力系统规划年的装机容量及需新增的容量。电力电量平衡是电力规划和系统设计中的重要环节，直接关系到电力系统规划编制的科学性和可靠性，关系到规划工作的质量。

3.1 电力电量平衡概述

3.1.1 电力电量平衡的基本概念

1. 装机水平（装机规模）

电力系统的装机容量必须与电力系统供电范围内的电力负荷需求水平相适应，也就是说，必须尽可能满足电力负荷增长的需要，应该以电力负荷预测的需求容量作为电力系统规划中系统地规划装机容量的基础，系统负荷预测的需求容量加上必需的备用容量及厂内网损容量即是系统需要的装机水平（装机规模）。

2. 电力建设条件

必须客观地、实事求是地分析论证具体的电力建设条件，包括对燃料动力资源条件、资金条件、其他物资设备条件、建设力量等的详细分析，以便提出科学的、能够付诸实施的系统装机规模和进度计划。

3. 退役机组

在论证系统的装机容量时，必须充分考虑现有装机中部分设备退役的必要性和合理性。

4. 年度计划

年度计划不但要确定规划设计水平年总的装机水平，而且要确定规划期内逐年的装机容量。特别是在中短期规划中，确定逐年的装机容量是必不可少的一项工作。

3.1.2 电力电量平衡的目的

1. 电力平衡的目的

电力平衡的目的如下。

（1）根据系统预测的负荷水平、必要的备用容量，以及厂内网损容量确定系统所需的装机容量水平；确定系统需要的发电设备容量应该是系统综合最大负荷与系统综合备用容量及系统中厂用电和厂内网损所需的容量之和。

（2）确定各类发电厂的建设规模和建设进度。

（3）研究电力系统可能的供电地区及范围，同时研究与相邻电网（或地区）联网及电力交易的可能性和合理性。

（4）确定电力系统（或地区）之间主干线的电力潮流，即确定可能的交易容量。

2. 电量平衡的目的

电量平衡的目的如下。

（1）确定电力系统需要的发电设备容量。

（2）研究系统现有发电机组的可能发电量，从而确定出系统需新增加的发电量。

（3）根据选择的代表水平年，确定水电厂的年发电量，从而确定火电厂的年发电量，并根据火电厂的年发电量进行必要的燃料平衡。

（4）根据系统的火电装机容量及年发电量，确定出火电机组的平均利用小时数，以便校核火电装机规模是否满足系统需要。

3.1.3 电力电量平衡的原则

电力电量平衡的原则是在保证系统对用户充分供电、安全可靠运行的情况下使系统的总燃料费用最小。其一般原则如下。

（1）优先利用水电厂的发电量。

（2）充分利用热电厂热电联产的发电量。

（3）在系统规划设计中，按照凝汽式电厂（包括供热电厂凝汽部分的出力）燃料费用的大小，并考虑电力网损失的修正，依次按低费用电厂到高费用电厂的顺序增加出力。

（4）当系统负荷低于水电厂的强迫出力、热电厂热电联产的强制出力、凝汽式机组最小技术出力三者之和时，为保证电力系统安全运行，必须优先安排凝汽式机组的技术最小出力及水电厂为满足下游用水而必需的强迫出力。

3.1.4 电力电量平衡的主要内容

电力电量平衡的主要内容如下。

（1）确定电力系统需要的发电设备容量，确定规划设计年度内逐年新增的装机容量和退役机组容量。

（2）确定系统需要的备用容量，研究在水、火电厂之间的分配。

（3）确定系统需要的调峰容量，使之能满足设计年不同季节的系统调峰需要。

（4）合理安排水、火电厂的运行方式，充分利用水电，使燃料消耗最经济，并计算系统需要的燃料消耗量。

（5）确定各代表水文年各类型电厂的发电设备利用小时数，检验电量平衡。

（6）确定水电厂电量的利用程度，以论证水电装机容量的合理性。

（7）分析系统与系统之间、地区与地区之间的电力电量交换，为论证扩大联网及拟定网络方案提供依据。

3.1.5 电力电量平衡的要求

由于电能不能大规模储存，发电、供电、用电之间必须随时保持动态平衡，以保证供电质量符合规定的标准。电力平衡估算建立在负荷预测基础上，可进行分区、分电压等级电力平衡计算，也就是按照各电压等级的容载比规定要求，测算各分区为满足不同电压等级负荷水平所需要的该电压等级的变电容量。

电力系统有功平衡的重要任务就是在做好负荷预测的基础上准备充足的电源来满足负荷需要。其目的就是要满足用户的用电需要，要求电力系统在发电与用电间保持实时的平衡。

在规划设计中，进行无功平衡的主要目的是合理确定规划期各类电源容量及配置方式。一般说来，系统网络各枢纽点及主要环节的电压是衡量系统无功平衡的主要判据。

3.2 电力电量平衡中代表水文年的选择
以及代表年、月的选择

3.2.1 代表水文年的选择

1. 水文年选择原则

电力系统按发电机组动力来源的不同，可分为纯水电、纯火电，以及水、火电联合运行系统，其中以水、火电联合运行系统较为常见。当电力系统中有水电厂时，一般要进行不同代表水文年的电量平衡，根据《电力系统设计技术规程》（DL/T 5429—2009）[33]，代表水文年选择按以下原则。

（1）有水电的系统一般是按枯水年进行电力平衡，按平水年进行电量平衡。

（2）水电占比大的系统还应根据需要，对代表年按月编制丰、平、枯水年的电力电量平衡，必要时还应编制特枯水年的电力电量平衡。

2. 设计枯水年

设计枯水年是水电厂正常运行中遇到的响应于设计保证率的水文年，这是水电厂正常运行中最不利的情况，它与水电厂设计保证率的水文年相对应。

电力系统的电力电量平衡必须得到保证，即在水电厂按设计保证率运行条件下进行电力系统电力电量平衡，可以保证电力用户的供电可靠性。通过设计枯水年的电力电量平衡，不仅可以确定水电厂的装机容量，而且可以确定火电厂的装机容量，并为确定火电厂的燃料需要量提供依据。

3. 设计平水年

平水年是指水电厂保证率为 50%的水文年。接近平水年的年度是最常见的年度，它代表水电厂最常出现的电力电量平衡。通过平水年的电力电量平衡可以确定水电厂担负的发电量，水电厂昼夜及年内的输送潮流变化，为系统的燃料平衡，水电厂的电气主接线方式、送电线路导线截面选择提供计算依据。

4. 设计丰水年

丰水年是指水电厂保证率小于 10%的水文代表年，其电力电量平衡代表水电厂满载或弃水时的运行情况，用来校核平水年确定的电厂主接线、设备和线路的送电能力、经济性。

5. 特枯水年

特枯水年是指水电厂设计枯水年保证率以外的枯水年，接近于保证率等于 100%的水文年，其电力电量平衡用来检验系统的缺电情况及网络的适应性。特枯水年也可采用年电量最少和调节出力最小的年份。特枯水年的电力电量平衡的目的在于校核设计枯水年的电力电量平衡，并确定在遇到这种水文年时系统平衡破坏后的运行方式，即在特枯水年，水电厂降低保证出力运行时，运用系统事故备用容量及系统允许水电厂降低保证出力的数值，制定出系统调整负荷方式及其他的必要措施，以保证电力系统的供电可靠性。

3.2.2　代表年、月的选择

电力平衡需要逐年进行，应按逐年控制月份的最大负荷和水电厂设计枯水年的月平均处理编制。

一般以每年的 12 月为代表，但还应根据水电厂逐月发电处理的变化及系统负荷的变化情况，具体分析确定。

一年中也可能有 2 个月份起控制作用，应分别平衡。必要时选择代表年进行逐月电力平衡，以便找出其中起控制作用的月份，按代表月进行逐年平衡。

3.3　电力平衡中的容量

3.3.1　电力平衡中容量的组成

电力平衡中的容量由装机容量、必需容量、工作容量、备用容量、重复容量、受阻容量组成。

（1）装机容量是指系统中各类电厂安装的发电机组额定容量的总和。

（2）必需容量是指维持电力系统正常供电所必需的装机总容量，即工作容量与备用容量之和。

（3）工作容量是指发电机承担电力系统正常负荷的容量。水电厂的工作容量是指按保证出力运行时所能提供的发电容量，其大小与保证出力及其在电力系统日负荷曲线上的工作位置有关。在电力平衡表中的工作容量是指电力系统最大负荷的工作容量，其中担任基荷的电厂出力就是工作容量，担任峰荷和腰荷的发电出力日负荷最大时刻的出力作为工作容量。

（4）备用容量是指为了保证系统不间断供电并保持在额定频率下运行而设置的装机容量。

（5）重复容量是指水电厂为了多发季节性电能、节省火电燃料而增设的发电容量。重复容量是在一定的设计供电范围、负荷水平、设计保证率条件下选定的，当任一条件变化时，就有可能部分或全部转化为必需容量。

（6）受阻容量是指由于各种原因，发电设备不能按装机额定容量发电的容量。

3.3.2 备用容量的分类

1. 按备用设备所处状态分类

备用容量按备用设备所处状态可以分为热备用（旋转备用）和冷备用。

（1）热备用是指设备处于运转状态，或者空载运行，或者带部分负荷运行，系统一旦出现超预测值的负荷时，这种处于运转状态下的备用容量可以很快投入使用，即它的主要功能是适应电力系统负荷瞬间的快速波动及一天内计划外的负荷增长。

水电厂的旋转备用状态可以是空载运行，火电厂则是带最小技术出力或部分负荷运行。

（2）冷备用是指发电设备处于完好状态的停止运行设备，但可以随时待命启动的发电设备可能发的最大功率。它包括火电厂处于压火、暖机状态下的设备及水电厂停运但仍担负备用任务的设备。

冷备用发电设备主要为设备的计划检修、事故停运、系统日负荷出现额外增长时提供必要的补充容量。

2. 按备用的作用分类

备用容量按备用的作用可以分为负荷备用、事故备用和检修备用。

（1）负荷备用是指为了适应负荷的瞬时变化、保证供电质量及可靠性而设置的备用。由于电力系统在运行时，负荷环绕负荷曲线剧烈而急促地波动变化，并迫使系统周波不断变化，有时又将其分为周波备用和负载备用。

为了维持电力系统的周波在规定的变化范围内，以保证供电质量，必须设置周波备用。由于负载备用是用以满足日调度计划以外的用电增加的，负荷预测存在误差，实际负荷值往往与预期值不符，应配置适当的负载备用容量。

（2）事故备用是指当发电设备发生偶然事故而被迫退出运行时，为了保证电力系统正常连续供电而需设置的备用容量。

（3）检修备用是指为了保证系统内所有发电设备都能按预定计划进行周期性检修所需设置的备用。发电设备运转一段时间后必须进行检修，检修分为大修和小修，大修一般安排在系统负荷的季节性低落期间，小修一般在节假日进行，以尽量减少检修备用容量。

3.3.3　备用容量的确定

确定系统最大负荷备用容量的方法通常有两种，即经验法和概率性方法。

1. 经验法

《电力系统设计技术规程》（DL/T 5429—2009）规定，电力系统的总备用容量不低于最大发电负荷功率的 20%，并应满足下列要求。

（1）负荷备用一般取系统最大负荷的 2%～5%，大系统取小一些的数，小系统取大一些的数。

（2）事故备用一般取系统最大负荷的 5%～10%，且不得小于系统中最大机组的容量。

（3）检修备用视系统年负荷曲线低谷面积的大小，一般选取检修备用容量为系统综合最大负荷的 8%～15%，年负荷曲线越平稳的系统，此值越大。

经验法是根据系统运行经验，按系统综合的某一百分率来确定系统中各类备用的大小。其优点是简单、方便，易于为运行单位接受，但它所确定的备用值没通过详细的分析计算，因此不够精确。

2. 概率性方法

概率性方法是指，根据元件参数及系统的概率特征，通过统计计算得到系统中各个节点的概率指标，从而对系统的可靠性有一个较为全面的评估。概率性方法的典型特征如下。

（1）机组的停运概率与该机组容量大小有关，尽管两个方案的百分备用容量相同，但不同的机组可产生完全不同的风险指标，因此一个固定的百分备用不能保证各方案有协调一致的风险度。

（2）元件原始数据中固有的不确定性，由于统计样本有限，实际的元件特性数据不是一个常数，而是服从某种概率分布的随机变量。

（3）负荷预测中的不确定因素。

（4）备用的分配存在季节、负荷变化这些因素的影响。

3. 概率性方法与经验法比较

采用经验法的主要不足之处是没有考虑到系统性能、用户功率、元件故障的概率特征。

使用概率方法可以更为准确地反映电网实际，根据设定的可靠性判据如电力不足期望值，从发电能力、计划检修、故障停机、负荷水平、特性等诸多方面来综合判断发电供应的可靠程度，进而确定电网备用容量的预留。

3.3.4　备用容量的合理分配

1. 备用容量分配原则

系统的备用容量应由哪种发电厂或机组来承担,应考虑各种备用的要求及各类电厂或机组的工作特性,在电厂之间进行分配。

2. 负荷备用容量分配

考虑到水轮发电机效率最大区间是在额定容量的 70%~90%,它的应变能力强,负载变动时调节损失小。因此,由没有满发的水电厂担任负荷备用最合适。

负荷备用容量分配应注意以下几点。

(1)担任负荷备用的水电厂,其装机容量应不小于系统或调频地区最大负荷的 15%,且有一定的调节库容作保证。

(2)径流式电站不能担负负荷备用。

(3)实际系统中负荷备用往往不是由一个电厂来担任的。系统中旋转备用应进一步分散,以免事故造成主干线上潮流急剧地大起大落而导致系统瓦解。

(4)系统应根据负荷分布、电源结构及机组特性,规定参加调频的电厂及其执行任务的程序。

3. 事故备用容量分配

事故备用容量分配可以由水电厂担任,也可以由火电厂担任,一般是由水、火电厂共同承担,并参照其工作容量的比例来分配。分配时应注意以下几点。

(1)调节性能良好、靠近负荷中心的水电厂应考虑担负较多的事故备用容量。

(2)担任事故备用容量的水电厂,必须拥有相应的事故备用库容作保证。

(3)具有较大水库、调节性能良好的水电厂可在事故后,利用加大火电出力、减少水电厂工作容量的办法来弥补事故耗用的库容,事故备用库容可以适当减少。

(4)流式或日调节水电厂不能担负系统的事故备用。

(5)发电厂承担事故备用时,必须考虑其地理位置及送电线路的输电能力。

(6)设置事故备用时,应将相当大部分的事故备用容量放在运转机组上,以旋转备用形式工作,并分布在系统内多个发电厂中,以提高供电的可靠性。

4. 检修备用容量分配

检修备用容量分配相当灵活,一般以冷备用形式存在。

实际系统中火电机组的检修一般安排在夏秋季负荷低落、水电是丰水期间;水电机组检修则安排在枯水期。当检修备用不足而专设检修备用容量时,一般是设置在火电厂内。

5. 备用容量分配的意义

将备用分为负荷备用、事故备用、检修备用三种及其确定方法,主要是为了在电力规划时确定系统的合理装机容量。在运行中三部分备用容量不是截然分开的，系统运行中应当有一定的冷、热备用容量，这些备用既可以担负调峰调频，也可以在事故时担负负荷作为事故备用，或者在其他机组检修时投入运行作为检修备用。

系统需要的总备用容量，应当参照三种容量之和以及系统的实际运行经验来确定。

3.4　电力系统中电源的配置

研究电力系统的合理电源结构问题，主要是研究各类型发电厂发电容量与电量的合理比例问题。在进行电力规划时，应努力使电力系统内电源结构趋于合理。电源结构规划的内容主要涉及两个方面：一是影响电源结构的因素，二是确定合理电源结构的方法。

1. 影响电源结构的因素

影响一个地区或一个电力系统的电源结构的因素有很多，概括起来有以下几个方面。

（1）动力资源的种类、贮量、分布制约电源结构布局。华北地区有丰富的煤炭资源决定了其以煤电为主的电源结构；西南地区水资源丰富，因此优先开发水电是西南地区电力建设的方针。

（2）地区或电力系统电、热负荷的需求量、特性及分布影响电源结构布局。如果热负荷较大、集中，且持续时间长，建设热电厂是经济合理的。当负荷率较高时，大容量、经济性好的火电厂具有较好的经济效果；当负荷率低、峰谷差大时，可利用水电厂的调峰优势。

（3）电源本身的技术经济特性影响电源结构布局。火电的经济性随着火电成本的上升而下降；水电虽然成本低，但建设工期长，一次投资大。

（4）国家发电能源政策影响电源结构布局。发电能源政策的出台，势必影响各种能源的开发速度及电源结构。

（5）国家资金、物资、器材，以及劳动技术力量的供应能力等影响电源结构布局。

2. 确定合理电源结构的方法

确定合理电源结构的方法如下。

（1）根据负荷预测的结果，确定规划期内各个规划时段及逐年应增加的装机容量（包括备用容量在内）。

（2）根据地区（或电力系统）内动力资源的情况和发电厂厂址条件，选择一批可能的厂址，并根据负荷增长需要合理确定发电厂容量。优先确定的发电厂有以防洪灌溉为主要目的的水利工程发电厂、具有重大政治或国防意义的发电厂、大型工矿企业的自备电厂、考虑热负荷需要确定建设的热电厂。

（3）剩余新增能量在各类发电厂之间经济合理分配，其中剩余新增能量是指系统所得新增的发电容量扣除优先确定的发电厂容量后的剩余不足部分。

3. 系统容量在各类发电厂之间的合理分配

在确定电力系统电源结构时，应遵循我国电力建设的有关方针政策。在以煤炭为基础的常规能源中，优先发展水电，充分利用系统装机容量和水电电量，满足调峰要求，适当发展核电，鼓励风能、太阳能等可再生能源接入，保护生态，节约能源，减少污染，并根据各类发电厂自身的技术经济特性合理安排系统容量的分配。

1）火力发电厂的主要特点

火力发电厂的主要特点如下。

（1）火电厂的出力与发电量比较稳定。

（2）火电厂机组启动技术复杂，且需耗费大量的燃料、电、化学水，运行中需支付燃料费用，但其运行不易受自然条件的影响。

（3）发电设备有功出力受锅炉和汽轮机的最小技术负荷限制。

（4）火力发电设备的效率同蒸汽参数有关。高温高压火电机组不宜经常启停，且只宜承担系统基荷，并在接近满负荷下运行；中温中压火电机组在必要时可担任峰荷，但不经济。

（5）带有热负荷的火电厂称为热电厂，它采用抽油供热，其总效率要高于一般的凝汽式火电厂，但与热负荷相应的那部分发电功率是不可调节的强迫功率。

2）水力发电厂的主要特点

水力发电是利用天然水流的水能来生产电能，其发电功率与河流的落差及流量有关。其运行特性如下。

（1）不用支付燃料费，而且水能是可以再生的资源；但其运行因水库调节性能的不同在不同程度上受自然条件（水文条件）的影响。

（2）水轮发电机的处理调整范围较宽，负荷增减速度相当快，机组的投入和退出运行耗时都很短，操作简便安全，没有额外损耗。

（3）水利枢纽往往兼有防洪、发电、航运、灌溉、养殖、供水、旅游等多方面的效益。水库的发电用水量通常按水库的综合效益来考虑安排,不一定能同电力负荷的需要相一致。

3）抽水蓄能发电厂

抽水蓄能发电厂是一种特殊的水力发电厂，有上下两级水库。在日负荷曲线的低谷期间，它作为负荷向系统吸收有功功率，将下级水库的水抽到上级水库；在高峰负荷期间，由上级水库向下级水库放水，作为发电厂运行向系统发出有功功率。抽水蓄能发电厂的主要作用是调节电力系统有功负荷的峰谷差[34]。

4）核能发电厂

核能发电厂一次性投资大，运行费用小；但反应堆和汽轮机组退出运行及再次投入都很耗时，且要增加能量消耗。核电厂需要连续地以额定功率运行，在电力系统中总是分担基荷。在有核电厂的电力系统中需要设置较大的发电机组备用容量，并要求有抽水蓄能机组进行调峰配合。

为了合理地利用国家的动力资源，降低发电成本，必须根据各类发电厂的技术经济特性，恰当地分配它们承担的负荷，安排好它们在负荷曲线中的位置。径流式水电厂的发电功率，利用防洪、灌溉、航运、供水等其他社会需要的放水量的发电功率，以及在防洪水期为避免弃水而满载运行的水电厂的发电功率，都属于水电厂的不可调节功率，必须用于承担基本负荷；热电厂应承担与热负荷相应的电负荷；核电厂应带稳定负荷。它们都必须安排在日负荷曲线的基本部分，并对凝汽式火电厂按其效率的高低依次由下往上安排。

3.5　电力电量平衡表的编制

在系统设计中一般用表格法进行电力电量平衡，电力电量平衡由系统电力平衡表、电量平衡表和电力电量平衡表组成[35,36]。

3.5.1　电力平衡表的编制

电力平衡表用以分析系统或地区容量平衡的情况，了解逐年的电力盈亏形势，确定需要新增的装机规模及逐年的装机进度。电力平衡表的格式如表 3.1 所示。

表 3.1　电力平衡表

项目	年	说　明
一、最大发电负荷		计及同时率后全系统的用电负荷加上线损和厂用电的总和
二、各类电厂工作容量		
三、各类电厂备用容量		
四、各类电厂需要装机容量		工作容量与备用容量的总和
五、各类电厂可能装机容量		系统中实际可能的装机安排容量
六、各类电厂新增容量		需要装机容量减去可能装机容量
七、各类电厂受阻容量		
八、各类电厂退役容量		每年退出运行的机组容量
九、各类电厂重复容量		
十、火电电力盈亏		火电需要容量与实际可能装机容量之差值

3.5.2　新增装机容量表的编制

新增装机容量表是电力规划中能源平衡的重要内容之一，是确定电力系统发电燃料需要量的主要依据。当电力平衡表中新增电厂比较时，需要另外编制逐年新增装机容量表，如表 3.2 所示。

表 3.2　逐年新增装机容量表

项目	年	年
一、水电厂		
1.×××		
……		
水电厂新增容量总计		

续表

项目	年	年
二、火电厂		
1.×××		
……		
火电厂新增容量总计		
三、核电厂		
1.×××		
……		
核电厂新增容量总计		
四、系统新增容量总计		

3.5.3 电力电量平衡计算

电力电量平衡表是长远规划中最常用的形式，即在一个表中既进行电力平衡，又进行电量平衡，是电力平衡表和电量平衡表的综合形式。通过电力电量平衡表，既可以确定系统规划年内的装机规模及进度，也可以了解系统电力电量余缺形势，同时还可以确定电力系统燃料需求及供应的情况。电力电量平衡表的格式如表 3.3 所示。

表 3.3　电力电量平衡表

项目	月	合计	年电量/亿 kW	装机容量/万 kW	年发电设备利用小时数/h	说　明
系统月平均负荷						
系统各电厂月平均功率						
弃水功率						

说明：

（1）表中系统月平均负荷的计算式为

$$P_{\text{mar}} = P_{\text{m·max}} \sigma_\text{m} \gamma_\text{m} \tag{3.1}$$

式中：P_{mar} 为月平均负荷；$P_{\text{m·max}}$ 为月最大负荷；σ_m 为月不均衡系数；γ_m 为日负荷率。

月平均负荷乘相应的月小时数，12 个月相加即得全年的需电量。

按表中顺序计算，凝汽式电厂的月平均负荷为系统月平均负荷减去水电厂月平均出力和供热强制出力。

（2）系统各电厂月平均功率计算步骤如下。

① 列出水电厂被利用的月平均功率。

② 列出热电厂的供热强制功率。

③ 计算凝汽式电厂的月平均功率,为系统月平均负荷减去水电厂月平均功率和供热强制功率。

④ 将各月平均出力乘相应的月小时数后相加即可得到各类电厂的年发电量,并据此校验各类电厂的利用小时数,检验电力是否平衡。一般在电量平衡中,火电机组利用小时数按不大于 5000 h 考虑。

(3) 水电比重较大或丰水期,有可能发生水电电量得不到充分利用的情况时,此时应计算弃水电量(可以在负荷曲线上求得)。

电力电量平衡表确定了逐年的发电容量后,为进行电网的潮流分布及调压计算,制定网络方案,选择送电线路导线截面和各种电气设备及无功补偿设备等,必须确定有关年份各种水文年不同运行方式时各发电厂的功率。

第4章 电源规划

电源规划的目标是根据某一时期的负荷需求预测,在满足各种约束最经济的电源开发方案情况下,确定何时、何地投建何种类型、何种规模的发电机组,其目的是满足国民经济和社会可持续发展战略的要求,体现最大范围的资源优化配置。

4.1 电源规划概述

4.1.1 电源规划的任务及分类

1. 电源规划的任务

对电力系统电源布局进行策略研究,其任务是根据规划期内预测的负荷需要量,通过电力电量平衡得到需新增的发电容量,在满足负荷需要并达到各种技术指标的条件下,确定在何时、何地新建(或新增)何种类型、何种规模的发电厂(或机组),使规划期内电力系统能安全运行且投资经济合理。因此,电源规划是电力系统电源布局的战略决策,在电力系统规划中处于十分重要的地位。

2. 电源规划的分类及其相关要求

1)短期电源规划(1~5年规划)

(1)确定发电设备的维修计划。

(2)分析推迟或提前新发电机组投产计划的效益。

(3)分析与相邻电力系统互联的效益及互连方案。

(4)确定燃料需求量及购买、运输、存储计划。

2)中长期电源规划(10~30年规划)

(1)何时、何地扩建新发电机组。

(2)扩建什么类型及多大容量的发电机组。

(3)现有发电机组的退役及更新计划。

(4)燃料的需求量及解决燃料问题的策略。

(5)采用新发电技术(如太阳能发电、风力发电)的可能性。

(6)采用负荷管理系统对系统电力电量平衡的影响。

(7)与相邻电力系统进行电力交换的可能性。

4.1.2 电源规划的原则

1. 电源规划的投资决策原则

电源规划与系统负荷预测、电力电量平衡、发电厂厂址选择、发电机组类型及规模、燃料来源及其运输条件、水库调节、系统运行、电力网络规划、各种技术经济指标的选择等一系列问题密切相关，这就决定了其决策过程必须与多个部门配合，是一项复杂而艰巨的任务。由于电源规划的投资规模大、周期长，对国民经济的发展影响大，在制定电源规划方案时，必须遵循一定的原则。

（1）参与经济计算和比较的各个电源规划方案必须具有可比性。

（2）必须确定合理的经济计算年限，比较方案的计算年限要一致（采用年费用最小法时可不一致）。

（3）确定合理的经济比较标准。

（4）在投资决策中，各项费用和收益，如建设期的投资、运营期的年费用和效益，都要考虑资金的时间因素，并以同一时间为基准。

（5）决策过程必须统筹兼顾国民经济的整体利益，与相关部门密切配合。

2. 电源规划的技术经济原则

电源规划应遵循充足性、可靠性、灵活性、经济性原则，大力推动水电建设和流域梯级开发，积极发展坑口电厂，建设路口电厂、港口电厂、负荷中心电厂，适当建设核电厂；考虑环境保护和资源永续利用，积极推进新能源发电和洁净煤燃烧技术等工程应用；坚持规模经济，加快电源结构的调整和改造，严禁小型凝汽式火电机组的建设。

另外，电源规划应能源供应稳定，能源流向合理，系统安全可靠、经济合理，系统装机容量和水电电量得到充分利用，满足调峰、保护生态、节约能源、减少污染的要求；应进行技术经济比较，提出多个可供选择的电源建设方案，各年合理的在建规模、需要新开工的规模及投资估算等。

4.1.3 电源规划的常规步骤

电源规划的常规方法是根据各年度电力系统的需要，拟定出几套电源组合方案，进行多方案比较。其具体步骤如下。

（1）确定设计年度系统需要的新增装机容量。

（2）根据地区内的动力资源条件和地理条件拟定出电源建设方案。

（3）收集整理与各电源方案相对应的能源情况。

（4）收集整理电源点与煤矿之间的交通运输情况。

（5）论述与各电源方案相配套的电网建设方案，计算网络投资和运行费（含电能损失费）。

（6）进行煤、电的经济比较。

（7）将对结果影响较大的因素做部分或全部灵敏度分析，包括发输变电造价、燃料成本或售价、煤矿造价、运输成本或运价，以及增加的运输设备造价、贴现率、建设周期。

（8）在经济技术评估的基础上，对供电可靠性、能源利用效率、对环境的影响等方面进行综合评估，以确定最佳的电源建设方案。

4.1.4　电源规划的经济评价方法

电源规划方案的经济评价是电源规划中不可缺少的环节，其目的是根据国民经济整体发展战略及地区发展规划的要求，计算各方案的投入费用和产出效益，选择对国民经济最有益的方案。

对于各种可行的电源规划方案，通常认为有相同的经济效益，因此在满足负荷需求、各种约束条件下及技术经济指标的情况下，总投入最小的方案就是最经济的方案。常用的经济评价方法有投资回收期法、年总费用最小法、净现值法、等年值法等。

4.2　电厂容量的选择

电源规划是根据变电站的负荷资料、电力系统的负荷曲线及现有发电厂的装机情况，进行电力电量平衡计算，合理确定每个拟建电厂的建设规模，是制定系统电源规划方案的基础。

4.2.1　影响电厂容量选择的主要因素

1. 规划地区（即电厂供电地区）负荷的影响

1）负荷大小的影响

负荷需求的大小决定了建设电厂的总容量。

2）负荷分布的影响

负荷比较集中的地区适宜建大容量电厂，而负荷分散的地区则可考虑小容量电厂。

3）负荷方式的影响

对于带尖峰负荷的水电厂来说，若地区负荷峰谷差大，尖峰负荷较高，则在相同保证出力下可以多装机，容量可以选得大些，以充分发挥水电的效益。对于热电厂来说，若热负荷在年内比较均衡，年最大负荷利用小时数较高，则热电厂的容量可以选得大些，以便获得较多的热化电能。

4）负荷增长速度的影响

大容量电厂采用大机组，适应负荷迅速增长的能力强。因此，当负荷增长迅速时，有利于大容量电厂的兴建。

2. 动力资源条件的影响

资源条件对电厂容量影响很大，甚至起到决定性的作用，对火电厂它也有一定影响。对燃料供应方便而又可靠的坑口电厂容量可以选得大些，对建在负荷中心、远离矿区的电厂燃料供应条件则是影响电厂规划容量的因素之一。

3. 厂址条件的影响

火电厂的厂址条件主要指供水、煤场、灰场、交通运输条件、地质地形、环保要求等条件，它们往往对电厂容量影响很大。水电厂的厂址条件，如坝址的地质条件、库区的移民问题、坝址地形及施工条件、水利枢纽布置、输电线路可行路径条件等，对电厂选址和电厂容量起很大的作用。

4. 系统规模的影响

当电厂联入系统时，系统规模越大，负荷需求越大。在满足同样可靠性要求的前提下，电厂的容量可选得大些，因为大电厂可以采用大机组，小机组生产成本高。若采用大机组可以满足系统的可靠性要求，则它在经济上就是合理的。一般来说，电厂的最大容量以不超过系统的总事故备用为宜，单机容量以不大于系统最大负荷的10%为宜。

5. 设备规模及供应条件的影响

电厂容量大小与装机台数及单机容量大小有关，一个电厂的机组台数不宜过多，若单台机组容量较小，则电厂的容量也较小。在规划电厂容量时应根据系统规划和设备规范选用合理的机组容量，并确定电厂容量。

4.2.2 水电厂装机容量的选择

水电厂的装机容量由其最大工作容量 P_G、备用容量 P_B、重复容量 P_{ch} 组成，即

$$P = P_G + P_B + P_{ch} \tag{4.1}$$

因此，确定水电厂的装机容量，就是要合理确定其工作容量、备用容量、重复容量。

1. 最大工作容量的确定

拟设计水电厂与现有电厂一起担负系统最大负荷时该水电厂发出的有功功率即称为该设计水电厂的最大工作容量。水电厂的调节性能对其最大工作容量起决定性作用。

1）无调节水电厂工作容量的确定

无调节水电厂（即径流式水电厂），只能承担电力负荷的基荷部分。在设计枯水日，它以不变的保证出力工作，其最大工作容量等于保证出力，计算式为

$$N_G = N_{B0} = 9.81\eta_{sh}Q_{se}H_{se} \tag{4.2}$$

式中：N_{B0} 为水电厂保证出力（kW）；η_{sh} 为水电厂综合效率；Q_{se} 为设计枯水日平均流量（m^3/s）；H_{se} 为设计枯水日平均水头（m）。

2）日调节水电厂工作容量的确定

日调节水电厂在一天内可按负荷需要调节径流量，可担当电力负荷的峰荷部分。在设计枯水日，水电厂的平均出力即为它的保证出力 N_{B0}，相应的日保证电量为

$$W_{B0} = 24N_{B0} \tag{4.3}$$

利用日保证电量与系统日负荷曲线就可以确定水电厂的最大工作容量 N_G。若日调节水电厂由于航运、灌溉等用水需要而保证的水流量为 Q_J，这部分出力应承担的基荷部分，水电厂的基荷出力为

$$N_J = 9.81\eta_{sh}Q_J H_{se} \tag{4.4}$$

那么，水电厂在峰荷工作的日电量为

$$W_f = 24(N_{B0} - N_J) \tag{4.5}$$

此时，水电厂的工作容量由基荷容量和峰荷容量组成，即

$$N_G = N_f + N_J \tag{4.6}$$

式中：N_f 为按 W_f 在日负荷累计曲线上累积求得的峰荷容量。

3）年调节水电厂工作容量的确定

年调节水电厂也同时进行日调节，所以参加电力系统运行的年调节水电厂最大工作容量的确定方法基本上与日调节水电厂一样，但其用于设计枯水日的保证电量为

$$W_{B0} = kN_{B0} \times 24 \tag{4.7}$$

式中：k 为考虑一周内负荷不均匀的库容调节系数，一般取 1.1～1.3。

2. 重复容量的确定

由于河川天然来水不均衡，水文情况多变，对于无调节水电厂或调节性能差的水电厂，在洪水期会发生大量的弃水。增加坝高、扩大库容可以减少弃水损失，但水电厂的坝高受到地形、地质、淹没损失等情况的限制，并且是经过技术经济论证确定了的。在这种情况下，为了减少弃水，提高水量的利用水平，在水电厂增加装机，使洪水期多发电；但这部分容量在枯水期不能发电，没有水量保障，不能作为水电厂的工作容量去替代火电容量，即水电增加这部分容量后，火电装机不能减少，故称为重复容量。

1）重复容量设定的经济性原则

重复容量的设置需要经过一个详细的技术经济论证，以便求得一个最佳的重复容量值。在水电厂设置重复容量，就要增加投资成本。另外，随着重复容量的增加，弃水现象减少，水电发电量增加，季节性电能收益增加；但季节性电能的增加并不是与重复容量的增加成正比的，重复容量增加到一定量后，再加大重复容量的投资不能以季节性电能增加所节约的燃料费用来补偿。因此，重复能量的设置要在增加投资与季节性电能所带来火电燃料节约值之间权衡，求出一个经济效果最佳的重复容量方案。

2）重复容量的年费用现值

假设水电厂设置重复容量为 ΔN_{ch}，平均每年工作时间为 h_J，相应的年发电量为 $\Delta W_{ch} = \Delta N_{ch} \times h_J$，则每年可节约燃料费用现值为

$$\Delta S_t = \alpha b \Delta W_{ch} \tag{4.8}$$

式中：α 为水电厂发一度电可代替火电度数的系数，一般取 $\alpha = 1.05$；b 为代替火电每度

的燃料费用。

重复容量投资费用每年的年费用现值为

$$\Delta S_{ch} = k_{ch}(X_b + \beta)\Delta N_{ch} \tag{4.9}$$

$$X_b = \frac{i(1+i)^n}{(1+i)^n - 1} \tag{4.10}$$

式中：k_{ch} 为重复容量单位千瓦投资费用；X_b 为资金回收系数；β 为重复容量的运行费率，一般取 5%～8%；i 为标准折算率；n 为使用年限。

3）重复容量的经济条件

设置重复容量的经济条件为

$$k_{ch}(X_b + \beta)\Delta N_{ch} \leqslant \alpha b h_J \Delta N_{ch} \tag{4.11}$$

由此可求得重复容量的临界经济利用小时数为

$$h_J = \frac{k_{ch}(X_b + \beta)}{\alpha b} \tag{4.12}$$

4）弃水流量持续曲线与弃水出力持续曲线

经济利用小时数的临界值决定了水电厂设置重复容量的上限。对于年调节以下的水电厂，均可利用经济利用小时数值在重复容量年持续时间曲线上求出适宜的重复容量值。具体做法是：将水库调节计算中全部水文年份各种弃水流量的历时总加起来，除以总年数，得到各种弃水流量的平均持续时间曲线 $Q_q = f(t)$，如图 4.1 所示。

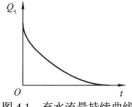

图 4.1　弃水流量持续曲线

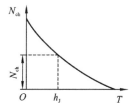

图 4.2　弃水出力持续曲线

将弃水流量曲线换算成弃水出力持续曲线（按 $N = 9.81\eta QH$ 计算），这种弃水出力就是设置相应重复容量所能获得的额外出力，一定出力以下的面积就是该出力季节性电能的年平均值，再除以该出力即得其利用小时数，这样可求出重复容量-利用小时数曲线 $N_{ch} = f(T)$，如图 4.2 所示。

利用求出的重复容量经济利用小时数 h_J，可以在图 4.2 中求出应设置的重复容量大小 N_{ch}。当电力系统进一步发展而负荷规模扩大，或者在设计水电厂上游修建梯级电站而使其调节流量及保证出力增大时，水电厂的重复容量可以部分或全部转变为工作容量。

3. 备用容量的确定

因为水电厂工作可靠，启动、增减负荷迅速，在变动负荷下工作时能耗较小，且其补充千瓦投资也比火电厂小，所以水电厂宜于担任系统的事故备用和负荷备用。

水电厂所担负备用容量的大小与系统结构及水电厂本身水力资源利用情况有关。在水电比重大的系统中，备用可以在各水电厂之间适当分配，各水电厂担负的备用容量就会小一些。远离负荷中心的水电厂也不宜担负过大的备用容量，以免造成输变电设施建设费用的浪费或事故下系统稳定条件的恶化。存在重复容量，特别是重复容量较大的水电厂，不宜担负较多备用容量，因为在平时重复容量可以起到备用作用，而在洪水期重复容量投入运行后，系统的备用可以转移到火电机组上去。

若系统年负荷曲线低谷部分的检修面积足够大，可以安排开所有设备的检修，则系统不需要另外配置检修备用。水电厂的检修应避开系统高峰负荷期和丰水期。若检修面积不够或安排不开，则需要设置检修备用。当水电厂担负负荷备用及系统的事故或检修备用时，需要有专门的备用库容以保证其电量；当水电厂只担负本厂的事故及检修备用时，可以不设备用库容。

4.2.3　热电厂容量的选择

要确定热电厂的装机方案，需要解决地区集中供热系数的选择、集中供热负荷的分配，以及热电厂热化系数、经济容量、机组形式的选择等问题。

1. 地区集中供热系数的选择

在拟定各种热源规模及管网骨架时，关键问题是通过技术经济论证确定热电厂供热机组的容量和形式，而确定供热水平的核心问题是选择合理的集中供热系数。集中供热系数是指地区总热负荷中由集中供热（包括热电厂、区域锅炉房）供应部分的比重，即

$$\alpha_C = \frac{Q_{TC}}{Q_T} \tag{4.13}$$

式中：α_C 为集中供热系数；Q_{TC} 为年集中供热量；Q_T 为年供热总量。

注意：集中供热系数并不是越接近 1 越好，因为总有一部分过于分散又较小的热负荷是不宜联入热网的，若将它们联入热网会导致供热网的费用大大高于集中供热的效益。

2. 集中供热负荷的分配

集中供热负荷的分配可以由一个热电厂提供，也可以由几个热电厂共同分担或加上部分区域锅炉房供热。当热负荷大且分布广时，有多个热电厂共同分担更为经济合理，因为热网建设费用对热电厂的经济供热范围起决定性的作用。涉及多个热电厂分担供热时，要进行两方面的分析比较：热电联产与热电分产的方案比较，其中热电联产即热电厂既供热又供电；热电分产包括凝汽式电厂和区域锅炉房。一般利用比较开支现值大小的方法对联产和分产的方案做出选择。

3. 热电厂经济容量的选择

从热电厂与热网的整体考虑，选择热电厂经济合理的热负荷量使其单位供热能力所需的计算费用最小。热电厂容量越大，单位供热所需的投资及运行费用越低，但由于容量大、供热集中，热网的建设和维护费用也大，即每单位供热能力的热网投资及运行费用增加。结合这两方面综合权衡，就可以找到热电厂的经济容量的范围，如图 4.3 所示。

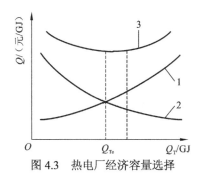

图 4.3　热电厂经济容量选择

1.热网费用曲线；2.热电厂费用曲线；3.总费用曲线；Q_{Te}.额定热负荷

就热网整体来说，还有一个超过热电厂经济容量部分的热负荷如何供应或者几个热电厂或热电厂与区域锅炉房之间如何分配热负荷（即整体系统分配问题）的问题。需要在每个热源经济容量的基础上列出几个供热方案，经过技术经济比较后确定。

注意：有时也按年汽轮机供热量占总供热量的比例来定义热化系数

$$\alpha_{TQ} = \frac{Q_{TM}}{Q_T} = \frac{Q_{TM}}{Q_{TM} + Q_{PM}} \tag{4.14}$$

将式（4.14）中的相应量变换为年总供应量。式（4.14）中：Q_{TM} 为汽轮机最大供热负荷；Q_T 为最大热负荷；Q_{PM} 为其他方式的直接供热负荷。

4.2.4　抽水蓄能电厂容量的选择

抽水蓄能电厂是利用电力系统负荷低谷时富裕的容量抽水蓄能，在高峰负荷时放水发电，承担系统的调峰、调频任务，稳定电力系统的频率和电压，且宜为事故备用，还可提高系统中火电厂和核电厂的效率。

（1）按水库可供使用的调节库容求出其提供的储能发电量为

$$W = \frac{VH_N}{376.3}\eta_T\eta_G \tag{4.15}$$

式中：W 为储能发电量；V 为调节库容（m^3）；H_N 为平均净水头（m）；η_T 和 η_G 分别为水轮机和发电机平均效率。

若取 $\eta_T\eta_G \approx 0.82$，则

$$W = \frac{VH_N}{450} \tag{4.16}$$

（2）按系统的日负荷曲线、周负荷曲线、年负荷曲线计算调峰所需日用电量（W_D）、周用电量（W_W）、年用电量（W_Y），检查蓄能电量是否足够（一般抽水蓄能电厂以日或周为周期运行）。

（3）由日负荷累积曲线和周负荷累积曲线检查在低谷负荷时经济的火电、核电机组能否提供抽水蓄能电厂运行所需的耗电量，此电量约为上述日用电量、周用电量的 1.4 倍。若能提供的抽水电量不足，则只好减少抽水蓄能电厂所提供的日用电量、周用电量值。

（4）由日用电量值确定抽水蓄能电厂所担负的工作容量，加上担负的负荷备用和事故备用，即得其装机容量。

4.2.5　凝汽式电厂容量的选择

在电力规划中，往往首先确定热电厂和水电厂的容量，电力电量平衡不足的部分由凝汽式电厂承担。然后将需要新增加的凝汽式电厂容量按各个可能的建厂厂址条件、经济性及可见规模、建设条件等依次分配。

凝汽式电厂只发电不供热，其每单位千瓦的计算费用随着电厂容量的增加而减小，而输变电工程每千瓦能力的年费用随电厂容量的增大先减少后增加。因此，同热电厂经济容量确定一样，权衡两者，总费用最小值对应的电厂容量即为其经济容量。实际中计算费用在最低点附近变化很平缓，容量可在其附近选择。

注意：在电厂采用不同容量的机组时期计算费用曲线是不同的。若厂址条件对电厂容量的限制有限制值，则可从各种单机容量的计算费用曲线中同时选定电厂容量及易于采用的单机容量。

4.3　电源规划的数学模型

电源规划与系统规划密切相关，在确定电源规划采取的具体模型时，需要充分考虑系统本身的特点[37,38]。

1. 高维性

电源规划需要处理各种类型的发电机组，并且要考虑相当长时期（可达 30 年）系统电源的过渡问题，以至于在规划中涉及大量的决策变量。如果把变量的个数定义为维数，电源规划的数学模型将是高维的。

2. 非线性

电源规划中涉及的发电机组的投资现值、年运行费用、可靠性及其相关的约束条件等都是有关决策变量的非线性函数，电源规划的数学模型本质上是非线性的。

3. 随机性

电源规划所需要的基础数据，包括负荷预测数据、燃料设备价格、贴现率等，都包含着大量的不确定因素，使得电源规划问题具有明显的随机性质。

由于电源规划问题的复杂性，有很多难以量化的社会因素或其他相关因素难以体现在电源规划数学模型当中。目前的电源规划模型和算法都无一例外地进行了简化，以减小计算规模，提高计算速度和精度。

4.3.1 数学模型

1. 数学模型的一般形式

电源规划数学模型的一般形式为

$$\min f(X,Y) \tag{4.17}$$

$$\text{s.t.} \begin{cases} h_i(X,Y) \leqslant a_i & (4.18) \\ g_i(Y) \leqslant b_i & (4.19) \\ k_i(X,Y) \geqslant d_i & (4.20) \\ X \geqslant 0,\ Y \geqslant 0\ (X\text{为整数}) & (4.21) \end{cases}$$

式中：a_i，b_i，d_i $(i=1,2,\cdots,m$；m 为待建电厂数)为待建电厂 i 所对应的约束条件；X 为发电机装机容量；Y 为发电机输出功率。

式（4.17）为目标函数，式（4.18）为电源建设的施工约束，式（4.19）为运行条件约束，式（4.20）为发电机输出功率受发电厂安装容量的限制，式（4.21）为数学模型本身要求的变量约束。

2. 模型说明

由于电源规划问题相当复杂，在各种优化模型中，一般要进行近似和简化。优化方法不同、某些问题的处理方式不同，就形成了各种各样的电源规划模型。若把 $f(X,Y)$ 与约束条件均处理为线性且 X 为连续变量，则构成电源规划线性模型；若 X 部分或全部为整数变量，则构成电源规划整数模型；若允许存在非线性关系，则构成电源规划非线性模型；若考虑时间推移，希望求得整个时间序列上的最优方案，则构成电源规划动态模型；若不考虑整体优化，而只是对各阶段进行优化，则形成逐阶段规划模型；若在模型中考虑一些随机因素，则形成电源规划随机模型；若将各种随机因素作为确定量处理，则构成确定性电源规划模型。在具体计算中，这些处理方式不是孤立的，而是根据具体问题进行选择或互相配合的。

4.3.2 目标函数

传统的电源规划模型一般是以系统总投资费用最小为目标函数，总投资费用通常包括两个部分：一部分与安装发电机组容量有关，如发电厂的投资费用；另一部分与发电机组的实际输出功率有关，如发电厂的运行费用，其中主要是发电厂的燃料费用。

在实际应用中，规划目标不仅包括投资费用和运行费用，还包括其他效益和支出，如计及可靠性指标、输电线路费用、未来的不确定性因素（如负荷预测、水文数据及市场因素）等，因此电源规划是一个多目标规划问题，其数学模型则更加复杂。对此，具体处理方法是多样的，常用的方法是将不同的目标函数乘不同的权值形成一个新的目标函数，从而转化为单目标问题处理。

4.3.3 约束条件

对于不同的系统，约束条件是不相同的；使用不同的规划模型，约束条件都是有差异的。在此只考虑一般电源规划中需要考虑的约束条件。

1. 电源建设施工约束

（1）待建电厂各年最大装机容量约束为

$$\sum_{\tau \in t} X_{j\tau} \leqslant P_{\max t} \quad (j = 1, 2, \cdots, m) \tag{4.22}$$

即待建电厂某年 t 的装机容量，不应超过由施工、设备等条件决定的该年最大容许装机容量。

（2）待建电厂总装机容量约束为

$$\sum_{t=1}^{T} X_{jt} \leqslant P_{\max} \quad (j = 1, 2, \cdots, m) \tag{4.23}$$

即待建电源最大装机容量受一些具体条件限制，在装机过程中各电源在规划期 T 内的总装机容量不应超过规定的最大容量。

（3）最早投入年限约束为

$$\sum_{t=1}^{t_j} X_{jt} = 0 \quad (j = 1, 2, \cdots, m) \tag{4.24}$$

即待建电厂 j 从实际可能的角度考虑，其最早建成投入年限不应早于一定年限 t_j。若某些电厂从规划年开始就可能投入，则不受此约束。

（4）财政约束，即某个时期内电源建设不应超过财政支付能力。

（5）待建电厂装机连续性约束，即某个电厂第一台机组投入运行后，后续机组应连续安装，否则会给施工带来麻烦。

（6）建设顺序约束，即电厂建设有先后顺序。

（7）待建电厂最晚投入年限约束。

2. 系统运行约束

（1）系统需求约束，即任何时候，系统发电容量总和要满足系统电力需求：

$$\sum_{j=1}^{m} P_{jt} + P_{0t} = D_t(1 + \rho + \sigma) \tag{4.25}$$

式中：P_{jt} 为电厂 j 在 t 时刻的输出功率；P_{0t} 为系统原有电厂在 t 时刻的输出功率；D_t 为系统在 t 时刻的负荷；ρ 为厂用电率；σ 为系统线损率。

（2）发电机机组最大最小输出功率约束为

$$P_{j\min t} \leqslant P_{jt} \leqslant P_{j\max t} \tag{4.26}$$

式中：$P_{j\min t}$ 为机组 j 的最小输出功率；$P_{j\max t}$ 为机组 j 的最大输出功率。

（3）火电燃料消耗约束为

$$\sum_{\tau \in j} E_{j\tau} \beta_j \leqslant A_{jt} \quad (j = 1, 2, \cdots, k) \tag{4.27}$$

式中：$E_{j\tau}$ 为电厂 j 在 τ 时段的发电量；β_j 为电厂 j 的平均燃料单耗；A_{jt} 为电厂 j 在 t 时段的燃料消耗限量。

（4）水电水量消耗约束为

$$\sum_{t=1}^{\tau} E_{jt} \leqslant W_j \tau \quad (j = k+1, k+2, \cdots, m) \tag{4.28}$$

式中：E_{jt} 为水电厂 j 在 t 时段的发电量；W_j 为水电厂 j 在 t 时段的平均输出功率。

3. 备用容量约束

备用容量约束为

$$\sum_{j=1}^{m} X_{jt} + P_0 - P_{\mathrm{m}t}(1+\rho+\sigma) \geqslant \Delta P_t \quad (t = 1, 2, \cdots, T) \tag{4.29}$$

式中：X_{jt} 为新建电厂 j 在第 t 年的新装容量；P_0 为系统原有装机容量；$P_{\mathrm{m}t}$ 为系统在第 t 年的最大负荷；ρ 为厂用电率；σ 为线损率；ΔP_t 为系统 j 在第 t 年应有的备用容量；T 为规划期年数。

4. 可靠性约束

可靠性约束常采用两种方法：一种是将可靠性指标计入约束中；另一种是将其做某种处理，计入目标函数。鉴于具体情况的差异，不同系统的电源规划采用统一的可靠性指标并不现实。

例如，系统布局的可靠性用电力不足时间概率（loss of load probability，LOLP）指标衡量，如果对一年内各个时段及每种水文情况都进行随机生产模拟计算，把所有时段的 LOLP 相加作为年平均 LOLP 指标，并对各种水文年的年平均 LOLP 水文概率取加权平均值，作为该年的可靠性指标。

假设 $\mathrm{LOLP}(K_{jt,a})$ 和 $\mathrm{LOLP}(K_{jt,P})$ 分别为第 t 年和第 t 年各时段电力不足概率，则每个系统布局应满足约束

$$\mathrm{LOLP}(K_{jt,a}) \leqslant c_{t,a} \tag{4.30}$$

$$\mathrm{LOLP}(K_{jt,P}) \leqslant c_{t,P} \tag{4.31}$$

式中：$c_{t,a}$ 和 $c_{t,P}$ 为给定的可靠性标准。

此外，在制定可靠性指标时要考虑其经济性。例如，在建立的目标函数中综合考虑经济性、经济情况处置和停电损失的费用，这类处理方法在电源规划研究中被大量采用。

需要说明的是，根据所采取的规划模型不同，除上述常用约束条件外，可能还要考虑输电能力约束、最小开发容量约束、火电年利用小时数约束、抽水蓄能电厂约束、核电厂基荷约束、分布式发电机组约束等。以上列出的约束条件的表达方式在不同的模型中是不同的，处理方式也有差异。

4.3.4 投资决策问题

1. 电源投资决策问题

在电源规划数学模型中，变量可以分为离散变量和连续变量两类，据此可以将电源规划模型分解为电源投资决策和生产模拟两部分，这两部分可以采用不同的优化技术，相应的电源规划过程也被分为相互关联的两个阶段。其中，电源投资决策问题以离散变量为主要变量，其解反映的是方案中各项目的建设与投产年份，以及厂址、机组类型、容量等，同时确定方案中与投资成本对应的费用。

2. 生产模拟问题

电源规划中的生产模拟问题是在投资决策条件给定的前提下，对方案中的运行成本逐年进行详细优化计算的问题。若考虑规划期内可能存在诸如各机组的非计划强迫停运、未来电力负荷的随机波动、水电厂来水量变化等不确定性约束，则为随机生产模拟[39,40]。随机生产模拟可获得方案中各机组的期望生产电能、生产费用，以及电源可靠性指标，为电源规划的决策提供准确的反馈信息。

1）随机生产模拟的基本问题

（1）持续负荷曲线。

随机生产模拟是以等效持续负荷曲线为核心的，各类随机生产模拟的方法都是以此为基础发展起来的。该曲线综合考虑了发电机组的随机停运及负荷随机波动，并将两者结合起来形成了等效持续负荷曲线。

在引入等效持续负荷曲线之前，先对持续负荷曲线进行介绍。在得到负荷曲线时，首先形成持续负荷曲线，如图4.4所示，图中横坐标表示系统的负荷，纵坐标表示持续时间。T 为研究周期，根据具体要求可以是年、月、周、日等。

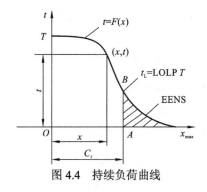

图 4.4　持续负荷曲线

图4.4中曲线上任何一点 (x,t) 表示系统负荷大于或等于 x 的持续时间，即

$$t = F(x) \tag{4.32}$$

等式两端除以 T，得

$$P = f(x) = \frac{T}{F(x)} \tag{4.33}$$

式中：P 可以看成系统负荷大于或等于 x 的概率。

由式（4.32）可求得系统的负荷总电量为

$$E_t = \int_0^{x_{\max}} F(x)\mathrm{d}x \tag{4.34}$$

同样，将式（4.32）两端除以 T，可得到系统负荷的平均值（或期望值）为

$$\bar{x} = \int_0^{x_{\max}} f(x)\mathrm{d}x \tag{4.35}$$

假设系统在该期间投入运行的发电机组的总容量为 C_t，由图 4.4 可知，系统负荷大于发电机组总容量的持续时间为

$$t_L = F(C_t) \tag{4.36}$$

相应的电力不足概率 LOLP 为

$$\mathrm{LOLP} = \frac{t_L}{T} = f(C_t) \tag{4.37}$$

在这种情况下，图 4.4 中阴影部分的负荷电量不能满足要求，其面积就是电量不足期望值

$$\mathrm{EENS} = \int_{C_t}^{x_{\max}} F(x)\mathrm{d}x = T\int_{C_t}^{x_{\max}} f(x)\mathrm{d}x \tag{4.38}$$

当 $C_t > x_{\max}$，即系统发电机组总容量大于系统最大负荷时，在所有发电机组绝对可靠的情况下，系统不会出现电力不足，此时的电量不足期望值 EENS 为零。但是，如果考虑到发电机组的随机故障因素，就必须对此问题做进一步的分析，为此就要引出等效持续负荷曲线的概念。

（2）等效持续负荷曲线的形成——递归卷积法。

在实际运行中，发电机组不完全可靠，可能随机停运，因此需要考虑发电机组的随机停运状态，并对原始持续负荷曲线进行修正，得到考虑随机停运的等效持续负荷曲线，如图 4.5 所示。

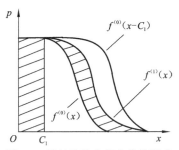

图 4.5　等效持续负荷曲线的形成

为了方便，纵坐标上用概率 p 代替一般持续负荷曲线中的时间 t。图 4.5 中，$f^{(0)}(x)$ 为原始持续负荷曲线，表示系统中所有发电机组应承担的负荷。

设第一台发电机组首先带负荷，其容量为 C_1，强迫停运率为 q_1。当这台发电机组处于运行状态时，它和其他发电机组应承担的负荷由 $f^{(0)}(x)$ 来表示。当发电机组 1 故障时，$f^{(0)}(x)$ 所表示的负荷应由除去发电机组 1 以外的其他发电机组承担。这就相当于发电机组 1 和其他发电机组共同承担了向右平移了 C_1 的负荷曲线 $f^{(0)}(x-C_1)$ 所表示的负荷。

由于发电机组 1 的强迫停运率为 q_1，其正常运行的概率为 $p_1 = 1 - q_1$，考虑发电机组 1 的随机停运影响后，系统的随机负荷曲线应表示为

$$f^{(1)}(x) = p_1 f^{(0)}(x) + q_1 f^{(0)}(x - C_1) \tag{4.39}$$

式（4.39）是发电机组 1 的随机停运与持续负荷曲线的卷积公式，其结果就是考虑发电机组随机停运因素后的系统等效持续负荷曲线。

应该说明的是，等效持续负荷曲线 $f^{(1)}(x)$ 比 $f^{(0)}(x)$ 的最大负荷大了 C_1，而总的负荷电量增加了 ΔE（图 4.5 中阴影部分）。可以证明，这里的 ΔE 正好等于发电机组 1 由于故障而少发的电量。

对于第 i 台发电机组，上述结论可以推广为

$$f^{(i)}(x) = p_i f^{(i-1)}(x) + q_i f^{(i-1)}(x - C_i) \tag{4.40}$$

式中：C_i 为第 i 台机组的发电容量；q_i 为第 i 台机组的强迫停运率；$p_i = 1 - q_i$。

在发电机组逐个卷积的过程中，等效持续负荷曲线也在不断变化，最大等效负荷不断增大。若系统中共有 n 台发电机组，则其总容量为 C_t。当全部发电机组卷积运算结束时，等效持续负荷曲线为 $f^{(n)}(x)$，最大等效负荷为 $x_{\max} + C_t$，如图 4.6 所示。

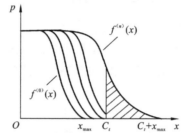

图 4.6　等效持续负荷曲线与可靠性指标

这时系统的电力不足概率 LOLP 及电量不足期望 EENS 分别为

$$\text{LOLP} = f^{(n)}(C_t) \tag{4.41}$$

$$\text{EENS} = T \int_{C_t}^{x_{\max} + C_t} f^{(n)}(x) \mathrm{d}x \tag{4.42}$$

2）随机生产过程模拟

随机生产过程模拟需要的原始资料包括负荷资料和发电机组的技术经济数据。

负荷资料主要用来形成研究期间的原始持续负荷曲线和最大负荷曲线。最大负荷曲线是指每月或每周的最大负荷按时间序列形成的曲线，它的用途是安排检修计划。

火电机组的技术数据主要包括发电机组的类型、容量、台数，各发电机组的平均煤耗率，燃料价格，强迫停运率，最小输出功率，所需的检修时间等。

水电机组在电力系统中的运用与火电机组有很大的区别。首先，水电机组的发电量是由水文条件及水库调度决定的，因此在发电调度中水电机组的发电量是给定的已知量。其次，由于水库上下游水位变动，水电机组的发电功率可能达不到其额定容量。这种由水力条件决定的水电机组的实际发电能力称为预想输出功率。在生产调度中应用预想输出功率代替水电机组的容量参与电力平衡。

下面以仅包含火电机组的电力系统为例说明随机生产模拟的过程。假定电力系统只包含火电机组，检修计划已知，即参与运行的发电机组已全部确定，则随机生产模拟的过程及步骤如下。

（1）处理负荷资料，形成原始持续负荷曲线。

（2）确定发电机组带负荷的优先顺序；火电机组按其平均煤耗率由小到大的排序，决定了发电机组带负荷的优先顺序。由于随机生产模拟是从基荷开始逐步向上给发电机组分配负荷，按这种排序能保证煤耗率小的机组分配到较大的发电量，从而保证整个系统的煤耗量最小。

（3）按其带负荷顺序安排发电机组运行，计算发电量。

第 i 台发电机组的发电量 E_{gi} 应根据等效持续负荷曲线 $f^{(i-1)}(x)$ 来进行计算，即

$$E_{gi} = Tp_i \int_{x_{i-1}}^{x_i} f^{(i-1)}(x)\mathrm{d}x \tag{4.43}$$

式中：T 为研究周期；p_i 为发电机组 i 的可用率；$p_i = 1 - q_i$；

$$x_i = \sum_{j=1}^{i} C_j \tag{4.44}$$

式中：C_j 为发电机组 j 的容量。

（4）修正等效持续负荷曲线，求发电机组 i 参与运行后的等效持续负荷曲线，这是随机生产模拟计算量最大的地方。若发电机组已全部安排完，则转入下一步；否则返回上一步。

（5）计算系统可靠性指标。

（6）根据各发电机组的发电量计算系统燃料消耗量并进行发电成本分析。

（7）进行其他特殊问题的研究。

随机生产过程模拟的流程如图 4.7 所示。

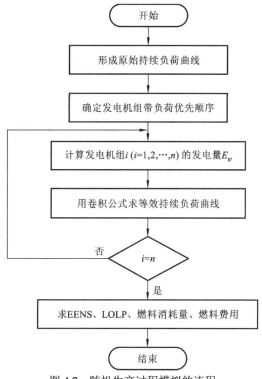

图 4.7　随机生产过程模拟的流程

3）随机生产模拟计算方法简介

随机生产模拟的计算方法主要有傅里叶级数法、分段直线逼近法、半不变量法、等效电量函数法。

（1）傅里叶级数法通过持续负荷曲线的傅里叶展开式（50～100 项傅里叶级数展开式）来描述持续负荷曲线，从而在频域上进行卷积运算。虽然该方法一定程度上克服了计算量随发电系统规模增大而迅速上升的趋势，但是计算量还是过大。

（2）分段直线逼近法采用分段的直线来描述持续负荷曲线，其计算精度与直线分段数有关。与标准卷积法相比，该方法并没有实质性的改变，计算量仍然很大，在反复进行卷积和反卷积运算时会出现数值解不稳定的问题。

（3）半不变量法（也称累积量法）通过随机分布数字特征的半不变量来描述持续负荷曲线和发电机组的随机停运函数，从而将复杂的卷积和反卷积运算转换为半不变量的加减法，极大地减少了计算量，提高了运算速度；在求得等效持续负荷曲线的半不变量后，利用埃奇沃思（Edgeworth）级数和格拉姆-夏利尔（Gram-Charlier）级数计算曲线上的函数值。该方法凭借处理问题的灵活性和计算速度的高效性而得到广泛应用。但从数学本质上看，半不变量法只是一种近似方法，实际中难以估计和控制误差，特别是当负荷分布偏离正态分布较严重时，可靠性指标有较大的计算误差，甚至可能出现负值。

（4）等效电量函数法（equivalent energy function，EEF）将持续负荷曲线的坐标横轴按等间隔分段，对每一分段进行积分得到电量函数，从而把卷积运算的对象由等效持续负荷曲线替换成了等效电量曲线，在理论上是一个精准的算法，并且通过直接利用电量进行卷积和反卷积运算，大大减少了计算量。该方法可以灵活处理给定发电量的发电机组，非常适合对含有多个水电厂的电力系统进行随机生产模拟。该方法的计算效率及误差大小与所采用的间隔大小有着密切关系。

4.4 电源规划的优化方法

由于电源规划是一个高维性、非线性、离散的优化问题，很难找出理论上的最优解，目前电源规划都在数学的严格性与计算量之间进行折中，采取一些简化方法。

4.4.1 数学优化方法

1. 线性规划法

线性规划法是目前应用最为广泛、理论和求解都很完善的数学方法。线性规划的数学模型可以叙述为：在满足一组线性约束条件下，求多变量线性函数的最优值（最大值或最小值）。它适合用来求解电源规划问题[41]。

线性规划数学模型为

$$\min f(\boldsymbol{X}) \tag{4.45}$$

$$\text{s.t. } g_i(\boldsymbol{X}) \leqslant b_i \quad (i=1,2,\cdots,m) \tag{4.46}$$

式中：$f(\boldsymbol{X})$ 为目标函数；$g_i(\boldsymbol{X})$ 为约束条件。$f(\boldsymbol{X})$ 和 $g_i(\boldsymbol{X})$ 均为线性函数，且 $\boldsymbol{X}$ 为连续变化量。

由于电力系统中很多问题并不是线性的，为了适应线性规划的要求，必须将其线性化。线性规划法的主要优点是计算简单、求解速度快，有一套通用的求解方法，并有可用的标准软件，解题规模可以较大；缺点是这样会带来误差，这便是采用线性模型付出的代价。

2. 混合整数规划法

电力系统的机组是一台一台安装的，电厂特别是水电厂是一个一个建设的，将它们作为连续变量处理，将带来一些问题，如果完全作规整处理又将降低优化结果的最优性。为了解决这个矛盾，对系统中某些变量规定为整数变量或更简单的 0、1 变量，而另一些变量仍为连续变量。这种变量设置的数学规划，称为混合整数规划。由于整数规划求解上的困难，在设计模型时对于可以不用整数描述的变量及不用整数描述带来的误差不大的变量，尽可能仍采用连续变量[42]。

1）数学模型

设有连续变量 $\boldsymbol{X}$，整数变量 $\boldsymbol{Y}$，则混合整数规划可以表述为

$$\min\{f(\boldsymbol{X}) + g(\boldsymbol{Y})\} \tag{4.47}$$

$$\text{s.t.} \begin{cases} \boldsymbol{AX} + \boldsymbol{BY} \leqslant \boldsymbol{b} & \tag{4.48} \\ \boldsymbol{X} \geqslant \boldsymbol{O} & \tag{4.49} \end{cases}$$

式中：$\boldsymbol{Y}$ 为整数矩阵；$\boldsymbol{A}$ 和 $\boldsymbol{B}$ 为系数矩阵；$\boldsymbol{b}$ 为常数矩阵。

若式（4.47）中要求所有变量均为整数解，则这个数学规划为整数规划；若整数解中只取 0、1 两个值，则这个数学规划为 0-1 规划。0-1 规划求解比整数规划要简单。

这类电源规划模型的目标函数与线性电源规划模型类似。因为模型中整数变量只表示电厂或机组投入运行或未投入运行（0、1 变量），或者表示装了几台机组或是第几批次装机（每次装机可能不止一台）。在计算费用时，只需将每台机组容量或每次装机容量乘此整数变量即可得出装机容量。有了装机容量，目标函数表达式便可写为

$$\min\{f(\boldsymbol{X}) + g(\boldsymbol{Y})\} = \sum_{t=1}^{T}\sum_{j=1}^{J_1}(C_{zj}X_{jt} + C_{fj}C_{zj}X_{sjt} + C_{cj}X_{sjt})(1+r)^{-t}$$

$$+ \sum_{t=1}^{T}\sum_{j=J_1+1}^{J}(C_{zj}W_jY_{jt} + C_{fj}C_{zj}W_jY_{sjt} + C_{cj}W_jY_{sjt})(1+r)^{-t} \tag{4.50}$$

$$C_{cj} = (b_j + d_j)\beta_j T_{jt} \tag{4.51}$$

式中：$\boldsymbol{X}$ 为联系变量描述电厂新装机容量；$\boldsymbol{Y}$ 为整数变量，用以表示电厂新装机组台数；W_i 为每台机组的容量；J_1 为连续变量个数，故整数变量个数为 $J-J_1$；T 为规划期；C_{zj} 为电厂 j 每千瓦装机容量的总和投资（包括相应的输电费用在内）；C_{cj} 为机组煤耗费用率；C_{fj} 为固定运行费用率；r 为贴现率；T_{jt} 为电厂 j 在第 t 年的最大负荷利用小时数；b_j 为煤价（计及了煤矿投资分摊）；d_j 为运费；β_j 为平均煤耗，$t/(\mathrm{MW}\cdot\mathrm{h})$。

下标 jt 表示电厂或机组 j 在第 t 年的数值，下标 sjt 表示电厂 j 到第 t 年为止新装机机组

容量之和，即

$$\begin{cases} X_{sjt} = \sum_{\tau=1}^{t} X_{j\tau} \\ Y_{sjt} = \sum_{\tau=1}^{t} Y_{j\tau} \end{cases} \qquad (4.52)$$

整数表示一个电厂的装机台数或次数，由于已上的电厂不能退下，有

$$Y_{jt} \geqslant Y_{j(t-\tau)} \quad (\tau = 1, 2, \cdots, t-1) \qquad (4.53)$$

2）模型求解

整数规划或混合整数规划可采用分支定界法或割平面法求解，理论上能得到全局最优解。其不足是计算量大、计算时间长，对于较大规模的系统，必须对问题进行分解。

3. 动态规划法

动态规划是运筹学的重要分支之一，是解决多阶段决策过程最优化的一种方法。该方法由美国数学家贝尔曼（Bellman）等在 20 世纪 50 年代提出。他们根据多阶段决策问题的特性，提出了解决这类问题的"最优化原理"。如今，动态规划已成功应用于求解许多优化问题[43]。

电源规划是一个多阶段决策问题，要求最优电源规划方案实质上是一个多阶段决策过程的寻优问题。对这类问题动态规划方法是一种很有效的方法。电源规划线性模型和混合整数规划模型，都存在将非线性问题用线性函数描述带来的误差，而且这类模型很难考虑水电厂群不同组合方案的不同补偿作用。另外，线性模型中还存在归整带来的误差。所有这些问题在动态规划中都比较容易解决。

用动态规划解决电源规划问题的一般方法如下。

1）阶段

电源规划动态模型的阶段划分主要有两种方法：一是按时间划分，如一年为一阶段，或者三年、五年为一阶段；另一种是按投入运行的新建电厂数目划分，如只投入一个电厂为第一阶段，投入两个电厂为第二阶段。其中，第一种方法比较符合工程的习惯且容易与计划部门的计划阶段相配合。

2）状态

电源规划动态模型中的状态是系统原有电厂与待建电厂的某种组合。对第 i 阶段的某一状态 x_i 可以表述为

$$x_i = \{s_j\} \quad (j = 0, 1, 2, \cdots, n) \qquad (4.54)$$

每个 s_j 代表一个电厂或一组先后顺序已定的电厂群。状态可以用数组或代码形式表示，例如，$x_i = 01032$ 代表一个状态，它的每位数代表一个电厂或一组电厂，数值 0 表示该电厂未投入，大于 0 的具体数字表示一组电厂中第几个电厂已经投入或一个电厂第几个容量级已经投入。

3）状态转移和决策变量

根据动态规划原理，在某一阶段 i，若其初始状态为 x_{i-1}，也就是上一阶段的一个状态，

经过这一阶段采取某种策略 d_i 后，转移到本阶段末的状态 x_i，这种转移可用状态转移方程表示为

$$x_i = \varphi(x_{i-1}, d_i) \tag{4.55}$$

本阶段 i 的状态 x_i 当然也就是下一阶段 $i+1$ 的一个初始状态。式（4.55）中的策略 d_i 就是本阶段中投入的新电厂，可能是一个也可能是几个，这要看系统负荷增长的多少及模型设计。决策变量就是本阶段可能投入的新电厂或机组。这样，状态转移方程可以简单地表示为

$$x_i = x_{i-1} + d_i \tag{4.56}$$

式中：d_i 为一个策略。

由此可知，在第 i 阶段的某一个状态 x_i，是第 $i-1$ 阶段中被它包含的某个状态 x_{i-1} 加上一个策略而形成状态转移。这是动态规划具体算法中判断可行路径的基本原则。

4）目标函数和递推公式

电源规划的目标函数是使系统总投资费用最小，根据具体情况而定。如果从规划起始年开始计算，费用计算的递推公式为

$$\begin{cases} F_i(x_i) = \min_{k \in i-1}\{f_i(x_k, d_i) + F_{i-1}(x_k)\} \\ F_0(x_0) = 0 \end{cases} \tag{4.57}$$

式中：$F_i(x_i)$ 为第 i 阶段状态 x_i 至起始点的总费用；$f_i(x_k, d_i)$ 为从第 $i-1$ 阶段状态 x_k 转移到 x_i 所采取策略 d_i 的新增机组的有关费用；$F_{i-1}(x_k)$ 为从第 $i-1$ 阶段状态 x_k 至起始点的最小总费用；$F_0(x_0)$ 为起始点费用。

5）约束条件

在电源规划动态模型中，一般考虑的约束条件包括各电厂最大装机容量约束、各电厂各阶段最大允许装机容量、最早可能投入运行年限约束、分区平衡或联络输电线路容量约束、水火点装机容量比例约束、可靠性指标或备用容量约束、功率平衡约束、电量平衡或发电机最大负荷利用小时数约束、机组最大或最小处理约束、火电厂燃料消耗约束、水电厂水量和流量约束、火电最小开机容量约束、财政约束、某些电厂施工中装机连续性约束。

动态规划法的优点是，动态优化法对目标函数和约束条件没有严格的限制，可以考虑离散变量和随机因素，求解步骤清楚，可以求得全局最优解；缺点是，随着状态变量个数的增加将出现"维数灾"问题，容易出现后效问题，在实际工程中常将其与其他优化方法结合使用。

4.4.2 人工智能方法

1. 专家系统

专家系统是人工智能的一个重要分支，其在处理专家经验、定性因素等方面具有独到的功效。它解决了线性规划法、分支定界法所不便解决的离散性、非线性问题。

专家系统是在启发式推理中引入专家知识，根据某种规则进行决策和推理，能够方便地处理在规划过程中涉及的大量专家经验知识及定性因素，是一种将人的知识与计算机计算相结合的方法。专家系统是一种很好的启发式推理工具，它的效率很大程度上取决于知

识库的建立，如何获取知识并将获取的知识准确地表达出来一直是专家系统的"瓶颈"，还有待进一步的研究。

2. 模糊理论

模糊理论最早由扎德（Zadeh）于 1965 年提出。系统输入、输出定义为模糊规则，即：用隶属度函数将输入模糊化；输入与输出关系用模糊规则描述；输出的模糊变量用隶属度函数反模糊化，变为现实世界的决策。用模糊理论描述更接近真实世界，同时模糊算法得出的结论可以给出不同结果的可能性，这样也不用进行灵敏度分析。

模糊理论能够有效地分析不确定性问题，善于描述输入与输出之间的关系，同时，模糊算法得出的结论可以给出不同结果的可能性，这样也不用进行灵敏度分析；但对于精确的概念，用模糊理论来描述会使问题变得复杂。

3. 进化算法

进化算法是模拟生物进化机制而发展起来的一种算法，它的哲学基础是达尔文的"适者生存，优胜劣汰"的自然选择学说。进化算法把从自然界抽象出来的人造的最适应生存的"环境"与"进化算子"结合起来，形成一种强搜索过程[44,45]。

从应用情况来看，遗传算法和进化规划比较适合电源规划，已被成功应用于电源规划中。

1）遗传算法

遗传算法（genetic algorithm，GA）通过编码规划方案转变为一组组染色体，并列出一组待选方案作为祖先（初始可行解），以适应度函数的优劣来控制搜索方向，通过遗传操作逐步完成进化，最终逐步收敛到最优解。

GA 具有多路径搜索、随机操作等特点，不要求连续性、导数存在、单峰等假设。但是其本质上属于无约束优化算法，如何处理约束条件将在很大程度上影响算法的效率，该算法有时会收敛到局部最优解。

2）进化规划

进化规划（evolutionary programming，EP）由美国学者福格尔（Fogel）于 20 世纪 60 年代提出，但到 20 世纪 80 年代初期才得到普遍认同。EP 在原理上同 GA 有些相似，具有与 GA 同样的优点。EP 以其特有的优化编码及变异方式，使所求解的优化问题无严格的限制，可以是非线性、离散的，而方法则采用随机优化技术，求得全局最优解的概率较大，因而具有广泛的应用价值。

EP 基本思想与 GA 相似，也是仿真生物进化的过程，将生物界中"优胜劣汰"规律引入工程实际，可以解决目标函数或约束条件不可微的复杂的非线性优化问题。在具体实现时，EP 与 GA 的差别在遗传操作方面：GA 主要通过交叉运算来模拟两代之间的遗传继承（即染色体继承）；而 EP 不采用交叉算子，它仅通过变异操作来维持两代之间的行为联系。

EP 的基本步骤如下。

（1）将问题的解编码为数字串的形式，编码方式由变量的取值确定，无须转化成二进制。

（2）对变量 X 随机产生一个初始解群体。

（3）对解群中每个个体进行变异产生子个体。

（4）计算子个体的适合度函数值，适合度函数与所求解问题的目标函数和约束条件有关，视具体优化问题的模型而定。

（5）利用两两竞争的选择方法选出新一代解群体后，返回步骤（3）。

重复此过程，直至获得满意解或者达到给定的迭代次数。

3）模拟进化算法

模拟进化算法强调自适应，其运算过程与生物进化过程相仿。到目前为止，提出了多种模拟进化方法，主要包括 GA、遗传规划（genetic programming，GP）、EP、进化策略（evolution strategies，ES）。这些优化方法都属于随机优化方法，原理上可以以较大概率找到优化问题的全局最优解。这类算法具有全局收敛性、固有并行处理特性、通用性、鲁棒性强的特点。由于电源规划本身的特点，从当前研究来看该算法的应用是非常成功的。但模拟进化算法也有一些缺点，如收敛条件不易确定、全局搜索能力强但局部搜索能力不足等。这些问题各国学者正在努力研究，提出了一些改进措施，相信在不久的将来是可以克服的。

4. 免疫算法

免疫系统是生物体的一个高度进化、复杂的功能系统，它可以自适应地识别和排除侵入机体的抗原性异物，并具有学习、记忆、自适应调节能力，维护体内环境的稳定。根据其特有的进化特性，免疫算法已经越来越多地被应用到实际问题的求解当中[46]。

免疫算法将抗原和抗体分别对应于优化问题的目标函数和可能解。免疫算法具有学习、记忆、自适应调节能力等其他算法所不具备的能力，因此自身会有一些不同于其他算法的附加优化步骤：①计算亲和性；②计算期望值；③构造记忆单元。亲和性有两种形式：一种形式说明了抗体与抗原之间的关系，即解与目标的匹配程度；另一种形式解释了抗体之间的关系，这个独有的特性保证了免疫算法具有多样性。计算期望值的作用是控制适用于抗原（目标）的相同抗体的过多产生。

用一组记忆单元保存用于防御抗原的一组抗体（优化问题的候选解），在这个基础上，免疫算法能够以很快的速度收敛于全局最优解。

鉴于免疫算法所表现出的在组合规划中的优异特性，将该算法用于电力系统电源规划问题的求解，也能取得较为满意的结果。

4.5 计及新能源的电源规划数学模型

建立于传统电源主导年代的电源规划方法经过多年的理论研究和工程实践，已经较为成熟。近年来，随着风力、太阳能、光伏发电的快速发展和局部地区出现的新能源消纳问题，新能源电源规划问题受到了极大关注。在规划设计过程中，应符合电源规划的投资决策原则，合理地选择新能源资源丰富地区作为电厂厂址，选择与资源条件匹配的机组类型和规模，为规划方案提供基础条件。

满足了规划决策的基本原则，接下来需要考虑规划中采用的具体模型。计及新能源的电源规划模型主要分为两类,即确定性规划模型和随机规划模型。确定性规划模型是将新能源作为某种类型电源,融入传统的常规电源规划模型中,构成含新能源的确定性电源规划模型。随机规划模型中考虑了一些表征新能源特性的不确定性因素,并通过概率形式表示含新能源电源的随机规划模型[47-52]。

4.5.1 确定性规划模型

计及新能源的确定性电源规划模型是以电源投资及运行维护成本最小为目标,满足系统电力电量平衡约束,具有充足的调峰调频能力和新能源输出功率变化对系统冲击能力而形成的。在此新能源主要考虑为大规模风电场,目标函数一般数学表达形式为

$$\min C = \sum_{t=1}^{T}(C_{ct} + C_{ht} + C_{wt}) \tag{4.58}$$

式中:C_{ct} 为规划年内火电机组投资建设成本与运行维护成本;C_{ht} 为规划年内水电机组投资建设成本与运行维护成本;C_{wt} 为规划年内风电机组投资建设成本与运行维护成本。

约束条件包括机组建设约束、电力电量平衡约束、系统调峰约束、可靠性约束、环保约束。

1)机组建设约束

机组建设约束即为电源建设施工约束,包括待建电厂规划年内的最大装机容量约束、待建电厂总装机容量约束、最早投入年限约束。

2)电力平衡约束

$$\sum_{\tau=1}^{t}(P_{c\tau} + P_{h\tau} + P_{w\tau}) \geqslant D_{mt}(1 + R_{Dt}) - P_{0t} \tag{4.59}$$

式中:$P_{c\tau}$、$P_{h\tau}$、$P_{w\tau}$ 分别为 τ 时段火电机组输出功率、水电机组输出功率、风电机组输出功率;D_{mt} 为 t 规划年内系统最大负荷;R_{Dt} 为 t 规划年内系统容量备用系数。

3)电量平衡约束

$$\sum_{\tau=1}^{t}(P_{c\tau}H_{c\tau} + P_{h\tau}H_{h\tau} + P_{w\tau}H_{w\tau}) \geqslant E_{t} \tag{4.60}$$

式中:$H_{c\tau}$、$H_{h\tau}$、$H_{w\tau}$ 分别为火电机组、水电机组、风电机组 τ 时段内的利用小时数;E_{t} 为 t 规划年内电力系统需要新建补充的发电量。

4)系统调峰约束

$$\alpha_{ct}P_{ct} + \alpha_{ht}P_{ht} + \alpha_{0t}P_{0t} \geqslant \Delta P_{wt}^{max} + \Delta P_{Dt}^{max} \tag{4.61}$$

式中:α_{ct}、α_{ht}、α_{0t} 分别为火电机组、水电机组、风电机组 t 规划年内的调峰深度;ΔP_{wt}^{max} 为 t 规划年内风电最大输出功率变化;ΔP_{Dt}^{max} 为 t 规划年内电力系统最大峰谷差。

5)可靠性约束

$$\begin{cases} LOLP_t \leqslant LOLP_{max} \\ EENS_t \leqslant EENS_{max} \end{cases} \tag{4.62}$$

6）环保约束

$$0 \leqslant \gamma P_{ct} t \leqslant WR_{\max t} \tag{4.63}$$

式中：γ 为系统污染物排放系数；$WR_{\max t}$ 为系统在 t 规划年内的最大允许污染排放量。

4.5.2　随机规划模型

新能源发电具有波动性、间歇性、不可预见性等特点，这将对电力系统安全可靠运行带来不利影响。为了体现新能源中不确定因素对电源规划的影响，一般采用随机优化法建立电源规划模型。机会约束规划作为一种常用的随机优化理论，主要用于约束条件中含有随机变量，且必须在观测到随机变量的实现之前做出决策的优化问题。机会约束规划方法允许所做决策在一定程度上不满足约束条件，但应使约束条件成立的概率不小于某一置信水平。机会约束规划模型一般数学形式可表述为

$$\min f(x) \tag{4.64}$$

$$\text{s.t.} \ \Pr\{g_j(X,\xi) \leqslant 0 \ (j=1,2,\cdots,k)\} \geqslant \beta \tag{4.65}$$

式中：X 为发电机容量变量；ξ 为新能源机组的随机变量。

在含新能源的电源机会约束规划模型中，目标函数一般也是电源的投资建设成本与运行维护成本的总和为最小。约束条件除需要考虑确定性规划模型中的一些约束外，还要考虑新能源发电及系统中的随机约束。在此介绍两种典型的随机约束条件。

1）电源容量的随机约束

$$\Pr\{X_{jt} = P_{Gjt}\} = \alpha_{jt} \tag{4.66}$$

式中：P_{Gjt} 为新建电厂 j 在 t 规划年内的规划容量；α_{jt} 为新建电厂 j 在 t 规划年内满足约束条件的置信水平。

2）系统负荷变化随机约束

$$\Pr\{D_t \leqslant D_{\max}\} = \alpha_{Dt} \tag{4.67}$$

式中：$D_{\max}$ 为系统最大负荷；α_{Dt} 为系统负荷在 t 规划年内满足约束条件的置信水平。

考虑到系统负荷增长具有不确定性，合理的选择使系统运行在约束条件之内的概率达到一个可接受的值。

第 5 章 电 网 规 划

电网规划是电力系统规划的重要组成部分。电网规划以负荷预测和电源规划为基础，在满足各项技术指标的前提下使输电系统的费用最小，确定在何时、何地投建何种类型的输电线路及其回路数，以达到规划周期内所需要的输电能力。

5.1 电网规划概述

5.1.1 电网规划的任务及分类

电网规划是电力系统规划的重要组成部分，其任务是根据规划期间的负荷增长及电源规划方案确定相应的电网结构，以满足经济、可靠地输送电力的要求。其研究的内容包括确定输电方式、选择电网电压、确定网络结构、确定变电站布局和规模。

电网规划重点为主网规划，针对电网发展中需要解决的问题确定具体内容，主要包括大型水、火电厂（群）和核电厂接入系统设计，各大区电网或省级电网的主干电网设计，大区之间或省级电网之间的联网设计，城市电网设计，大型工矿企业的供电网络设计。

电网规划可分为输电网规划和配电网规划两类。另外，它按时间可分为短期规划（1～5 年）、中长期规划（5～15 年）、远景规划（15～30 年）。短期规划用于制定网络扩展决策，确定详细的网络方案。中长期规划介于短期规划与远景规划两者之间，用于估计实际电网的长期发展或演变。远景规划是通过对未来各种发展情形的简单分析，给出根据环境参数进行技术选择的一般原则，并做出最后的初步选择。

5.1.2 电网规划的基本要求

1. 电网容量适当充裕

电网规划设计应使输、变、配电比例适当，容量充裕，在各种运行方式下都能满足将电力安全、经济地输送到用户，并有适当的裕度。在电网上既没有薄弱环节，造成电能不能充分利用的现象，也不存在设备能力限制的现象。

2. 保证电力系统的安全及电压质量

电网规划设计尽可能使电压支撑点多，在正常及事故情况下保证电力系统的安全运行及电压质量。

3. 保证供电的可靠性

对于供电中断将会造成国民经济或人民生命财产重大损失的一级负荷及重要供电地

区，必须设置两个及以上彼此独立的供电电源；对于无重要用户的三级负荷及地区，一般不考虑备用电源；介于两者之间的二级负荷及地区，是否设置备用电源，应分析比较系统停电损失与装设备用电源增加的供电费用之间来确定。

4. 保证系统运行的灵活性

电网结构应能适合各种可能的运行方式，包括正常及事故情况下、高峰及低谷负荷时的运行方式。对于水电比重比较大的系统还应分别考虑丰水年、平水年，以及设计枯水年时的运行方式。

5. 保证系统运行的经济性

电网规划设计应力求电网中的潮流分布合理，无迂回倒流或送电距离过长等现象，以使线路损失小，投资及运行费用低。

6. 运行方便、安全

电网应便于运行，在变动运行方式或检修时操作简便、安全，对通信线路影响小等。

5.1.3　电网规划的一般技术原则

电网规划的一般技术原则如下。
（1）满足电力市场发展的需要并适当超前。
（2）以安全可靠为基础，坚持统一规划，突出整体经济效益，满足环境保护要求，加强电网结构，提出合理的电网方案。
（3）应重点研究目标网架，且应达到如下要求。
① 安全可靠、运行灵活、经济合理，具有一定的应变能力；
② 潮流流向合理，避免网内环流；
③ 网络结构简单，层次清晰，贯彻"分层分区"的原则；
④ 适应大型电厂接入电网。
（4）重视受端网络规划，以坚强的受端网架为建设目标。
（5）送端网络规划应根据送端电源所能达到的最终规模，远近结合，统筹考虑。对于大型电源基地，路口、港口电厂集中的地区应做出战略性安排。

5.1.4　电网规划问题的特点

电网规划在数学上属于一个多决策变量、多约束条件优化问题，而且具有离散性、动态性、非线性、多目标性、不确定性等特点。合理地进行电网规划不仅可以获得巨大的社会效益，而且可以获得巨大的经济效益。

1. 离散性

线路是按整数的回路架设的，所以规划决策的取值必须是离散的或整数的。

2. 动态性

网架规划不仅要满足规划年限内的经济、技术性能指标等要求，而且要考虑到网络以后的发展及性能指标的实现问题。

3. 非线性

线路电气参数、线路功率及网损等费用的关系是非线性的。

4. 多目标性

规划方案不仅要满足经济、技术上的要求，还必须考虑社会、政治、环境等因素，这些因素常常是相互冲突和矛盾的。

5. 不确定性

负荷预测、设备有效状况、水力条件等均存在显著的不确定性[53]。

5.1.5 电网规划的流程

1. 输电网规划流程

输电网规划流程如图 5.1 所示。

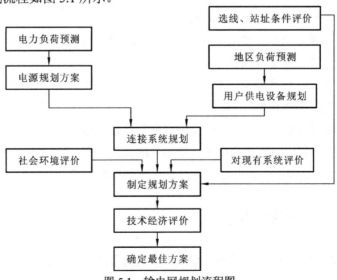

图 5.1　输电网规划流程图

（1）原始资料的收集和论证，主要内容为预测地区负荷需求，分析线路可能行径及变电站站址选择，了解电源规划方案。

（2）制定连接系统规则，即根据电源、地区负荷分布、线路路径、变电站站址等条件，制定连接系统规划。

（3）环境条件研究，即通过环境条件分析，确定薄弱供电环节、不经济的设备、因社会环境条件变化而必须改建或迁建的送变电项目。

（4）制定规划方案，即提出的各种送变电规划方案既要能满足系统供电要求，又要力求技术上先进。

（5）技术经济评价，即通过潮流、短路、稳定计算、电磁环网研究，以及经济效果指标计算，评价各方案的社会环境适应性、供电可靠性、运行维护条件、供电质量、经济性指标，得出最佳输电网规划方案。

2. 配电网规划流程

配电网规划流程如图 5.2 所示。

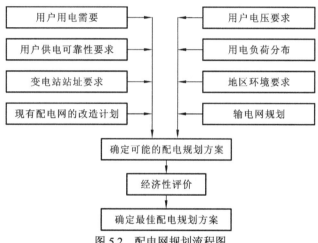

图 5.2　配电网规划流程图

（1）原始资料的收集准备，即用户用电需要、用户电压要求、用户供电可靠性要求、用电负荷分布、变电站站址要求、地区环境要求、现有配电网的改造计划、输电网规划。

（2）确定可能的配电规划方案，即通过潮流计算、$N-1$ 校核短路电流计算等校核，进行多方案技术比较，提出规划方案。

（3）经济性评价。

（4）确定最佳配电规划方案。合理的网架结构是完成规划首要任务的重要保证，提出安全、可靠、经济、灵活的远景目标网架和中期网架，做到近期网架目标明确、中期网架过渡平滑、远期网架科学合理，远近结合，合理确定配电网建设改造项目及投资规模。

5.2　电网电压等级选择

电压等级的建立、演变、发展主要是随着发电量、用电量的增长（特别是单机容量的增长）及输电距离的增加而相应提高的，同时还受技术水平、设计制造水平等限制。电压等级的确定直接影响电网发展和国家建设，若选择不当，不仅影响电网结构和布局，而且影响电气设备、电力设施的设计与制造，以及电力系统的运行和管理，同时决定电力系统的运行费用和经济效益，直接影响各类用电项目的电力投资及电费支出。因此，在进行电网规划时，必须选择技术经济合理的电压等级。

5.2.1　电压等级选择的原则

电压等级选择的原则如下。

（1）选定的电压等级应符合国家电压标准：3 kV、6 kV、10 kV、35 kV、63 kV、110 kV、220 kV、330 kV、500 kV、750 kV、1 000 kV。

（2）同一地区、同一电网内，应尽可能简化电压等级。电压等级不宜过多，各级压差也不能太小，配电网（110 kV 及以下）级差 3 倍以上，输电网（110 kV 以上）2 倍左右。

（3）不选用非标准电压，选定的电压等级要能满足近期过渡的可能性，同时也要能适应远景系统规划发展的需要。

（4）考虑到与主系统及地区系统联络的可能性，电压等级应服从于主系统和地区系统，如不能采用同一电压系列，需研究互联措施。

（5）对于跨省电网之间的联络线，应考虑适应大工业区与经济体系的要求，进一步建成一个统一的联合系统，最好采用单一、合理的电压系列。

（6）大容量发电厂向系统送电，考虑采用高一级电压单回线还是低一级电压多回线向系统送电，与该电厂在系统中的重要性有关。

（7）对于单回线路供电系统，在输电电压确定后的一回线送电容量与电力系统总容量应保持合适的比例，以保证在事故情况下电力系统的安全。

5.2.2　电网电压等级选择的原则

电网规划中，结合线路输送容量和传输距离，根据表 5.1 可以大致确定对应的电网电压等级。实际应用中，根据区域经济发展、用电负荷性质、负荷发展规划、现有电网实际情况和远景电网发展规划、设备制造、技术经济分析等进行分析研究后确定[54]。

表 5.1　电网电压与输送容量和传输距离对应表

输电电压/kV	输送容量/MW	传输距离/km	适　　用
0.38	0.1 及以下	0.6 及以下	低压配电网
3	0.1～1.0	3～1	
6	0.1～1.2	15～4	中压配电网
10	0.2～2.0	20～6	
35	2～10	50～20	
63	3.5～30	100～30	高压配电网
110	10～50	150～50	

输电电压/kV	输送容量/MW	传输距离/km	适　　用
220	100～500	300～100	省内送电
330	200～1 000	600～200	省、网际输电
500	600～1 500	1 000～400	
1 000	5 000～10 000	2 000～1 000	网际输电

注意：

（1）由于负荷密度的增加，提升配电等级在技术上是可行的。国内已出现 20 kV 配电电压。

（2）电压等级的选择需要考虑网络中的电力损失，一般按照送电线路的电力损失正常情况下不超过 5%，结合线路输送容量，来确定各级线路的电压等级。

5.3　电网规划的决策过程

5.3.1　常规电网规划的基本步骤

常规电网规划的基本步骤如下。

（1）确定电源点和电源装机容量，输电线路的条数、长度，传输容量，负荷水平，以及当地社会经济发展情况和资源状况等。

（2）负荷预测。

（3）进行电力电量平衡计算，明确输电线路的送电容量及送电方向，核定送电距离。

（4）确定网架方案。

（5）进行必要的电气计算。

（6）进行技术经济比较。

（7）综合分析，提出推荐方案。

显然，常规电网规划过程可以分为电网规划方案拟定和检验两个阶段。

5.3.2　电网规划方案的拟定

1. 电网规划方案的任务

根据输电容量和输电距离，拟定几个可比的网络方案。

2. 电网规划方案拟定的步骤

电网规划方案拟定的步骤如下。

（1）送电距离的确定。一般是在有关的地形图上测量的长度，乘曲折系数 1.1～1.15（这只是经验数据，具体情况还应具体分析，一般不超过 1.4）；也可参考同路径已运行线路的实际长度或送电线路可行性研究后的设计长度。

（2）送电容量的确定。对待规划电网进行分层分区域的电力电量平衡计算，观察各区电力余缺，从而确定各地区间的送电量。

规划电网的送电距离和送电容量决定后，按送电线路输电能力，结合以往类似工程实例及规划者的经验，即可拟出几个待选的网络连接方式。

5.3.3 电网规划方案的检验

对已形成的电网规划方案进行技术经济分析，包括电力系统潮流、调相、调压计算，暂态稳定计算，短路电流计算，以及技术、经济比较等。

1. 潮流计算分析

观察各方案是否满足正常及事故运行方式下送电能力的需要。在正常运行方式下，各线路的潮流一般应接近线路的经济输送容量，各主要变压器（联络变压器）的潮流应小于其额定容量。在网络中任意一条线路故障（包括检修）的情况下，各线路潮流不超过其持续允许的发热容量，各变压器没有长时间过负荷现象，即满足 $N-1$ 检验原则。

2. 暂态稳定计算

检验各方案在《电力系统设计技术规程》（DL/T 5429—2009）中所规定的关于电网结构设计的稳定标准下，电力系统能否保持稳定。

（1）以下故障时网络结构必须满足系统稳定运行及正常供电。

① 单回线输电网络中发生单相瞬时接地故障重合成功；

② 同级电压多回线和环网发生单相永久接地故障重合不成功及无故障断开不重合（对于水电厂的直接送出线，必要时采用切机措施）；

③ 主干线路侧变电站同级电压的相邻线路发生单相永久接地故障重合不成功及无故障断开不重合；

④ 核电厂出线出口及已形成回路网络结构的受端主干网络发生三相短路不重合；

⑤ 任一台发电机（除占系统容量比例过大者外）跳闸或失磁；

⑥ 系统中任一大负荷突然变化（如冲击负荷或大负荷突然退出）。

（2）以下故障时可采取措施保持系统稳定运行，但允许损失部分负荷。

① 单回线输电网络发生单相永久接地故障重合不成功；

② 同级电压多回线和环网及网络低一级电压的线路发生三相短路不重合。

注意：当系统稳定性水平较低时，应采取提高稳定性的措施。系统规划应根据电网具体情况具体分析，采用合适的手段提高稳定性，为下一阶段的设计提供依据。

3. 短路电流计算

检验网络中所有断路器是否能承受各水平年的网络短路容量，提出以后发展新型断路器的额定断流容量，以及研究限制系统短路电流水平的措施（包括提高变压器中性点绝缘水平），具体如下。

（1）按远景水平年计算短路电流，选择新增断路器时应按投运后 10 年左右的系统发展容量进行计算，更换现有断路器时还应按过渡年计算。

（2）应计算三相短路和单相短路，如果单相短路大于三相短路，还应研究电网的接地方式及接地点的多少等。

（3）当短路水平过大而需要大量更换现有断路器时，应先研究限制短路电流的措施。

4. 调相、调压计算

检验无功补偿是否满足系统在各种正常及事故运行方式下电压水平的需要，达到经济运行的效果，原则上应使无功功率就地、分层、分区基本平衡。

无功补偿一般选用分组投切的电容器和电抗器，当对系统稳定有特殊要求时应研究装设调相机或静止无功补偿器。

经调相、调压计算并增加无功补偿设备后仍不能满足电压质量标准时，可以选用有载调压变压器。有载调压变压器一般装设在供、配电网中。

5. 技术、经济比较

综合考虑经济性及其相关因素后选择电网规划方案。需要综合考虑的因素有主干电网结构，厂内或变电站内接线，运行灵活性，是否便于过渡，电源、负荷变化的适应性，对国民经济其他部门的影响，国家资源利用政策，国家物资、设备的平衡，环境保护和生态平衡，工程规模和措施是否与现有技术水平相适应，缩短建设工期和改善技术经济指标的可能性和必要性，建设条件和运行条件，对人民生活条件的影响，对远景发展的适应情况。

5.4 几种主要的电网设计

5.4.1 电网结构设计的一般方法

1. 合理电网结构的基本要求

合理电网结构的基本要求如下。

（1）能满足各种方式下潮流变化的需要，运行灵活，能适应系统发展的要求。

（2）任一元件无故障断开，应能保持系统稳定运行，且不致使其他元件超过规定的事故过负荷或电压允许偏差的要求。

（3）应有较大的抗扰动能力满足稳定导则标准。

（4）满足分层和分区原则。

（5）合理控制系统短路电流。

2. 电网结构设计的常规方法

电网结构设计的常规方法如下。

（1）拟订方案，即确定送电距离和送电容量，拟定几个网络连接方案（水平年、过渡年）。

（2）方案分析。

① 技术比较，包括进行潮流、暂态稳定、短路电流计算，必要时进行调相、调压计算，工频过电压、潜供电流计算等，并分析不同方案的主要技术差别。

② 经济比较，包括近期、远期电网工程投资及网损比较。

（3）综合分析网络结构的安全性、经济性、灵活性（远景适应），提出推荐方案。

5.4.2　电厂接入系统设计

1. 内容与目的

研究电厂与电力系统的关系，分析电厂在电力系统中的地位及作用，确定电厂的送电范围、出线电压等级及回路数、与电网的连接方案等，并对电厂电气主接线、与电网有关的电气设备参数、电厂运行方式等提出技术要求。需要进行有关系统的电力电量负荷预测、分区电力电量平衡、接入系统方案的技术经济论证等，其内容深度要满足《大型水、火电厂接入系统设计内容深度规定》（DL/T 5439—2009）。经审定后接入系统方案为编制电厂送出工程设计任务书提供论据，并为电厂初步设计准备条件。

2. 接入原则

电厂接入原则如下。

（1）不同规模的发电厂应分别接入相应的电压网络。

（2）外部电源应经相对独立的送电回路接入受端系统，尽量避免电源或送端系统之间的直接联络或送电回路落点过于集中。

3. 机组容量

机组容量选择方法如下。

（1）根据系统内总装机容量和备用容量、负荷增长速度、电网结构和设备制造、政策导向等因素进行选择。

（2）最大机组容量不宜超过系统总容量的 8%～10%。

4. 出线电压及回路数

（1）根据电厂、电网具体情况论证确定，主要考虑的因素：规划容量，单机容量，输电方向、容量、距离，电厂在系统中的作用；简化电网结构及电厂主接线、降低网损、调度运行灵活；限制系统短路电流；系统安全稳定水平；对各种因素变化的适应性等。

（2）出线电压一般不超过两种（不包括发电机电压）。

（3）有条件时，大机组尽量以发变组单元接线方式直接接入枢纽变电站。

5.4.3 受端系统设计

1. 受端系统的定义

受端系统是指以负荷集中地区为中心，包括区内和邻近电厂在内，用较密集的电力网络将负荷与这些电源连接在一起的电力系统。受端系统通过接受外部及远方电源输入的有功电力和电能，以实现供需平衡。

2. 加强受端系统的要点

加强受端系统的要点如下。
（1）加强受端系统内部最高一级电压的网络联系。
（2）为加强受端系统的电压支持及运行的灵活性，在受端系统应接有足够容量的电厂。
（3）受端系统要有足够的无功补偿容量。
（4）枢纽变电站的规模要同受端系统的规模相适应。
（5）受端系统电厂运行方式改变不应影响正常受电能力。

5.4.4 联网规划设计

1. 阶段划分及任务

联网前期工作包括初步可行性研究、可行性研究和联网工程系统专题设计三个阶段。
（1）初步可行性研究。与可行性研究内容相差不大，但内容简单一些。
（2）可行性研究。论证联网的必要性、作用及联网效益，推荐联网输电方式（交流、直流或混合输电）、联网方案、联络线的经济输送容量、电压等级及回路数。对推荐方案做出全面技术、经济分析，提出包括系统继电保护、调度控制和通信在内的工程投资估算和经济效益评价。
（3）联网工程系统专题设计。通过电气计算，提出防止联络线上功率不规则波动、低频振荡、故障后系统失步、电压崩溃、联络线过负荷的措施，确定联网工程主设备参数，对继电保护、安全自动装置、调度自动化、远动和通信方式，以及联络线的频率和负荷控制提出技术要求。

2. 联网效益

联网效益可以分为电量效益、容量效益，以及环境保护和社会效益等几方面的效益。其中，电量效益包含减少弃水电量及降低运行经营成本等效益；容量效益包括错峰效益、调峰效益、降低备用容量效益、紧急事故支援效益、跨流域水电补偿调节效益等。
（1）运行经营成本效益。当两侧电力系统内的电能通过联网后能更多地被利用，或者由于电源结构及其技术经济指标不一样，通过联网后，发电成本有明显减少时，应计算电量效益。

（2）错峰效益。用电错峰包括季错峰、月错峰和日错峰三种情况。当联网后，因两系统内的负荷特性差异、并计及水电运行特性的影响，而能减少火电装机容量时，应计算错峰效益。

（3）调峰效益。当两系统联网后能提高水电站调峰能力、从而可减少系统内火电装机时，应计算调峰效益。

（4）降低备用容量效益。联网后降低备用容量的效益可根据联网前后等失负荷概率值（即 LOLP 值）求得。

（5）紧急事故支援效益。根据两侧系统备用容量的充裕程度，初步分析联网后系统紧急事故支援的效益。

（6）跨流域水电补偿调节效益。初步分析不同水系梯级水电站之间的跨流域补偿调节效益；深入的分析计算可在可行性研究阶段作为专题进行研究。

3．联网方案

根据两侧电网的负荷预测及电源规划，分别进行电力电量平衡，说明两侧电力系统在设计水平年内需要和可能交换的电力、电量及其特点，结合远景水平年的情况，初步提出联网规模，拟定联网方案。拟定联网方案一般要考虑下列内容。

（1）起、落点分析。

（2）联网方式选择，包括交流、直流、交直流混合等方式。

（3）电压等级选择。

（4）联网线路导线截面的初步选择。

对不同联网方案应进行必要的潮流、稳定计算，初步检验联网线路的传输能力及联网后对两侧电网内部网架的影响。

对各联网方案进行技术、经济综合比较，提出初步意见。对于两侧电网因联网所引起的内部网架变化，必须增加、提前建设或推迟建设的主要输变电项目，原则上也要参与各联网方案的综合比较。

4．联网投资估算

按照联网推荐方案（包括系统一次、二次）计算联网工程的总投资（动态）。总投资包括工程建设投资（静态）、价差预备费用，以及建设期利息；工程建设投资应按合理工期提出逐年资金需求计划。

5.5　电网规划的常规方法

电网规划的常规方法可分为启发式和数学优化两大类，它们的共同特点是以预测结果所确定的未来环境为基础，建立数学模型，求出最佳规划方案。

5.5.1　启发式电网规划方法

1. 启发式电网规划方法简介

启发式电网规划方法是一种以直观分析为依据的算法，通常是基于系统某一性能指标对可行路径上一些线路参数进行灵敏度分析，根据一定的原则，逐步迭代直到得到满足要求的方案为止。它主要由过负荷校验、灵敏度分析、方案形成三个部分组成。启发式电网规划方法的优点是直观、灵活，计算时间短，易于同规划人员的经验相结合；缺点是难以选择既容易计算又能真正反映规划问题实质的性能指标，不是严格的优化方法，不能很好地考虑各阶段各架线决策之间的相互影响，并且当网络规模较大时指标对于同一组方案差别不大，难以优化选择[55]。

2. 启发式电网规划方法的步骤

1）过负荷校验

根据网络规划的正常运行要求和安全运行要求，不仅要保证系统在正常情况下，线路不发生过负荷，有时还须满足 $N-1$ 检验原则。为检验线路是否过负荷，网络中的潮流计算成为重要的分析依据。

2）灵敏度分析

当系统中有过负荷线路时，通过灵敏度分析选择最有效的线路来扩展网络，以消除现有的过负荷问题。所谓线路"有效"是指该线路单位投资所起的作用最大，但不同规划人员对"有效"的理解不同，因此会出现不同的衡量指标，相应也就产生了计算线路有效性指标的不同方法。逐步扩展法和逐步倒推法是灵敏度分析常用的方法。

3）方案形成

根据灵敏度分析结果，对待选线路按照有效性指标进行排序后，就可以确定具体的网络扩展方案。比较简单的方式是将最有效的一条线路或一组线路加入系统，逐步扩展网络，也可以采用将有效线路的组合加入系统进行试探，并通过对系统运行情况的改善效果确定最佳方案。

在形成方案时，规划设计人员可以通过人机联系参与决策过程。

3. 逐步扩展的启发式电网规划

1）逐步扩展法简介

根据待选线路对过负荷支路过负荷量消除的有效度，即以减轻其他支路过负荷的多少来衡量待选线路的作用，从而选择最合适的待选线路加到网络上，逐步扩展直到网络无过负荷问题为止。

2）变结构直流潮流计算——待选支路有效度的计算

如图 5.3 所示的交流网络，其支路参数如图所示，其潮流方程为

$$P_{ij} = U_i^2 g_{ij} - U_i U_j (g_{ij}\cos\theta_{ij} + b_{ij}\sin\theta_{ij}) \tag{5.1}$$

$$Q_{ij} = -U_i^2 (b_{ij} + b_{iO}) + U_i U_j (b_{ij}\cos\theta_{ij} - g_{ij}\sin\theta_{ij}) \tag{5.2}$$

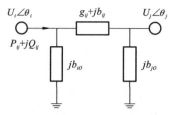

$$U_i \angle \theta_i \qquad g_{ij}+jb_{ij} \qquad U_j \angle \theta_j$$

图 5.3   交流网络支路等效电路

根据以下假设，可得到简化的直流潮流方程。

（1）高压输电线路的电阻远小于电抗，即 $r_{ij} \ll x_{ij}$，于是有 $g_{ij} \approx 0$。

（2）输电线路两端电压相角差不大，可以认为 $\cos\theta_{ij} \approx 1$，$\sin\theta_{ij} \approx \theta_{ij}$。

（3）假设系统中各节点电压标幺值都等于 1，即 $U_i \approx U_j = 1.0$。

（4）不计接地支路的影响。

通过上述处理后，潮流方程简化为

$$P_{ij} = -b_{ij}(\theta_i - \theta_j) = \frac{\theta_i - \theta_j}{x_{ij}} \tag{5.3}$$

$$Q_{ij} = -0 \tag{5.4}$$

简化后的潮流方程可不计无功潮流，即直流潮流方程。

对于 n 各节点的网络，设节点 n 为平衡节点，且设 $\theta_n = 0°$。直流潮流计算时，对节点 i 应用基尔霍夫（Kirchhoff）电流定理，得到电流平衡方程为

$$P_i = \sum_{j=1,j \neq i}^{n} P_{ij} = \sum_{j=1,j \neq i}^{n} \frac{\theta_i - \theta_j}{x_{ij}} \quad (i=1,2,\cdots,n-1) \tag{5.5}$$

写成矩阵的形式即得直流潮流方程的基本形式为

$$\boldsymbol{P} = \boldsymbol{B}\boldsymbol{\theta} \tag{5.6}$$

式中：$\boldsymbol{P}$ 和 $\boldsymbol{\theta}$ 为 $n-1$ 维列向量；$\boldsymbol{B}$ 为 $(n-1) \times (n-1)$ 维矩阵，矩阵 $\boldsymbol{B}$ 中各元素的值为

$$B_{ii} = \sum_{j=1,j \neq i}^{n} \frac{1}{x_{ij}} \tag{5.7}$$

$$B_{ij} = -\frac{1}{x_{ij}} \tag{5.8}$$

假设网络中只有支路 k 的电纳发生变化，其变化量为 $\Delta\boldsymbol{B}_k$，式（5.6）两边对 $\boldsymbol{B}_k$ 求导，得

$$\frac{\partial\boldsymbol{P}}{\partial\boldsymbol{B}_k} = \frac{\partial\boldsymbol{B}}{\partial\boldsymbol{B}_k}\boldsymbol{\theta} + \boldsymbol{B}\frac{\partial\boldsymbol{\theta}}{\partial\boldsymbol{B}_k} \tag{5.9}$$

又因为支路 k 的电纳发生变化并不改变各节点注入有功功率，即 $\frac{\partial\boldsymbol{P}}{\partial\boldsymbol{B}_k} = 0$，将其代入式（5.9）可求得

$$\frac{\partial\boldsymbol{\theta}}{\partial\boldsymbol{B}_k} = -\boldsymbol{B}^{-1}\frac{\partial\boldsymbol{B}}{\partial\boldsymbol{B}_k}\boldsymbol{\theta} \tag{5.10}$$

在导纳矩阵 $\boldsymbol{B}$ 中，只有与 k 支路关联的 i、j 节点的相关导纳 B_{ii}、B_{ij}、B_{ji}、B_{jj}，所以，对 $\boldsymbol{B}_k$ 求导后，这四个元素对应位置的导数值分别为 1、−1、−1、1，其他元素均为 0，

即 $\dfrac{\partial \boldsymbol{B}}{\partial \boldsymbol{B}_k} = \boldsymbol{e}_k \boldsymbol{e}_k^{\mathrm{T}}$（$\boldsymbol{e}_k$ 为第 i 行元素为 1、第 j 行元素为-1、其余行元素为 0 的 n 维列向量），将其代入式（5.10），得

$$\frac{\partial \boldsymbol{\theta}}{\partial \boldsymbol{B}_k} = -\boldsymbol{B}^{-1} \boldsymbol{e}_k \boldsymbol{e}_k^{\mathrm{T}} \boldsymbol{\theta} = -\boldsymbol{B}^{-1} \boldsymbol{e}_k (\theta_i - \theta_j) = -\boldsymbol{X}_k \boldsymbol{\varphi}_k \tag{5.11}$$

式中：$\boldsymbol{X}_k = \boldsymbol{B}^{-1} \boldsymbol{e}_k$；$\boldsymbol{\varphi}_k$ 为支路 k 两端电压的相角差，且 $\boldsymbol{\varphi}_k = \theta_i - \theta_j$。从而可得

$$\Delta \boldsymbol{\theta} = \frac{\partial \boldsymbol{\theta}}{\partial \boldsymbol{B}_k} \cdot \Delta \boldsymbol{B}_k = -\Delta \boldsymbol{B}_k \boldsymbol{\varphi}_k \boldsymbol{X}_k \tag{5.12}$$

对任意支路 l 的，支路两端电压相角差为

$$\Delta \boldsymbol{\varphi}_l = \boldsymbol{e}_l^{\mathrm{T}} \Delta \boldsymbol{\theta} = -\Delta \boldsymbol{B}_k \boldsymbol{\varphi}_k \boldsymbol{e}_l^{\mathrm{T}} \boldsymbol{X}_k \tag{5.13}$$

式中：$\boldsymbol{e}_l$ 的定义同 $\boldsymbol{e}_k$。那么，支路 l（$l \neq k$）的有功潮流增量为

$$\Delta \boldsymbol{P}_l = \boldsymbol{B}_l \Delta \boldsymbol{\varphi}_l = -\boldsymbol{B}_l \Delta \boldsymbol{B}_k \boldsymbol{\varphi}_k \boldsymbol{e}_l^{\mathrm{T}} \boldsymbol{X}_k = -\boldsymbol{B}_l \boldsymbol{e}_l^{\mathrm{T}} \boldsymbol{X}_k \frac{\Delta \boldsymbol{B}_k}{\boldsymbol{B}_k} \boldsymbol{P}_k \tag{5.14}$$

支路 k 的有功潮流增量为

$$\Delta \boldsymbol{P}_k = (\boldsymbol{B}_k + \Delta \boldsymbol{B}_k) \Delta \boldsymbol{\varphi}_k + \Delta \boldsymbol{B}_k \boldsymbol{\varphi}_k = -\Delta \boldsymbol{B}_k \boldsymbol{\varphi}_k \boldsymbol{e}_k^{\mathrm{T}} \boldsymbol{X}_k (\boldsymbol{B}_k + \Delta \boldsymbol{B}_k) + \Delta \boldsymbol{B}_k \boldsymbol{\varphi}_k \tag{5.15}$$

若认为 $\Delta \boldsymbol{B}_k \Delta \boldsymbol{\varphi}_k \approx 0$，可忽略不计，上式可简化为

$$\Delta \boldsymbol{P}_k = \boldsymbol{B}_k \Delta \boldsymbol{\varphi}_k + \Delta \boldsymbol{B}_k \boldsymbol{\varphi}_k = -\boldsymbol{B}_k \Delta \boldsymbol{B}_k \boldsymbol{\varphi}_k \boldsymbol{e}_k^{\mathrm{T}} \boldsymbol{X}_k + \Delta \boldsymbol{B}_k \boldsymbol{\varphi}_k = (1 - \boldsymbol{B}_k \boldsymbol{e}_k^{\mathrm{T}} \boldsymbol{X}_k) \frac{\Delta \boldsymbol{B}_k}{\boldsymbol{B}_k} \boldsymbol{P}_k \tag{5.16}$$

综上有

$$\Delta \boldsymbol{P}_l = \beta_{lk} \frac{\Delta \boldsymbol{B}_k}{\boldsymbol{B}_k} \boldsymbol{P}_k \tag{5.17}$$

式中：$\beta_{lk} = \begin{cases} -\boldsymbol{B}_l \boldsymbol{e}_l^{\mathrm{T}} \boldsymbol{X}_k, & l \neq k, \\ 1 - \boldsymbol{B}_l \boldsymbol{e}_l^{\mathrm{T}} \boldsymbol{X}_k, & l = k。\end{cases}$

3）规划方案

假设网络中线路 l 出现了过负荷，设法寻找待选支路 k，使得该线路加入系统后能够最有效地降低线路 l 的过负荷量。线路 l 的有功潮流变化量为 $\Delta \boldsymbol{P}_l = \beta_{lk} \dfrac{\Delta \boldsymbol{B}_k}{\boldsymbol{B}_k} \boldsymbol{P}_k$。

设线路 k 的建设投资为 C_k，考虑投资因素后，定义待选线路的有效性指标为

$$E_{lk} = \frac{\Delta P_{lk}}{C_k} \tag{5.18}$$

E_{lk} 最大的线路就是有效线路。当系统中存在多条过负荷线路时，应当考虑增加一条新线路对所有过负荷线路的综合效益，为此定义综合有效性指标为

$$E_k = \sum_{l \in M_{ol}} E_{lk} \tag{5.19}$$

式中：M_{ol} 为过负荷线路集。

将整个网架规划分成两个阶段来实现：第一阶段实现正常状态下无过负荷线路，第二个阶段实现 $N-1$ 校验原则下无过负荷线路。

（1）第一阶段的迭代过程。

① 计算直流潮流。

② 检查线路是否过负荷。若有，形成过负荷线路集，计算待选线路的综合有效性指标，然后转步骤③；否则，线路无过负荷，转步骤④。

③ 选择综合有效性指标最大的线路加入电网中，然后转步骤①。

④ 输出结果。

（2）第二阶段的迭代过程。

① 分析所有预想事故集，若无过负荷，转步骤③；否则，根据总的过负荷量大小，找出最严重的故障。

② 断开最严重故障所对应的线路，执行第一阶段的迭代过程，在最有效的线路上增加一条线路，然后转步骤①。

③ 输出结构。

逐步扩展的启发式电网规划流程如图 5.4 所示。

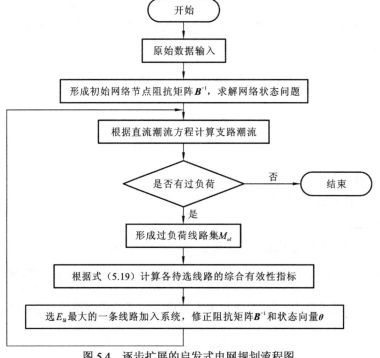

图 5.4　逐步扩展的启发式电网规划流程图

4. 逐步倒推的启发式电网规划

1）逐步倒推法

在逐步扩展的启发式电网规划中，若系统中有孤立节点，如新增的电源点和负荷中心，则网络是不连通的，只能用阻抗值很高的虚拟线路将系统连通后再使用该法，用起来很困难。为此，逐步倒推启发式电网络规划方法首先根据水平年的原始数据构成一个虚拟网络，该网络包含系统现有网络、所有孤立节点和所有待选线路，这样的虚拟网络一般是连通的、冗余度很高且不经济的网络。然后对虚拟网络进行潮流分析，比较各个待选线路在系统中的作用及有效性，逐步去除有效性低的线路，直到网络没有冗余线路为止，也就是说直到去掉任何新增线路都会引起系统过负荷或系统解列时为止。

2）规划过程

规划过程同逐步扩展法一样，也分成两个阶段：第一阶段实现满足 N 安全性的最小费用网络，第二个阶段实现满足 $N-1$ 安全性要求的扩展网络。

（1）第一阶段的迭代过程。

① 将所有待选线路全部加入现有网络，形成虚拟网络。

② 采用直流潮流模型，计算支路潮流。

③ 逐步倒推法以待选线路在系统中载流量的大小衡量其作用。考虑线路投资因素后，认为投资小且载流量大的线路为有效线路，因此定义线路有效性指标为

$$E_l = \frac{|P_l|}{C_l} \tag{5.20}$$

式中：P_l 为待选线路 l 上的潮流；C_l 为待选线路 l 的建设投资费用。

对得出待选线路的有效性指标 E_l 进行从小到大的顺序排序，设具有最小有效性指标的待选线路为 k。

④ 去掉线路 k 后，重新计算潮流，看网络是否有过负荷。若有，保留线路 k，转步骤⑤；若没有，转步骤③，继续迭代。

⑤ 输出最小费用网络。

（2）第二阶段的迭代过程。

① 对第一阶段形成的最小费用网络进行 $N-1$ 分析，得到所有 $N-1$ 故障下线路总过负荷值为

$$\Phi = \sum_{i \in M} \sum_{l \in M_{ol,oi}} \max\left\{|\overline{P}_l - P_l|, 0\right\} \tag{5.21}$$

式中：M 为所有线路集；$M_{ol,oi}$ 为支路 i 断开时的过负荷线路集；$\overline{P}_l$ 为线路 l 的有功功率传输上限；P_l 为线路 l 上的有功潮流。

若 Φ 为零，转步骤⑤；若不为零，继续步骤②。

② 在候选线路集中任选一线路加入网络，进行 $N-1$ 分析，得到新线路加入后的 $N-1$ 故障总过负荷值 Φ'。

$$E_l' = \frac{\Phi - \Phi'}{C_l} \tag{5.22}$$

③ 计算各待选线路的有效性指标。

④ 将 E_l' 最大的待选线路加入网络，然后转步骤①。

⑤ 输出最终规划网络方案。

3）实例分析

例 5.1　如图 5.5 所示的某系统有 10 个节点、9 条线路（图中实线所示）。在未来某水平年内，系统增加为 18 个节点，图中的虚线表示待选线路的路径，系统节点数据如表 5.2 所示，系统支路数据如表 5.3 所示。

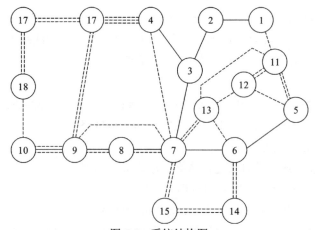

图 5.5   系统结构图

表 5.2   系统节点数据表

节点号	发出电力/万 kW	负荷/万 kW	节点号	发出电力/万 kW	负荷/万 kW
1	0	55	10	750	94
2	360	84	11	540	700
3	0	154	12	0	190
4	0	38	13	0	110
5	760	639	14	540	32
6	0	199	15	0	200
7	0	213	16	495	132
8	0	88	17	0	400
9	0	259	18	142	0

表 5.3   系统支路数据表

支路号	两端节点	线路电抗/ (p.u.)	线路容量/万 kW	原有线路数	可扩建线路数	长度/km
1	1-2	0.0176	230	1	0	70
2	1-11	0.0102	230	0	1	40
3	2-3	0.0348	230	1	0	138
4	3-4	0.0404	230	1	0	155
5	3-7	0.0325	230	1	0	129
6	4-7	0.0501	230	0	1	200
7	4-16	0.0501	230	0	3	200
8	5-6	0.0267	230	1	0	106
9	5-11	0.0153	230	0	2	60

支路号	两端节点	线路电抗/（p.u.）	线路容量/万 kW	原有线路数	可扩建线路数	长度/km
10	5-12	0.0102	230	0	1	40
11	6-7	0.0126	230	1	0	50
12	6-13	0.0126	230	0	1	50
13	6-14	0.0554	230	0	2	220
14	7-8	0.0151	230	1	1	60
15	7-9	0.0318	230	0	1	126
16	7-13	0.0126	230	0	2	50
17	7-15	0.0448	230	0	2	178
18	8-9	0.0102	230	1	1	40
19	9-10	0.0501	230	1	2	200
20	9-16	0.0501	230	0	2	200
21	10-18	0.0255	230	0	1	100
22	11-12	0.0126	230	0	2	50
23	11-13	0.0255	230	0	1	100
24	12-13	0.0153	230	0	1	60
25	14-15	0.0428	230	0	2	170
26	16-17	0.0153	230	0	2	60
27	17-18	0.0140	230	0	2	55

解　第一阶段求解步骤。

（1）先将所有待选线路加入系统，构成虚拟网络并形成相应的节点导纳矩阵 $\boldsymbol{B}$（取节点 18 为参考节点）。然后由导纳矩阵进一步求得节点阻抗矩阵 $\boldsymbol{X}$，矩阵各元素值如表 5.4 所示。

（2）计算各节点功率和电压相角。

计算节点注入功率 $\boldsymbol{P}$，由 $P_i = P_{Gi} - P_{Di}$（P_{Gi} 为节点发电输出有功功率，P_{Di} 为节点有功负荷）得

$$\boldsymbol{P} = [-55, 276, -154, -38, 121, -199, -213, -88, -259, 656, -160, -190, -110, 508, -200, 363, -400]^{\mathrm{T}}$$

根据 $\boldsymbol{\theta} = \boldsymbol{XP}$ 求出节点电压相角向量为

$$\boldsymbol{\theta} = [-6.79, -3.53, -6.68, -4.03, -7.63, -7.00, -6.76, -5.45, -4.12, 4.13, -8.12, -8.46, -7.62,$$
$$-0.02, -5.50, -1.39, -2.13]^{\mathrm{T}}$$

节点 18 为参考节点，其相角为零。

表 5.4 节点阻抗矩阵元素表

	1	2	3	4	5	6	7	8	9	10	11	12	13	14	15	16	17
1	0.0384	0.0335	0.0238	0.0150	0.0294	0.0243	0.0218	0.0183	0.0159	0.0096	0.0310	0.0293	0.0248	0.0233	0.0226	0.0091	0.0044
2	0.0335	0.0430	0.0270	0.0157	0.0268	0.0229	0.0211	0.0177	0.0155	0.0094	0.0279	0.0267	0.0233	0.0222	0.0216	0.0093	0.0044
3	0.0238	0.0270	0.0332	0.0171	0.0215	0.0202	0.0196	0.0166	0.0146	0.0088	0.0219	0.0215	0.0204	0.0200	0.0198	0.0096	0.0046
4	0.0150	0.0157	0.0171	0.0224	0.0145	0.0142	0.0141	0.0125	0.0114	0.0069	0.0146	0.0145	0.0143	0.0142	0.0141	0.0107	0.0051
5	0.0294	0.0268	0.0215	0.0145	0.0339	0.0256	0.0223	0.0187	0.0162	0.0098	0.0309	0.0308	0.0257	0.0243	0.0233	0.0090	0.0043
6	0.0243	0.0229	0.0202	0.0142	0.0256	0.0287	0.0226	0.0189	0.0164	0.0099	0.0251	0.0252	0.0248	0.0263	0.0245	0.0090	0.0043
7	0.0218	0.0211	0.0196	0.0141	0.0223	0.0226	0.0227	0.0190	0.0165	0.0100	0.0222	0.0223	0.0225	0.0226	0.0227	0.0089	0.0043
8	0.0183	0.0177	0.0166	0.0125	0.0187	0.0189	0.0190	0.0211	0.0174	0.0105	0.0186	0.0187	0.0189	0.0189	0.0190	0.0086	0.0041
9	0.0159	0.0155	0.0146	0.0114	0.0162	0.0164	0.0165	0.0174	0.0181	0.0109	0.0162	0.0162	0.0164	0.0164	0.0164	0.0084	0.0040
10	0.0096	0.0094	0.0088	0.0069	0.0098	0.0099	0.0100	0.0105	0.0109	0.0167	0.0098	0.0098	0.0099	0.0099	0.0099	0.0051	0.0024
11	0.0310	0.0279	0.0219	0.0146	0.0309	0.0251	0.0222	0.0186	0.0162	0.0098	0.0328	0.0308	0.0257	0.0240	0.0231	0.0090	0.0043
12	0.0293	0.0267	0.0215	0.0145	0.0308	0.0252	0.0223	0.0187	0.0162	0.0098	0.0308	0.0329	0.0260	0.0241	0.0232	0.0090	0.0043
13	0.0248	0.0233	0.0204	0.0143	0.0257	0.0248	0.0225	0.0189	0.0164	0.0099	0.0257	0.0260	0.0270	0.0239	0.0232	0.0090	0.0043
14	0.0233	0.0222	0.0200	0.0142	0.0243	0.0263	0.0226	0.0189	0.0164	0.0099	0.0240	0.0241	0.0239	0.0419	0.0325	0.0090	0.0043
15	0.0226	0.0216	0.0198	0.0141	0.0233	0.0245	0.0227	0.0190	0.0164	0.0099	0.0231	0.0232	0.0232	0.0325	0.0386	0.0089	0.0056
16	0.0091	0.0093	0.0096	0.0107	0.0090	0.0090	0.0089	0.0086	0.0084	0.0051	0.0090	0.0090	0.0090	0.0090	0.0089	0.0117	0.0056
17	0.0044	0.0044	0.0046	0.0051	0.0043	0.0043	0.0043	0.0041	0.0040	0.0024	0.0043	0.0043	0.0043	0.0043	0.0043	0.0056	0.0063

（3）假定线路的建设投资与长度成正比例，则在计算中可用长度代替费用进行比较。根据支路潮流方程 $P_l = \dfrac{\theta_i - \theta_j}{x_l}$ 及支路有效指标 $E_l = \dfrac{|P_l|}{C_l}$，计算各支路的有效性指标，如表 5.5 所示。

表 5.5　支路潮流、有效性指标及排序

支路号	支路潮流/万 kW	线路有效性指标	排序序号	支路号	支路潮流/万 kW	线路有效性指标	排序序号
1	−185.23	2.646	22	15	−82.70	0.656	10
2	130.39	3.260	25	16	138.10	2.762	23
3	90.52	0.656	9	17	−55.80	0.314	5
4	−65.59	0.423	7	18	−260.78	6.52	27
5	2.15	0.017	1	19	−494.01	2.470	21
6	54.29	0.271	4	20	−108.98	0.545	8
7	−158.08	0.790	11	21	161.96	1.620	19
8	−23.60	0.223	3	22	53.97	1.079	15
9	64.05	1.068	14	23	−19.61	0.196	2
10	81.37	2.034	20	24	−54.90	0.915	12
11	−19.84	0.397	6	25	256.07	1.506	17
12	49.21	0.984	13	26	96.73	1.612	18
13	−251.99	1.145	16	27	−304.29	5.532	26
14	−172.19	2.870	24				

（4）由表 5.5 可以看出，在待选线路中第 23 条支路的有效性最小（第 5 条线路为原有线路，应该保留），因此可以把支路 6 去掉。去掉支路 23 后，修正网路阻抗矩阵，重新计算各支路潮流有

$$P_l = [-187.5, 133.33, 87.93, -66.34, 0.62, 53.89, -158.08, -29.21, 70.59, 79, 41, -20.63,$$
$$45.24, -252.35, -173.51, -83.02, 131.75, -55.80, -260.78, -494.61, -107.78, 163.92,$$
$$42.86, 66.67, 256.07, 96.73, -302.86]^{\mathrm{T}}$$

可以看出，去掉支路 23 并没有引起其他支路的过负荷，因而判定该支路可以去掉。

（5）用得到的修正阻抗矩阵和修正节点电压相角向量返回第（3）步重新进行其他支路的有效性分析。

上述过程一直进行到没有支路可以去掉为止，这样就完成了逐步倒推法第一阶段的工作。

5.5.2　数学优化规划方法

1. 数学优化规划方法简介

数学优化规划方法是先将电网规划处理成有约束的极值问题，然后用最优化理论进行求解。虽然数学优化方法理论上可以保证解的最优性，但由于电网规划中要考虑的因素很多，形成的方程阶数高，建立模型十分困难，即使建立了模型，也很难求解。而且，实际中的许多因素不能完全形式化，通常需要对原问题的数学模型简化处理，因而可能丢失最优解。所以，尽管数学规划发展较快，但各种数学规划方法在解决电网规划的实际问题时还存在困难。

数学优化规划的主要方法有线性规划、非线性规划、整数规划、混合整数规划、动态规划等，下面介绍电网规划的线性规划方法。

2. 线性规划方法

电网规划的线性规划方法是将扩展中选择有效线路的问题归结为对一个"综合网络模型"求解线性规划的问题。综合网络由现有网络和待选线路网络两部分组成。

1）现有网络

（1）对现有网络采用直流潮流方程进行模拟（应满足基尔霍夫电流定律和基尔霍夫电压定律）。由直流潮流方程可知，现有网络应满足约束条件

$$B\theta = P' \tag{5.23}$$

式中：P' 为现有网络不过负荷的情况下能够输送的节点注入功率。

（2）现有网络中线路受到传输容量的限制，即对所有现有线路 k，应有

$$|P_k| \leqslant \overline{P}_k$$

若表示成相角的函数，则为

$$|B_l A\theta| \leqslant \overline{P}_l \tag{5.24}$$

式中：$\overline{P}_l$ 为现有线路输送容量构成的向量。

2）待选线路网络

（1）模型对待选线路网络采用网络方程模拟（即只要求网络满足基尔霍夫电流定律）。设该网络的关联矩阵为 K，由该网络输送的节点注入功率向量为 P''，则该网络满足的约束条件为

$$K_T P_D = P'' \tag{5.25}$$

式中：P_D 为待选线路潮流向量。

（2）待选线路不受传输容量的约束。

（3）假定待选线路的功率传输费用与流过的潮流成正比，且费用系数为该线路的建设投资，则整个待选线路网络的功率传输费用为

$$Z = C_D^T |P_D| \tag{5.26}$$

式中：C_D 为各待选线路的建设投资费用。

对于综合网络而言，其节点注入功率向量为

$$P = P' + P'' \tag{5.27}$$

P 中各元素为水平年各节点的净注入功率。网络规划的目标是在网络满足约束条件的情况下使总的投资费用最小。因此，综合网络选择有效线路的问题可归结为线性规划模型

$$\min Z = C_D^T \, | \, P_D \, | \tag{5.28}$$

$$\text{s.t.} \begin{cases} B\theta + K_T P_D = P \\ | \, B_l A\theta \, | \leqslant \overline{P}_l \end{cases} \tag{5.29}$$

另外，在确定注入功率 P 时应满足系统总的功率平衡要求，即总的发电功率应与总负荷相等。

在式（5.28）和式（5.29）的线性规划中，由于目标函数的作用，其最终解的功率潮流必将尽可能利用现有线路，待选线路网络只是承担现有网络物理承担的过负荷部分。对于线性规划模型求解，可能出现以下两种情况。

① 当目标函数等于零时，说明网络中没有过负荷存在，现有网络已满足正常情况的运行要求，不必增加新线路。

② 当目标函数大于零时，说明网络中有过负荷存在，并且由解后的向量 P_D 可知各待选线路上的潮流大小。因为目标函数已计及各线路功率传输费用的影响，所以此时潮流最大的待选线路就是扩展网络最有效的线路。将该线路加入系统可最大限度地减轻网络过负荷并使投资最小。

在具体形成扩展方案时，可以按以下步骤进行。

① 求解式（5.28）和式（5.29）所示的线性规划问题。

② 若目标函数为零，则结束扩展过程；若目标函数大于零，则选 P_D 中潮流最大的线路为加入系统的有效线路。

③ 将第②步选出的有效线路加入系统，并修改式（5.29）中矩阵 B、B_l、$\overline{P}_l$ 相应的参数，形成追加线路后新的线性规划问题，然后返回第①步。

这种方法能够同时校验网络是否可行并选择最有效的扩展线路，可以很方便地处理鼓励节点问题，对现有网络的模拟比较精确。对于式（5.28）和式（5.29）可以利用通用的线性规划程序求解，因而计算程序比较简单。需要说明的是，用灵敏度分析方法确定有效线路时并没有真实地反映线路的投资关系，因为规划决策是整数型决策，线路的投资费用与传输功率并不是简单的线性函数关系。因此，这类方法也只能给出各待选线路的相对有效性，而不能准确地给出整个线路的拓展方案。为了避免灵敏度分析方法的不足，可以根据不同的运行方式，采用给某些待选线路一定权重等方法确定几个较优方案，在方案校验阶段再进行全面的技术经济比较，从中确定最优方案。

5.6　不确定电网的规划方法

传统的电网规划方法已经比较成熟，但随着社会、经济和科学技术的迅猛发展，以及环境压力的日益加重和各种新机制在电力系统中的引入，电力系统规划正面临着越来越多

的不确定因素的影响。其中既有难以确定的随机性因素，如电气设备的故障、系统停电事故的发生、负荷水平出现的时间等，又有因信息资料不足而无法精确预测其数值的模糊性因素，如负荷预测值、发电机出力、设备价格、贴现率、电价的模糊性等。这些都在很大程度上影响了电网规划方案的正确性。

5.6.1　不确定因素的建模方法

通常而言，对于随机性不确定因素，可利用概率统计的方法予以描述和处理；而对模糊性不确定因素，则要用模糊数学的方法予以解决。除此之外，采用盲数理论可以同时处理随机性、灰性和模糊性多种不确定信息，但盲数模型并不能考虑各因素的相关性，而且盲数运算随运算维数呈指数增长，虽然可以引入简化措施，但运算量依然巨大，并且所用简化措施都会降低运算精度，因此该方法仍需进一步发展[56-58]。

1. 概率模型

概率模型是应用最为广泛同时研究最为成熟的不确定性模型，是以概率密度函数（或累积分布函数）来描述变量的分布特征。电力系统不确定分析中采用的表征负荷预测不确定性的概率模型包括正态分布和均匀分布等；表征风速不确定性的概率模型包括韦布尔（Weibull）分布、伽马（gamma）分布、对数正态（lognormal）分布和伯尔（Burr）分布等；表征设备故障不确定性的概率模型通常为两状态模型。

2. 模糊模型

模糊不确定性模型以隶属度函数来表征变量的不确定特征，隶属度函数量化了元素属于该变量的程度，反映了人类对客观事物的主观看法，适用于历史信息较少而难以预测的因素，如负荷预测值。不确定性的隶属度函数包括三角形隶属度函数和梯形隶属度函数等。

5.6.2　基于概率模型的电网规划方法

1. 基于概率的电网规划模型

基于概率的电网规划模型是指，采用概率密度函数描述负荷不确定性，并将其作为随机变量处理的规划模型。设规划期内节点 i 的新增装机容量为 g_i，为简便起见，将其设定为确定性的量，只将负荷表示成随机变量，则节点 i 的有功注入功率为

$$P_i = g_i - l \tag{5.30}$$

式中：P_i 为随机变量，记为 ξ_p。

根据负荷的概率密度函数，通过随机抽样，确定随机变量的值。对注入功率进行 M 次抽样，即确定模型中随机向量 ξ_p 的 M 个确定性向量。每个待选方案都要对这 M 个注入功率向量进行正常情况和线路 $N-1$ 情况下的校验，最终确定出满足安全性要求的费用最小的规划方案。其电网规划模型为

$$\min Z = C(\boldsymbol{X}) \tag{5.31}$$

$$\text{s.t.} \begin{cases} \boldsymbol{B}\boldsymbol{\theta} = \boldsymbol{\xi}_p \\ \boldsymbol{P}_b = \boldsymbol{B}_b\boldsymbol{\theta}_b \\ |\boldsymbol{P}| \leqslant \boldsymbol{P}_{b\max} \end{cases} \tag{5.32}$$

$$\begin{cases} \boldsymbol{B}_k\boldsymbol{\theta}_k = \boldsymbol{\xi}_p \\ \boldsymbol{P}_b^k = \boldsymbol{B}_b^k\boldsymbol{\theta}_b^k \\ \sum_{k=1}^{N} q^k P_r \{| P_b^k(\xi_p)| > P_{b\max} / X\} \leqslant \alpha \end{cases} \tag{5.33}$$

式中：$\boldsymbol{X}$ 为待选线路向量，代表规划方案；$C(\boldsymbol{X})$ 为线路投资费用，式（5.32）和式（5.33）分别为正常运行约束和 $N-1$ 安全约束；$\boldsymbol{B}$ 和 $\boldsymbol{B}_k$ 为节点导纳矩阵；$\boldsymbol{\theta}$ 和 $\boldsymbol{\theta}_k$ 为节点电压相角；$\boldsymbol{B}_b$ 和 $\boldsymbol{B}_b^k$ 为各支路导纳组成的对角阵；$\boldsymbol{\theta}_b$ 和 $\boldsymbol{\theta}_b^k$ 为支路两端相角差；式（5.33）中 α 为 $N-1$ 开断后允许其他支路发生过载的概率，$\alpha = 0$ 对应于严格的 $N-1$ 静态安全约束，即 $N-1$ 是不可逾越的约束条件；q^k 为线路 k 故障开断的概率；$P_r\{E/F\}$ 表示在条件 F 成立时，事件 E 发生的概率。

式（5.33）中将线路的过负荷概率当成一个约束条件，通过控制线路的过负荷概率，来确保系统以一定的概率满足不确定信息系统安全性的要求。

2. 模型求解——概率模型下的遗传算法求解

概率模型下的遗传算法求解如下。

（1）输入原始数据，并设定遗传算法中要求的染色体个数、交叉和变异概率的初始参数。

（2）采用蒙特卡洛（Monte Carlo）模拟，得到 M 个不同负荷水平场景的注入功率向量 $\boldsymbol{\xi}_p$。

（3）对种群中的每个染色体进行网络连通性判断。

（4）计算各染色体对应的目标函数值，保留最优个体，并调整算法参数。对于满足静态 $N-1$ 过负荷约束的染色体，直接取其目标函数值作为适应度；对于不满足静态 $N-1$ 过负荷约束的染色体，区分情况进行不同程度的惩罚。

（5）根据各染色体适应度值采用竞赛法对当代染色体进行选择，并对种群中的染色体进行交叉、变异等遗传操作，形成新一代染色体。

（6）重复步骤（3）～（5），直到达到最大允许迭代次数。将目标函数最小的染色体确定为最终的输电系统规划方案。

对于遗传算法来说，有效的初始种群的选取是必要的，但过分追求初始种群的选取，会导致计算量过大，增加整个程序的运算时间，效果反而不好。为减少计算量，利用电网的特点进行方案校验以淘汰不可行方案是有效的途径。概率模型下对随机产生的每个方案，首先进行连通性的校验，遗传算法中就是判断这条染色体所代表的规划方案是否能连接起所有的节点。若不连通，则可以直接舍弃掉这条染色体，不必进行下一步的潮流计算，以节省时间[59]。

5.6.3　基于模糊模型的电网规划方法

1. 电网规划模型

根据可靠性成本-效益分析及可靠性优化准则，满足一定约束条件的各阶段供电总成本之和最小。电网供电总成本不应仅包括电网扩建成本和运行成本，还应包括由于电网供给不足或中断而造成的需求侧（用户）缺电成本[60, 61]。当考虑模糊性不确定性影响因素时，电网规划数学模型为

$$\min \tilde{Z} = \{\tilde{I}C[U(k)] + \tilde{L}C[x(k), \tilde{Y}(k)] + U\tilde{E}C[x(k), \tilde{Y}(k)]\} \tag{5.34}$$

$$\text{s.t.} \begin{cases} U(k) \in u(k) \\ F[x(k)] \leqslant 0 \\ \tilde{G}[x(k), \tilde{Y}(k)] \leqslant 0 \end{cases} \tag{5.35}$$

式中：$\tilde{Z}$ 为模糊供电总成本现值；$\tilde{I}C[U(k)]$ 为目标年可靠性模糊成本，即新架线的模糊投资成本；$\tilde{L}C[x(k), \tilde{Y}(k)]$ 为在 $x(k)$ 下对应 $\tilde{Y}(k)$ 的模糊运行成本，当运行成本只计网损时，$\tilde{L}C(\ )$ 就为相应的模糊网损成本；$U\tilde{E}C[x(k), \tilde{Y}(k)]$ 为在 $x(k)$ 下对应 $\tilde{Y}(k)$ 的模糊缺电成本，它等于模糊缺电量与单位模糊缺电量之积；k 为规划的目标年；$U(k)$ 为目标年扩建计划；$u(k)$ 为目标年可行扩建方案集；$x(k)$ 为目标年电网结构优化变量；$\tilde{Y}(k)$ 为目标年电网运行优化模糊变量。

2. 模型求解

式（5.34）和式（5.35）所示的是一个多变量多约束的动态不确定性非线性规划模型。对这样一个复杂优化模型，可以采取这样的求解思路：利用概率论和模糊集合论处理模型中的不确定性及有关计算问题；采用模糊潮流法进行电网安全校验及模糊网损计算；通过求解电网的模糊电量不足期望值计算模糊缺电成本；利用遗传算法产生动态优化解。

1）模糊潮流的计算

当计及负荷及发电机出力的不确定性时，网络潮流也是不确定的，此时传统的确定性潮流分析计算方法已不适用。

设发电机模糊有功功率为 $\tilde{P}_G$，负荷模糊有功功率为 $\tilde{P}_L$，则 $\tilde{P}_{G_{ik}}$ 和 $\tilde{P}_{L_i}$ 分别为节点 i 上第 k 台发电机模糊有功出力和模糊有功负荷，故节点 i 的模糊注入有功功率为

$$\tilde{P}_i = \sum_{k=1}^{n} \tilde{P}_{G_{ik}} - \tilde{P}_{L_i} \tag{5.36}$$

式中：n 为节点 i 的发电机台数。

模糊潮流计算就是在求得节点注入功率可能性分布（用模糊数隶属函数描述）的基础上，结合模糊直流潮流计算，求解电网模糊潮流的可能性分布：

$$\tilde{P}_i = \tilde{A}P^N \tag{5.37}$$

式中：$\tilde{P}_i$ 为支路模糊潮流列矢量；P^N 为节点模糊注入功率列矢量；$\tilde{A}$ 为灵敏度系数矩阵。

在利用模糊潮流法对电网进行安全校验时，可以根据支路潮流的可能性分布判断支路

过载程度：

$$GFH = \frac{1}{P_{l\max}} \int_{P_{l\max}}^{\infty} \tilde{P}_l(x) \mathrm{d}x \tag{5.38}$$

式中：$\tilde{P}_l(x)$ 为支路 l 模糊潮流的隶属函数；$P_{l\max}$ 为支路 l 的功率极限。

2）模糊网损的计算

对由 n 个节点组成的电网，在网络输入量为确定值的情况下，其总的有功功率损耗为

$$P_{\mathrm{loss}} = \sum_{i=1}^{n} U_i \sum_{j \in i} U_j G_{ij} \cos\theta_{ij} = f([U],[\theta]) \tag{5.39}$$

利用泰勒（Taylor）级数将式（5.39）在对应模糊注入功率中心值的运行点 d 附近进行展开，略去高于二阶的项并考虑 $[\Delta\theta]$ 的模糊性（忽略电压幅值变化对有功损耗的影响），则有

$$\Delta P_{\mathrm{loss}} = \left[\frac{\partial f}{\partial \theta}\right]_d [\Delta\theta] \tag{5.40}$$

因此功模糊网损为

$$\tilde{P}_{\mathrm{loss}} = P_{\mathrm{loss}} + \Delta\tilde{P}_{\mathrm{loss}} \tag{5.41}$$

3）模糊缺电成本的计算

模糊缺电成本可以通过计算电网在故障状态下的模糊电量不足期望值求得，即

$$\mathrm{UEC} = \sum_{i=1}^{m} \mathrm{IEAR}_i \times \mathrm{EENS}_i \tag{5.42}$$

式中：m 为负荷节点数；IEAR_i 为第 i 个节点上用户因得不到应得的单位电量而造成的单位缺电成本模糊值；EENS_i 为第 i 个节点上的模糊电量不足期望值，且

$$\mathrm{EENS}_i = \sum_{q \in F} \mathrm{PNS}_q \prod_{j \in h} \tilde{p}_{qj} \prod_{k \in H} (1 - \tilde{p}_{qk}) \quad (k \neq j) \tag{5.43}$$

式中：F 为导致电网供电不足或中断的所有故障状态集合；h 为所有故障设备的集合；H 为所有正常设备的集合；$\tilde{p}_{qj}$ 和 $\tilde{p}_{qk}$ 分别为电网在第 q 种故障状态下第 j 台和第 k 台设备故障停运的模糊概率；PNS_q 为电网在第 q 种故障状态下向节点 i 上用户少供的模糊有功功率（即节点 i 上的模糊缺负荷量），可以通过求解一个模糊线性规划模型得到。

5.7　多目标多阶段电网规划

随着电力系统规模的不断扩大，电网规划涉及的目标越来越多，这些目标往往具有不同的重要性，甚至相互矛盾。在电网规划中，多阶段协调规划把规划期划分成若干阶段，在每一个阶段确定新建线路的位置和数目，前一阶段的规划对后一阶段的规划产生影响，多阶段协调规划是一个动态优化过程。

5.7.1　多目标电网规划

多目标电网规划（multi-object transmission network planning，MTNP）就是在满足系统安全约束的条件下，同时考虑两个及两个以上目标（指标）的电网规划问题。其目的是寻找一个在整个规划期间内综合效益最佳的优化方案[62, 63]。

1. 数学描述

1）决策变量

多目标规划的决策变量为网络状态和网络扩展方案。

用 $x(k)$ 表示第 k 阶段的网络状态，它表示该方案的拓扑结构及网络参数。若从第 k 阶段到第 $k+1$ 阶段的网络扩张方案为 $u(k)$，则第 k 阶段的网络状态为

$$x(k+1) = x(k) + u(k) \tag{5.44}$$

式中：$x(0)$ 为网络初始状态。

设规划阶段数为 N_p，网络扩展过程就是通过寻找一系列可行扩展方案 $u(k)$ （$k = 0,1,2,\cdots,N_p-1$），从而获得各水平年接线方案 $x(k+1)$ 的过程。

2）目标函数

根据电网规划的经济性和可靠性分析及多目标最优化理论，以供应方开发成本（包括投资成本和运行成本）的贴现值最小和需求方缺电成本的贴现值最小为多目标电网规划问题的优化目标，即

$$f_1 = \min \sum_{k=1}^{N_p} \frac{C(u(k-1)) + O_C(x(k))}{(1+r)^{m(k-1)}} \tag{5.45}$$

$$f_2 = \min \sum_{k=1}^{N_p} \frac{C_{OC}(x(k))}{(1+r)^{m(k-1)}} \tag{5.46}$$

式中：f_1 为以供应方开发成本的贴现值最小为目标；f_2 为以需求方缺电成本的贴现值最小为目标；$m(k) = \sum_{i=1}^{k} y(i)$ 为规划初期到第 k 阶段末的总年数（$y(i)$ 为第 i 阶段包含的年数）；$C(u(k-1))$ 为第 k 阶段新增线路的投资费用，应该在第 $k-1$ 阶段年末完成支付；$O_C(x(k))$ 为按方案 $u(k-1)$ 扩展网络到状态 $x(k)$ 后网络的运行费用（包括网损费用和维护费用）；$C_{OC}(x(k))$ 为第 k 阶段的缺电成本；r 为贴现率。

3）约束条件

多目标电网规划的约束条件可概括为

$$x(k) \in X(k) \tag{5.47}$$

$$u(k) \in U(k) \tag{5.48}$$

$$\boldsymbol{P}_{ij}(k) \leqslant \bar{\boldsymbol{P}}_{ij} \tag{5.49}$$

$$\boldsymbol{P}'_{ij}(k) \leqslant \bar{\boldsymbol{P}}_{ij} \tag{5.50}$$

式中：$\boldsymbol{P}_{ij}(k)$ 和 $\boldsymbol{P}'_{ij}(k)$ 分别为正常运行和 $N-1$ 校验时的支路潮流向量；$X(k)$ 为第 k 阶段的可行网络状态集；$U(k)$ 为第 k 阶段的可行扩展方案集；$\bar{\boldsymbol{P}}_{ij}$ 为支路潮流容量限制向量。

式（5.47）和式（5.48）为各阶段网络规划的约束条件，包括支路联结方式约束、支路扩展的线型和回数约束，以及各阶段之间的网络过渡约束等；式（5.49）和式（5.50）为各阶段网络运行约束条件，包括正常运行时的不过负荷和 $N-1$ 校验时的不过负荷。

2. 一般最优化模型

1）数学模型

一般多目标最优化模型是最基本也是最常用的数学模型[64-67]，其向量形式为

$$V - \min_{x \in X} f(x) \tag{5.51}$$

$$X = \{x \in \mathbf{R}^n \mid g_j(x) \geqslant 0, h_k(x) = 0\} \quad (j = 1, 2, \cdots, p; k = 1, 2, \cdots, q) \tag{5.52}$$

式中：$f(x) = [f_1(x), f_2(x), \cdots, f_m(x)]^{\mathrm{T}}$ 为模型的向量目标函数；$x = (x_1, x_2, \cdots, x_n)^{\mathrm{T}}$ 为模型的决策变量向量；$g_j(x)$ 和 $h_k(x)$ 为约束条件；X 为模型的可行域或约束集。

将式（5.45）～（5.50）替换为式（5.51）～（5.52）中的对应项后，就得到了多目标电网规划的一般最优化模型。

2）求解方法

求解多目标电网规划模型的一个重要和基本的途径就是根据问题的特点和决策者的意图，构造一个把 m 个目标转化为一个数值目标的评价函数 $u(f) = u(f_1, f_2, \cdots, f_m)$。通过它对 m 个目标 $f(x) = [f_1(x), f_2(x), \cdots, f_m(x)]^{\mathrm{T}}$ 的"评价"，把求解多目标极小化问题转化为求解与之相关的单目标（数值）极小化问题，即

$$\min_{x \in X} u[f(x)] \tag{5.53}$$

这种借助于构造评价函数把求解多目标数学规划的问题转化为求单目标问题的最优解的方法，统称为评价函数法。

典型的评价函数法有线性加权和法、极大极小法、理想点法。

5.7.2 多阶段电网规划

因为电网中长期规划周期较长，通常需要分为几个阶段进行，所以电网规划实际上为多阶段电网规划。多阶段电网规划的任务是：在已知规划水平年负荷预测和电源规划的基础上，确定何时、何地，新建多少线路以满足电网负荷增长的需要，同时使建设和运行的总贴现值最小。

1. 数学描述

为了将各阶段电网的投资优化和运行优化（各阶段可靠性成本优化和可靠性效益优化）放在统一模型中进行整体优化，实现全面的多阶段动态规划，可以建立多阶段电网规划数学模型[68-70]：

$$\min Z = \sum_{k=1}^{N} \frac{1}{(1+r)^{m(k-1)}}\{I_{\mathrm{C}}[U(k-1)] + L_{\mathrm{C}}[X(k),Y(k)] + U_{\mathrm{EC}}[X(k),Y(k)]\} \quad (5.54)$$

$$\text{s.t.} \begin{cases} u(k) \in U(k) \\ F(x(k)) \leq 0 \qquad (k=1,2,\cdots,N) \\ G[x(k),Y(k)] \leq 0 \end{cases} \quad (5.55)$$

式中：

$$m(k) = \sum_{i=1}^{k} g(i) \quad (5.56)$$

（$g(i)$ 为第 i 阶段包含的年数）；$I_{\mathrm{C}}[U(k-1)]$ 为第 k 阶段可靠性成本，即新架线的投资成本，应在第 $k-1$ 阶段年末完成支付；$u(k)$ 为第 k 阶段扩建计划；$U(k)$ 为第 k 阶段可行扩建方案集；$X(k)$ 为第 k 阶段电网结构优化变量；$Y(k)$ 为第 k 阶段电网运行优化变量；Z 为供电总成本现值；N 为规划阶段数；r 为贴现率。

在 $X(k)$ 下对应 $Y(k)$ 的运行成本为 $L_{\mathrm{C}}[X(k),Y(k)]$，当运行成本中只计网损成本时，相应的网损成本为 $L_c(\ )$；在 $X(k)$ 下对应 $Y(k)$ 的缺电成本为 $U_{\mathrm{EC}}[X(k),Y(k)]$，它等于缺电量与单位缺电成本之积。

式（5.55）中，$u(k) \in U(k)$ 和 $F(x(k)) \leq 0$ 包括架线路径约束、每条线路架线回路数约束、线型约束、相邻两个阶段电网结构应满足的约束等；$G[x(k),Y(k)] \leq 0$ 包括潮流约束、发电机功率约束、削减负荷量约束等。

2. 求解方法

多阶段电网规划是一个离散、多维、非线性的大系统最优化问题，涉及众多的变量及约束条件，直接使用式（5.54）和式（5.55）表示的规划模型求解极易造成"维数灾难"问题，难以应用于实际工程中。

一般的处理思路是：独立求解各阶段规划方案，以某种方式协调各阶段之间的方案过渡问题；或者是由规划人员事先确定各阶段有限方案集，再用动态规划算法求解。这些方法实际上属于近似动态或伪动态法，难以获得多阶段整体最优解。

遗传算法的优点是其具有对目标函数特性要求少，易处理多目标、多变量、多约束问题，易获得全局最优解，而且搜索最优解过程具有指导性，能避免"组合爆炸""维数灾难"等问题。使用遗传算法，虽然理论上可以大概率收敛于最优解，但收敛速度可能非常缓慢。为提高收敛速度及稳定性，可以采用混合优化方法，即在规范的遗传算法中将局部优化作为辅助，由遗传算法进行种群中的全局广度搜索，局部优化则通过染色体中的局部深度搜索，使每一个新产生的后代在进入种群之前移动到局部最优点上。由于遗传算法与局部深度搜索的互补特性，混合优化方法能有效提高收敛性能及稳定性，通常比使用单一方法具有更好的效果。

第6章　配电网规划

配电网是电力系统的重要组成部分，同时也是社会公共基础设施，科学合理的配电网规划不仅可以提高电力系统运行的经济性和可靠性，保证电网的供电质量，还可以节省大量的投资、运行和维护费用。

6.1　配电网规划的任务、要求及主要内容

6.1.1　配电网规划的任务及要求

1. 配电网规划的任务

配电网规划的主要任务是能够在尽可能经济、可靠、安全的方式下满足日益增长的负荷需求。具体说来，一是确定电网未来安装设备规格，如导线电压等级及型号、变压器规格、配电线路的供电半径、走向位置、导线截面等；二是确定电网中增加新设备的地点、时间。

2. 配电网规划的特点

配电网规划的特点如下。

（1）接线模式多样，呈辐射状结构运行。

（2）电源供应的不确定性。随着电力改革的日渐深入，配电零售业务的市场化成为可能，用户可以自由选择电源，配电规划必须要适应未来用户的需求。

（3）环境对配电网络的要求多，如外形协调、电磁干扰、入地化等。

（4）适应政策法规的变化，如用电制度的规定，利率的调整及变化，规程、导则的变化，各种运行参数的调整等。

3. 配电网规划的要求

配电网规划的要求如下。

（1）配电比例适当，容量充裕，在各种运行方式下都能满足将电力安全经济地输送到用户，不存在设备闲置、资金积压现象。

（2）电压支持点多，能在正常及事故情况下保证电网的安全及电能质量。

（3）保证用户供电的可靠性，对于供电中断将会造成重大损失的负荷及重要供电地区，必须设置两个及以上彼此独立的供电电源。

（4）应考虑环境保护及标准化等方面的要求。

6.1.2　配电网规划模型

规划模型是指根据规划的要求和优化目标所建立的数学模型。早期的规划模型主要是电源和网架的规划模型，随着新技术的应用，考虑这些新技术的规划模型也应运而生[71]。同时，电力市场改革的不断深入激发了更多主体参与配电网建设的积极性，能够兼顾多个利益主体的规划模型将更加具有实际应用价值。

1. 电源规划模型

电源规划是配电网规划的重要环节，直接影响规划区域配电网的结构及系统运行的经济性和可靠性。传统的电源规划主要是进行变电站选址定容，而新技术的发展使电源规划的研究内容扩展为变电站选址定容、分布式电源选址定容、储能规划等。

2. 网架规划模型

网架规划在配电网规划的过程中起着承上启下的关键作用，其规划方案的好坏直接影响着对用户供电的质量高低，目的是在满足负荷增长需求及相关约束条件的情况下，获得经济性和可靠性最优的线路方案。

网架规划模型主要是从经济性的角度出发，在功率平衡约束、线路容量约束、节点电压约束、网络的辐射性和连通性等常规约束条件下，以年投资及运行成本最小为优化目标进行网架优化。

3. 电源与网架综合规划模型

将电源与网架分开进行规划虽然可以降低问题的求解难度，但是将联系密切的 2 个系统分开难以保证最终方案的综合最优，不能充分利用网络中的各设备，因此为提高系统中电气设备的利用率，获得电源与网架相互协调的规划方案，需要建立配电网电源与网架的综合规划模型。

6.1.3　配电网规划的内容及步骤

1. 分析配电网现状

1）取得原始数据和规划数据

配电网规划的基础工作是对相关历史数据和资料的收集，包括地理图、电网接线图、负荷情况、原电网 N-1 下的供电可靠性、故障下转供负荷的能力、导线截面积、正常运行时线路电压水平、绝缘水平等。

2）功能块划分

首先要充分了解该地区的用电性质，即用电功能区的分布情况；然后根据用电分布情况将规划地区划分为如下若干个功能小区。

（1）功能块。集中使用功能相同的，一般不穿越道路、面积不很大的小块为功能块，可以根据城市控制性详细规划的安排进行划分。

（2）地块。四周以道路为界，使用功能基本接近，面积较大些，根据地理条件来定。

（3）小区。几个地块性质基本接近，在地理位置及各种管理上连在一起的区域，面积稍大。

（4）地区。面积较大，在地理位置、行政管理上相对独立的一个区域，如各种城镇、开发区、自然形成的农村等[72]。

2. 准确进行负荷估算

（1）负荷预测是规划的基础工作，进行配电网规划时，需要一个具体的用电点及其具体分布。负荷预测的方法很多，各有特点，要求必须采取科学的计算方法，根据地区历史负荷、经济发展情况进行负荷预测。

（2）进行负荷估算时还应考虑负荷同时率和变电站同时率。

3. 分析电力平衡，制定规划具体方案

（1）根据功能小区分割供电区域，分割时需要根据已有配电线路的分布及运行情况，保证满足已有变电站的供电范围完全覆盖其配电线路所供电的地区，并满足所有已有变电站的供电区域不重叠，确定供电区域的负荷中心。在此基础上新建变电站，则需根据已划分好的供电区域及新建的配电线路情况，重新对供电区域进行划分。

（2）根据预测的负荷水平、分布情况、电力平衡预测结果，提出变电站站址及配电主干线路配置方案。若是长期的规划，则应按照变电站容量来配置全部的主干线路，接线方式及配电站、配电变压器的布点等详细的规划需要比较确定的方案后才能进行，且要配合道路的规划情况，因地制宜地进行配置，同时还必须保证各个用户的用电要求[73]。

4. 科学技术分析，验证规划方案

（1）规划中的费用估算，有别于初步设计的概算和施工预算，也不同于竣工决算，比较粗糙，属于匡算性质，一般按单位造价进行估算。

（2）基于"最小路径，最少线路，给定负荷率，$N-1$ 原则"，在线路配置或许可条件下，通过科学计算，完成线路电气计算、无功容量配置、可靠性分析等。

5. 统筹推进配电网自动化改造

随着电力技术的发展，继电保护与配电自动化将逐步合二为一，这会对配电网的运行条件即一些限额参数产生影响，从而影响配电网规划的配置及布局。使用不同的配电自动化规模、水平、内容，会有不同的配电网规划方案及投资水平。合理进行继电保护及配电自动化规划，逐步提高配电网自动化建设水平。

6. 进行投资估算及重要指标的对比

（1）配电网供电可靠性直接反映对用户的供电能力。通过对配电网可靠性的评估，可以确定预安排停电、变电站全停、故障停电对供电可靠性的影响，并以此来确定提高供电

可靠性的技术措施。

（2）在进行总体规划后，根据需要和要求，进行分年度安排，特别是近期的年度安排。具体做法可以是以一个年度作为一个断面，按内容再进行一次规划安排，具体计划内容可以适当简化，并受前一年（或几年）和后一年（或几年）的制约。

（3）根据规划内容，对不同方案进行优化，在此基础上，运用经济学方法，对规划的投资、社会效益进行评价分析，选取优化可行方案。注重投资效益理念，实现投资效益最大化。

6.2 变电站站址的确定

变电站站址选择是一门科学性、综合性、政策性很强的系统工程，站址选择对基建投资、建设速度、运行的经济性和安全性起着十分重要的作用。

选择变电站站址时，首先需要明确变电站在系统中的作用，即明确该变电站是系统枢纽变电站、地区重要变电站，还是一般变电站中的中间变电站、终端变电站、开关站、企业变电站、一次变电站；然后按照站址选择原则进行变电站的站址选择。具体说来，变电站站址选择工作可以分为规划选址和工程选址两个阶段。

6.2.1 变电站站址选择的基本原则

变电站站址选择的基本原则如下。

（1）接近负荷中心。变电站站址的选择必须适应电力系统发展规划及布局的要求，尽可能地接近主要用户，靠近负荷中心。这样，既减少了输配电线路的投资及电能的损耗，也降低了造成事故的概率，同时还可以避免由于站址远离负荷中心而带来的其他问题。

（2）地区电源布局更加合理。

（3）高低压侧进出线方便。在变电站周围应有一定宽度的空地，以利于线路的引进和引出，因此进出线走廊应与站址选择同时确定。在确定进出线走廊时，还应考虑与城镇规划相协调。

（4）站址地形、地貌，以及土地面积应满足近期建设和发展要求。

（5）应考虑其与邻近设施的相互影响。

（6）交通运输方便。站址应尽可能选择在已有或规划的铁路、公路等交通线附近，以减少交通运输的投资，加快建设，降低运输成本。

（7）其他。所选站址应具有可靠水源，排水方便，施工条件方便等。

6.2.2 变电站数量的确定

1. 变电站数量的计算

变电站数量和容量是影响配电网结构、可靠性和经济性的重要因素。首先根据某水平年的负荷预测值,结合规程规定的容载比,确定该水平年需要的变电站容量;然后将此变电站容量与现有变电容量进行比较,从而确定该水平年变电站的盈亏,进而确定需要新建标准变电站的数量[74]。变电站数量可以用公式表示为

$$n = \begin{cases} \dfrac{kP - S_{\Sigma}}{S_N}, & kP - S_{\Sigma} > 0 \\ 0, & kP - S_{\Sigma} \leqslant 0 \end{cases} \tag{6.1}$$

式中:P 为水平年的负荷需求;k 为容载比;S_{Σ} 为现有变电站容量总和;S_N 为标准变电站容量。

用式(6.1)计算取整,即可确定新建变电站的数量。

在规划阶段,变电站中变压器台数一般选定为两台。

2. 配电变压器容量的选择

配电变压器的选择,可以用各地块中期负荷预测的结果,考虑变压器的利用率和功率因数,以及在原有配电变压器的基础上,可以确定各地块中对应布置的配电变压器的容量。在具体确定配电变压器容量时,对于居民生活区内的 10 kV 配电变压器,其容量一般为 250 kV·A、400 kV·A、500 kV·A、630 kV·A、800 kV·A;对于 35 kV 电力变压器,容量一般使用 16 MV·A、20 MV·A、31.5 MV·A。

需要注意的是,综合单台容量上限、低压开关电器断流能力和短路稳定度要求、低压配电线路的电能损耗、电压损耗和有色金属消耗,单台车间变电站的主配电变压器容量一般不能大于 1000 kV·A;装于楼上的干式配电变压器单台容量不宜大于 630 kV·A;居住小区的单台油浸式变压器容量不宜大于 630 kV·A。

6.2.3　变电站选址优化

1. 目标函数的建立

1)单源连续选址

单源连续选址是在某一变电站供电范围一定的情况下如何确定变电站站址的方法。

设待建变电站的站址坐标为 (u, v),且已知 10 kV 配电网中各负荷分配点的坐标为 $(x_i, y_i)(i = 1, 2, \cdots, n)$。基于不同的选址原则,建立以下几种模型。

(1)等负荷原则。

假定各负荷点的性质相同,且具有相同的计算负荷、功率因数,以及全年用电量,则其目标函数为

$$\min C = \sum_{i=1}^{n} [(u - x_i)^2 + (v - y_i)^2]^{1/2} \tag{6.2}$$

式中:n 为该变电站所供负荷点的个数。

这种模型适用于负荷相差不大、年耗电量基本相同的场合,如住宅区,对于区域规划中负荷不确定的场合,采用这种模型较为简单、直观[75]。

（2）初投资最小原则。

初投资最小原则主要考虑电线电缆的投资，并设电线电缆的价格及安装费用等与其截面积成比例，这样算出的投资最小的负荷中心就是有色金属材料消耗最少的变电站位置。先根据各负荷点的计算负荷和功率因数求出相应的配电线路的截面积 S_i，其目标函数为

$$\min C = \sum_{i=1}^{n} S_i[(u-x_i)^2 + (v-y_i)^2]^{1/2} \tag{6.3}$$

式中：n 为该变电站所供负荷点的个数。

这种模型是将有色金属消耗最少作为主要因素，忽略了敷设电线电缆的土建投资等费用，该方法尤其适用于铜芯电缆消耗量大的场合。

（3）负荷矩最小原则。

负荷矩最小原则是各负荷点对负荷中心的负荷矩之和最小必须求出各负荷点的最大计算负荷，其目标函数为

$$\min C = \sum_{i=1}^{n} P_i[(u-x_i)^2 + (v-y_i)^2]^{1/2} \tag{6.4}$$

式中：P_i 各负荷点功率（kW）；n 为该变电站所供负荷点的个数。

该模型是基于单位电力负荷路径最短设计的，计算时必须求出各负荷点的最大计算负荷。实际上它接近于初投资最小原则，并考虑到降低线损，该方法在确定负荷中心上应用较为普遍。

（4）网络运行费用最小原则。

以网络运行费用最小为目标函数，即

$$\min C = \sum_{i=1}^{n} \beta_i P_i[(u-x_i)^2 + (v-y_i)^2]^{1/2} \tag{6.5}$$

式中：P_i 为各负荷点功率（kW）；β_i 为单位距离、单位负荷的费用系数；n 为该变电站所供负荷点的个数。

这种模型主要适用于各负荷点年最大计算负荷运行小时数相差很大的情况。

2）多源连续选址

多源连续选址是在一个规划区中同时确定几个变电站的站址[76]。

设系统有 m 个变电站向 h 个负荷点供电，已知 10 kV 配电网中各负荷分配点的坐标为 (x_i, y_i) $(i=1,2,\cdots,n)$，待确定的 m 个变电站中第 j 个变电站的选址坐标为 (u_j, v_j) $(j=1,2,\cdots,m)$。

基于不同选址原则的多源连续选址目标函数分别如下。

（1）等负荷原则。

假定各负荷点的性质相同，则其目标函数为

$$\min C = \sum_{j=1}^{m} \sum_{i=1}^{n} \delta_{ij}[(u_j-x_i)^2 + (v_j-y_i)^2]^{1/2} \tag{6.6}$$

式中：δ_{ij} 为标志参量，$\delta_{ij}=1$ 表示电源 j 向负荷点 i 供电，$\delta_{ij}=0$ 表示电源 j 不向负荷点 i 供电；n 为该变电站所供负荷点的个数。

（2）初始投资最小原则。

考虑各负荷节点的负荷性质不同，从而带来配电线路的截面积不同，其目标函数为

$$\min C = \sum_{j=1}^{m} \sum_{i=1}^{n} \delta_{ij} S_i [(u_j - x_i)^2 + (v_j - y_i)^2]^{1/2} \qquad (6.7)$$

式中：S_i 为配电线路的截面积；n 为该变电站所供负荷点的个数；δ_{ij} 为标志参量，$\delta_{ij}=1$ 表示电源 j 向负荷点 i 供电，$\delta_{ij}=0$ 表示电源 j 不向负荷点 i 供电。

（3）负荷矩最小原则。

考虑各负荷节点的负荷性质不同，负荷大、距离短，其目标函数为

$$\min C = \sum_{j=1}^{m} \sum_{i=1}^{n} \delta_{ij} P_i [(u_j - x_i)^2 + (v_j - y_i)^2]^{1/2} \qquad (6.8)$$

式中：n 为该变电站所供负荷点的个数；P_i 为各负荷点功率（kW）；δ_{ij} 为标志参量，$\delta_{ij}=1$ 表示电源 j 向负荷点 i 供电，$\delta_{ij}=0$ 表示电源 j 不向负荷点 i 供电。

（4）运行费用最小原则。

以网络运行费用最小为目标函数，即

$$\min C = \sum_{j=1}^{m} \sum_{i=1}^{n} \delta_{ij} \beta_i P_i [(u_j - x_i)^2 + (v_j - y_i)^2]^{1/2} \qquad (6.9)$$

式中：β_i 为单位距离、单位负荷的费用系数；P_i 为各负荷点功率（kW）；n 为该变电站所供负荷点的个数；δ_{ij} 为标志参量，$\delta_{ij}=1$ 表示电源 j 向负荷点 i 供电，$\delta_{ij}=0$ 表示电源 j 不向负荷点 i 供电。

基于以上目标函数，考虑实际负荷点只能由一个电源供电，则约束条件可以表示为

$$\text{s.t.} \sum_{j=1}^{m} \delta_{ij} = 1 \quad (i=1,2,\cdots,h) \qquad (6.10)$$

2. 优化计算

在此，以基于负荷矩最小原则的单源和多源连续选址数学模型为例，讨论模型的优化计算。

确定了基于负荷矩最小原则的单源和多源连续选址数学模型之后，就可以确定模型的算法并进行编程，以求得城市配电网中一定负荷水平下的最佳变电站站址，变电站站址优化计算程序流程如图 6.1 所示。

1）单源连续选址优化计算（无约束优化问题）

目标函数（6.2）为一无约束的最优问题。令

$$d_i = [(u - x_1)^2 + (v - y_1)^2]^{1/2} \qquad (6.11)$$

欲求最佳变电站站址，可以对式（6.11）求偏导并使之为 0，即 $\dfrac{\partial C}{\partial u} = 0$，$\dfrac{\partial C}{\partial v} = 0$，则有

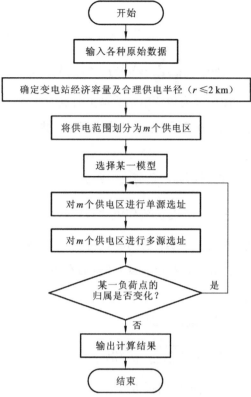

图 6.1 变电站站址优化计算程序流程

$$u = \frac{\sum\limits_{i=1}^{n}\left(\dfrac{P_i x_i}{d_i}\right)}{\sum\limits_{i=1}^{n}\left(\dfrac{P_i}{d_i}\right)} \qquad (6.12)$$

$$v = \frac{\sum\limits_{i=1}^{n}\left(\dfrac{P_i y_i}{d_i}\right)}{\sum\limits_{i=1}^{n}\left(\dfrac{P_i}{d_i}\right)} \qquad (6.13)$$

由于 d_i 中含有 u 和 v，采用迭代算法解此函数表达式，其初值 $(u(0),v(0))$ 为各负荷点坐标的算数平均值，带入式（6.11）；将求得的 d_i 带入式（6.12）和式（6.13），求得 $(u(1),v(1))$。若 $(u(k),v(k))$ 是在第 k 次迭代中求出的解，则第 $k+1$ 次迭代求出的解为 $((u(k+1),v(k+1))$。当相继求出的解 $(u(k),v(k))$ 与 $(u(k+1),v(k+1))$ 充分接近时，可停止计算，即可确定出新建变电站站址。

2）多源连续选址优化计算（有约束优化问题）

式（6.8）和式（6.10）构成了多源连续选址优化计算模型，该模型是一个有约束的最优化问题，在此采用分配法，其计算的主要步骤如下。

（1）确定变电站个数及供电半径。

由于所研究的系统有 m 个变电站向 h 个负荷点供电，可以将 h 个负荷点分为 m 个子集，即将规划范围分为 m 个供电区域，分区所依据的供电半径 r 求解方法如下。

假设变电站的供电范围是一半径为 r 的圆，且 10 kV 配电网为辐射形网络结构，当整个配电网覆盖面上的负荷密度均匀时，变电站的个数为

$$N = \delta AK / S \qquad (6.14)$$

式中：δ 为平均负荷密度（kW/km^2）；A 为供电区域面积（km^2）；S 为变电站容量；K 为变电站容载比。则单位面积上变电站的个数为

$$n = \frac{N}{A} = \frac{\delta K}{S} \qquad (6.15)$$

设一个变电站的平均供电半径为 r，则单位面积上变电站个数又可以表示为

$$n = \frac{1}{\pi r^2} \qquad (6.16)$$

由式（6.15）和式（6.16），可以求得平均供电半径为

$$r = \sqrt{\frac{S}{K\pi\delta}} \qquad (6.17)$$

（2）对 m 个供电区域进行单源连续选址（取 $\delta_{ij}=1$），确定出 m 个待选变电站的初始站址 (u_i, v_i) $(i=1,2,\cdots,m)$。

（3）从按单源连续选址确定的 m 个待选变电站中选出 f 个已有的变电站，将其站址替换为最靠近它的已有变电站的站址。

（4）计算每个负荷点到各个站的负荷矩 $P_i d_{ji}$ $(i=1,2,\cdots,h; j=1,2,\cdots,h)$。

（5）选出负荷点 i 到电源点 j 的最小负荷矩

$$F_j = \min\{P_i d_{ji}\} \quad (i=1,2,\cdots,h; \ j=1,2,\cdots,m)$$

则负荷点 i 的最小负荷矩所对应的变电站，就应该是该负荷点 i 在理论上的最佳电源点，将 h 个负荷点按最佳电源点形成的集合重新分配。

（6）若负荷点 i 的归属没有变化，则按分组结果为各个电源点设置相应的变电站。若负荷点 i 的归属发生了变化，则返回步骤（2）重新计算站址，直到负荷点符合最佳电源点条件，即该负荷点到其所属的变电站负荷矩最小才能结束选址工作。

6.3 配电网的接线方式

配电网接线由高、中、低压配电线路及联系它们的变、配电所组成。配网接线方式是指按照一定的连接规则，将区域范围内某电压等级的电源点与下级变/配电站（或用户接入点）通过配电线路连接成的网络连接方式。

在配电网的建设与改造工程中，配电网接线方式的选择关系到电网运行的经济性和可靠性，以及电网安全，对于整个电力行业及其用户的发展有着深远的影响。选择何种网络接线方式一般需要考虑如下一些因素。

（1）安全性。不同接线方式发生线路 $N-1$ 故障后，线路的极限传输功率的大小决定了系统能否实现安全转供电能，反映了系统的供电能力，系统的线路传输需要留有足够的负荷转移容量裕度。为了量化各种接线方式的安全裕度，基于线路 $N-1$ 故障的后果分析得到

事故后转供容量充裕度指标。在考虑事故后果严重程度之后，一般用系统在各偶然事故下对应供电恢复有效线路的平均数目，作为衡量系统网络结构转供能力强弱的指标。

（2）可靠性。配电网的可靠性已通常采用用户平均停电次数、用户平均停电时间、系统供电可靠率、系统停电等效小时数等指标来分析不同负荷密度下接线方式可靠性的优劣情况。

（3）经济性。配电网接线方式的经济性主要从运行经济性和投资建设经济性两个方面来考虑。运行经济性主要是从运行维护成本、网损率、设备利用率等角度进行分析；投资建设经济性主要从资金投入、成本回收年限、设备残余价值等角度对资金的时间价值进行分析。

（4）适应性。配电网的不断发展要求电网应该留有余地，适应后续发展，因此需要对接线方式适应电网发展的能力进行评价。一般从运行难易程度及网架扩展性两个方面来分析。

6.3.1　配电网的网架结构及接入方式

目前，国内配电网网架结构较为复杂，接线方式也多种多样。高压配电网主要有单侧电源 3T 接线、具有中介点的放射状接线、三回路全放射状接线、单环形接线、4×6 网络接线、双侧电源单断路器手拉手接线等方式。中压配电网主要有单电源辐射状接线、双电源双 T 接线、不同母线电源连接开关站接线、双电源手拉手环网接线、双电源手拉手双环网接线、"3-1"主备接线等方式。

1. 网架结构

电源节点（发电厂或高电压等级变电站）与负荷节点（本电压等级变电站）之间经输电线路连接成的拓扑关系[77,78]。

1）网型接线

网型接线是指，在多个电源点与负荷节点之间，通过单回或双回输电线路链接成的网孔数大于 1 的接线方式，如图 6.2 所示。

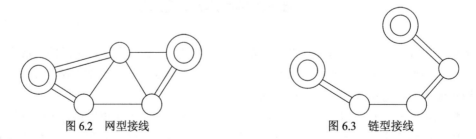

图 6.2　网型接线　　　　　　　　　图 6.3　链型接线

2）链型接线

链型接线是指，以两个电源节点为端点，通过单回或双回输电线路链接多个负荷节点的接线方式，如图 6.3 所示。

3）环型接线

环型接线是指，从一个电源节点出发，通过单回或双回输电线路链接多个负荷节点后回到该电源节点所形成的网孔数等于 1 的接线方式，如图 6.4 所示。

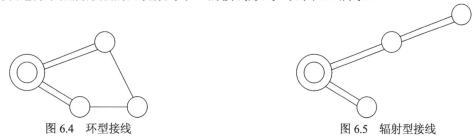

图 6.4　环型接线　　　　　　　　　　图 6.5　辐射型接线

4）辐射型接线

辐射型接线是指，每个负荷节点只有一个到电源的供电路径（单回或双回）的接线方式，如图 6.5 所示。

在我国，500 kV 及以上电网一般采用网型接线，220 kV 电网普遍采用链型或环型接线，110 kV 电网逐步简化接线方式，35 kV 及以下电网普遍采用单回链型或辐射型接线。

2. 接入方式

接入方式是指负荷节点接入输电线路的方式。

1）T 接方式

T 接方式是指，输电线路直接接入负荷节点，主干线在分支点处没有设置连接开关设备。线路故障时，T 接于线路上的所有负荷及故障一同切除。T 接方式示意图如图 6.6 所示。

图 6.6　T 接方式　　　　　　　　　　图 6.7　Π 接方式

2）Π 接方式

Π 接方式是指，接入负荷节点的输电线路进、出线端均连接有开关设备（断路器或负荷开关）。

网型、链型或环型接线，线路发生单一故障时，可有效隔离故障段，供电不受影响。辐射型接线，切除故障后，仍能保持电源与故障点之前负荷的供电。Π 接方式示意图如图 6.7 所示。

与 T 接方式相比较，Π 接方式供电可靠性更高，但 T 接方式成本更低。

6.3.2　高压配电网的接线方式

高压配电网是连接输电网与中压配电网的桥梁，其结构性能与功率的合理分配密切相关，其接线方式通常有辐射网络和网状网络[79]。

1. 单侧电源 3T 接线

单侧电源 3T 接线示意图如图 6.8 所示。

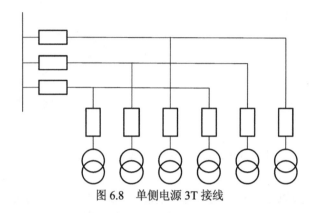

图 6.8　单侧电源 3T 接线

单侧电源 3T 接线方式的主要优点是：简单、投资少，有较高的可靠性；设备利用率比较高，变电站可用容量为 67%；变压器高压侧为线路变压器组接线，架空线和电缆线均适用。

2. 具有中介点的放射状接线

具有中介点的放射状接线示意图如图 6.9 所示。

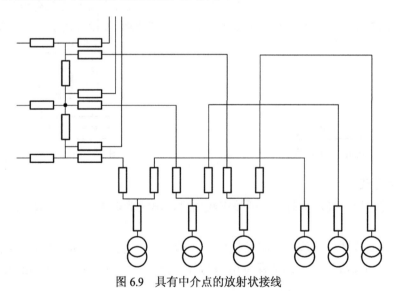

图 6.9　具有中介点的放射状接线

具有中介点的放射状接线方式使离电源点比较远的变电站可以通过中介点获得电源，减少了电源的出线仓位。

3. 三回路全放射状接线

三回路全放射状接线示意图如图 6.10 所示。

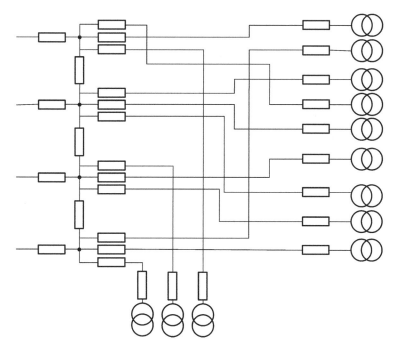

图 6.10　三回路全放射状接线

　　三回路全放射状接线方式采用了三回电源对某一个变电站供电，考虑到现在的电气设备本身可靠性较高，因此该接线方式的可靠性可以满足城市供电。

4. 单环形接线

单环形接线示意图如图 6.11 所示。

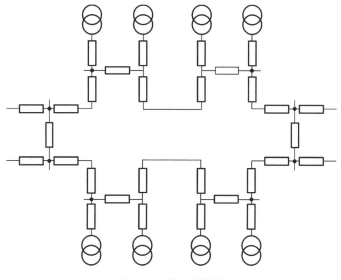

图 6.11　单环形接线

单环形接线模式通过联络开关将不同电源点与变电站连接起来，形成一个环。任何一个区段故障时，合上联络开关，将负荷转供到相邻馈线，完成转供。该接线模式的供电可靠性满足 N-1 原则，设备利用率为 50%。

5. 4×6 网络接线

4×6 网接线示意图如图 6.12 所示。

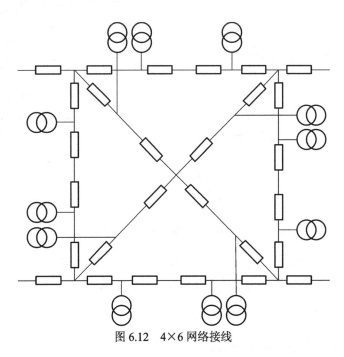

图 6.12　4×6 网络接线

4×6 网络接线模式有 4 个电源点和 6 条手拉手线路组成，任何 2 个电源点都存在联络。当任意 2 个元件发生故障时仍能保证正常供电，供电可靠性高。4×6 网络接线由于在网络设计上的对称性和联络上的完备性，在节省投资、提高可靠性、降低短路容量和网损、均衡负载和提高可靠性、降低短路容量和网损、均衡负载和提高电能质量等方面具有优越性。该接线方式可以用于架空线路，也可以用于电缆线路，但 4×6 接线要求 4 个电源的容量是完全一样的，线路型号也要完全一样，甚至每根线路上所带负荷也要均衡才行。

6. 双侧电源单断路器手拉手接线

双侧电源单断路器手拉手接线示意图如图 6.13 所示。

双侧电源单断路器手拉手接线方式将来自不同电源点的两条馈线通过一台断路器接入变电站。任何一个区段故障时，合上联络开关，将负荷转供到相邻馈线，完成转供。该接线方式的供电可靠性满足 N-1 原则，设备利用率为 50%。

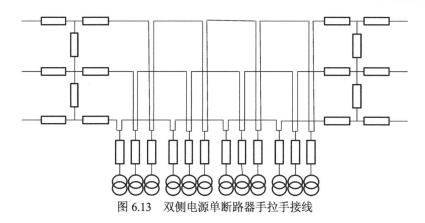

图 6.13 双侧电源单断路器手拉手接线

6.3.3 中压配电网的接线方式

1. 单电源辐射状接线

单电源辐射状接线示意图如图 6.14 所示。

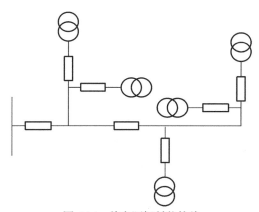

图 6.14 单电源辐射状接线

单电源辐射状接线模式比较经济,配电线路较短,投资小,新增负荷时连接也比较方便。但其缺点也比较明显,主要是故障影响时间长、范围较大,供电可靠性较差,当电源故障时将导致全线瘫痪。

对于这种简单的接线模式,不考虑线路的备用容量,即每条出线(主干线)均是满载运行。

2. 双电源双 T 接线

双电源双 T 接线示意图如图 6.15 所示。

双电源双 T 接线方式使用户可以同时得到两个方向的电源,即正常方式下,双侧电源同时为用户供电,在用户侧,配合以两台(甚至多台)10 kV 变压器同时运行,就可以满足主贡献路到 10 kV 配电变压器的整个网络的 N-1 要求,对用户供电可靠性有很大提高。其主干线路的负载率应控制在 50%左右。

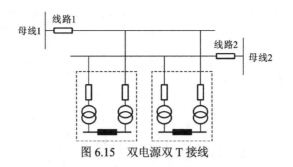

图 6.15　双电源双 T 接线

该接线方式适合于对供电可靠性要求较高且用户较多，以及允许架空线路供电的工业开发区、产业区等区域，电缆网络投资较少，而且可保证较高的供电可靠性。

3. 不同母线电源连接开关站接线

不同母线电源连接开关站接线示意图如图 6.16 所示。

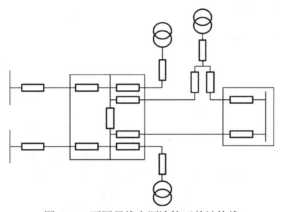

图 6.16　不同母线电源连接开关站接线

不同母线电源连接开关站接线方式实际上就是从同一变电站的不同母线或不同变电站引出主干线连接至开关站，再从开关站引出线路带负荷。这种接线方式中，每个开关站具有两回进线，开关站出线采用辐射状接线方式供电。开关站出线之间也可以形成小环网，以进一步提高可靠性。

为了满足 $N-1$ 准则，当开关站两回进线中一回进线出线故障时，另一回进线应能带起全部负荷，这样正常运行时，每回进线应有 50%的备用容量。开关站的容量可以按一回进线的安全允许容量来选择。在开关站出线为放射状时，开关站的出线均可满载运行。

该接线方式适用于负荷中心距电源较远，或出线仓位、线路走廊困难的场合。

4. 双电源手拉手环网接线

双电源手拉手环网接线示意图如图 6.17 所示。

双电源手拉手环网接线方式通过一个联络开关，将来自不同变电站或相同变电站不同母线的两条线路连接起来。任何一个区段故障，合上联络开关，即可将负荷转供到相邻线路。可靠性为 $N-1$，正常运行时，每条线路均留有 50%的裕量。在供电可靠性要求较高的地区可以采用此接线方式，也可以在双电源用户较多的地区采用双环网提供供电可靠性。

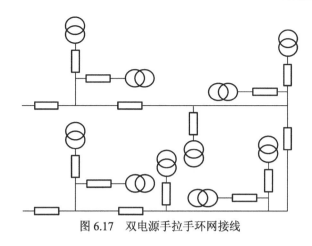

图 6.17　双电源手拉手环网接线

5. 双电源手拉手双环网接线

双电源手拉手双环网接线示意图如图 6.18 所示。

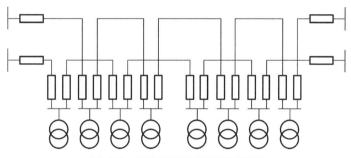

图 6.18　双电源手拉手双环网接线

双电源手拉手双环网接线方式可以使用户同时得到两个方向的电源，满足 $N-1$ 的要求，供电可靠性很高。该接线方式适用于对供电可靠性要求很高的供电区域，如城市核心区、重要负荷密集区域等。

6. "3-1" 主备接线

"3-1" 主备接线示意图如图 6.19 所示。

"3-1" 主备接线方式正常运行时每条线路各承担三分之二的线路负荷，并将三条线路中的一条按负荷均匀地分为甲、乙，并与其余两条线路在末端进行环网，在各联络开关处分别设立环网开环点。

该接线方式的特点在于，通过合理调整环网网架，每条线路都无须走回头路进行环网，而改在不同电源线路之间进行末端环网，避免了较长的专用联络线路。另外，该接线方式避免了两条线路满载而另一条线路空载运行的情况。其缺点是发生故障时线路之间的负荷转移较复杂。

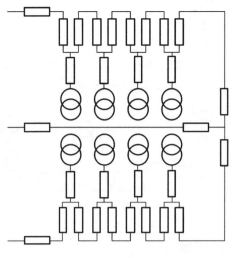

图 6.19 "3-1" 主备接线

第7章　电力系统无功规划

无功规划是在电网规划的基础上，确定无功补偿设备的最优安装位置及容量，通过无功补偿可以实现电网电压控制、改善电网稳定性、减少电网有功损耗，以及保证电网较宽运行裕度，它是保证电网安全、经济运行的有效手段。

7.1　电力系统无功补偿规划概述

7.1.1　无功补偿的意义

电力系统中许多电气设备是根据电磁感应原理工作的，如变压器、电动机、发电机等，它们要通过交变电磁场才能进行能量的转换和传递。为了建立并维持交变磁场和感应磁通而需要的电功率称为无功功率。推而广之，凡是有电磁线圈的电气设备，要建立磁场，就要消耗无功功率。

所谓"无功"并不是"无用"的电功率，只不过它没有转化为机械能或热能而已。在供用电系统中除需要有功电源外，还需要无功电源，两者缺一不可。如果电网中的无功功率供应不足，用电设备就无法建立正常的电磁场，使这些用电设备不能维持在额定情况下工作，用电设备的端电压就要下降，从而影响用电设备的正常运行。具体说来，无功功率对系统的影响如下。

（1）降低发电机有功功率的输出。

（2）视在功率一定时，增加无功功率就要降低输电设备和变电设备的供电能力。

（3）电网内无功功率的流动会造成线路电压损失增大及电能损耗增加。

（4）系统缺乏无功功率时会造成低功率因数运行和电压下降，使用户电气设备容量得不到充分发挥。

7.1.2　无功补偿的作用

电力系统无功补偿和无功平衡是保证电压质量的基本条件。合理地选择补偿装置，可以做到最大限度地减少电网的损耗，使电网质量提高；反之，如果选择或使用不当，可能造成供电系统电压波动、谐波增大等。

无功补偿技术的原理是将事先通过计算确定好容量的容性功率的负载并联在具有感性功率的负载两端，这样容性负载产生的无功功率就可以补偿感性负载产生的无功功率，实现电能在两种负荷之间来回地转换，提高功率因数。低压及配电网络中，无功补偿可以调整电压，提高功率因数，降低网络损耗；高压输电系统中，无功补偿可以提高系统的稳定性，调整受端电压，抑制线路电压升高，降低有功损耗，补偿换流装置需要的无功功率。

为了这些目的所采用的补偿设备，有固定或可分组的并联电容器、串联电容器、并联电抗器，各种形式的静止补偿器、同步调相机、饱和电抗器，以及用晶闸管控制的电抗器或电容器等。

7.1.3　电网电压标准

1. 电厂和变电站母线电压允许偏差值

1）500（330）kV 母线

正常运行方式下，最高运行电压不得超过系统额定电压的 10%，最低运行电压不应影响电力系统同步稳定、电压稳定、厂用电的正常使用，以及下一级电压调节。

2）电厂和 500 kV 变电站的 220 kV 母线

正常运行方式下，电压允许偏差为系统额定电压的 0%～10%，事故运行方式下为系统额定电压的-5%～10%。

3）电厂和 220 kV 变电站的 110～35 kV 母线

正常运行方式下，电压允许偏差为系统额定电压的-3%～7%，事故后为系统额定电压的-10%～10%。

4）地区供电负荷的变电站和发电厂（直属）的 10（6）kV 母线

正常运行方式下，电压允许偏差为系统额定电压的 0%～7%。

2. 用户端供电电压允许偏差值

35 kV 及以上用户供电电压正、负偏差绝对值之和不超过额定电压的 10%。10 kV 及以下三相供电电压允许偏差为额定电压的-7%～7%。220 V 单相供电电压允许偏差为额定电压的-10%～7%。

3. 各级电压允许损失值的范围

电网中各级电压损失应按具体情况计算，一般情况可参考表 7.1 所列数值[80]。

表 7.1　各级电压允许损失值的范围

额定电压	电压损失分配值/%	
	变压器	线路
220 kV	1.5～3	1～2
110 kV	2～5	3～5
35 kV	2～4.5	1.5～4.5
10 kV 及以下	2～4	4～8
110 kV 线路配电变压器低压线路	2～4	1.5～3 2.5～5

7.2 电力系统无功补偿规划的原则

无功规划是在电网规划的基础上，确定无功补偿设备的最优安装位置及容量。通过无功补偿可以实现电网电压控制、改善电网稳定性、减少电网有功损耗、保证电网较宽运行裕度，它是保证电网安全、经济运行的有效手段[81,82]。

7.2.1 无功补偿的要求

国家有关法律法规、《电力系统安全稳定导则》（GB 38755—2019）、《电力系统电压和无功电力技术导则》（DL/T 1773—2017），以及相关技术标准对电力系统无功补偿和无功平衡制定了相关要求，其主要内容如下。

1. 无功就地平衡

集中补偿与分散补偿相结合，以分散补偿为主；高压补偿与低压补偿相结合，以低压补偿为主的原则。实行分级补偿，实现无功动态就地平衡，满足线损指标及调压范围的需要。

2. 分（电压）层和分（供电）区的无功平衡

电力系统配置的无功补偿装置应能保证在系统有功负荷高峰和低谷运行方式下分（电压）层和分（供电）区的无功平衡。分（电压）层无功平衡的重点是 220 kV 及以上电压等级层面的无功平衡；分（供电）区就地平衡的重点是 110 kV 及以下配电系统的无功平衡。

3. 避免无功交换

各级电网应避免通过输电线路远距离输送无功电力。500（330）kV 电压等级系统与下一级系统之间不应有大量的无功电力交换。500（330）kV 电压等级超高压输电线路的充电功率应按照就地补偿的原则采用高、低压并联电抗器基本予以补偿。

4. 受端系统无功备用

受端系统应有足够的无功备用容量。当受端系统存在电压稳定问题时，应通过技术经济比较，考虑在受端系统的枢纽变电站配置动态无功补偿装置。

5. 不引起系统谐波明显放大，避免大量的无功电力穿越变压器

各电压等级的变电站应结合电网规划和电源建设，合理配置适当规模、类型的无功补偿装置。所装设的无功补偿装置应不引起系统谐波明显放大，还应避免大量的无功电力穿越变压器。35～220 kV 变电站，在主变压器最大负荷时，其高压侧功率因数应不低于 0.95，在低谷负荷时功率因数应不高于 0.95。

6. 电缆线路配置适当容量的感性无功

对于大量采用 10～220 kV 电缆线路的城市电网，在新建 110 kV 及以上电压等级的变

电站时，应根据电缆进、出线情况在相关变电站分散配置适当容量的感性无功补偿装置。

7. 主变压器运行参数的采集和测量

35 kV 及以下电压等级的变电站，主变压器高压侧应具备双向有功功率和无功功率（或功率因数）等运行参数的采集和测量功能。

8. 足够的事故备用无功容量及调压能力

为了保证系统具有足够的事故备用无功容量及调压能力，并入电网的发电机组应具备满负荷时功率因数在 0.85（滞后）～0.97（进相）运行的能力，新建机组应满足进相 0.95 运行的能力。为了平衡 500（330）kV 电压等级输电线路的充电功率，可以考虑在电厂侧安装一定容量的并联电抗器。

9. 电力用户不应向电网倒送无功，不从电网吸收无功

电力用户应根据其负荷性质采用适当的无功补偿方式及容量。在任何情况下，不应向电网倒送无功电力，并保证在电网负荷高峰时不从电网吸收无功电力。

10. 自动投切并联电容器组和并联电抗器组

并联电容器组和并联电抗器组应采用自动投切方式。

7.2.2 无功补偿的原则

1. 按电压补偿原则

按电压补偿原则：满足负荷对无功电力的基本需要，使电压运行在规定的范围内，以保证电力系统运行安全、可靠。

从利用发电机无功容量考虑，按电压允许偏差进行无功补偿，可以让线路多输送些无功功率给受端系统。这一原则适用于无功补偿容量少，尚不能按经济补偿原则来要求的电力系统。按电压补偿原则，会使电网中无功流动量加大，流动距离增加，电网有功损耗也会相应提高。

2. 按经济补偿原则

按经济补偿原则：按减少电网有功损耗和年费用最小的经济原则进行补偿和配置，即就地分区分层平衡。其具体要求如下。

（1）500（330）kV 与 220（110）kV 电网层之间，应提高运行功率因数，最好不交换无功。

（2）一个供电企业是一个平衡区，一个 500 kV 变电站可以作为一个供电区，35～220 kV 变电站均可作为一个平衡单位，以防止地区之间或变电站之间无功电力大量窜动。

（3）对用户侧要求最大有功负荷时，功率因数补偿到 0.98～1.00，而且要求补偿容量随无功负荷的变化及时调整平衡，不向系统倒送无功。

7.2.3　无功补偿的优化

1. 无功补偿优化的概念

电网无功补偿优化指的是，在充分保障电力输送稳定性和安全性的基础上，根据各规划年的负荷水平，通过优化计算求出电网逐年补偿电容量及有载调压变压器的最优配置方案。

2. 最优配置的目标

最优配置的目标如下。

（1）经济目标，即系统的有功损耗最小，补偿电容量最小，补偿效果最好。

（2）电压质量，即各节点电压幅值偏离期望值差之和最小。

（3）电压稳定，即考虑系统的电压稳定性，提高系统的电压稳定裕度。

3. 无功补偿优化的作用

通过对电力系统无功电源的合理配置及对无功负荷的最佳补偿，不仅可以维持电压水平、提高系统运行的稳定性，而且可以降低有功网损和无功网损，使电力系统能够安全经济运行。

7.3　电力系统无功补偿线性规划模型

由于线性规划理论完整，方法成熟，在电力系统无功优化计算中获得应用。

7.3.1　目标函数

1. 网损最小

在满足约束条件的情况下，用投切补偿电容器及调节有载调压变压器的分接头来达到电网运行网损最小。

假设电网总节点数为 n，由极坐标形式的潮流计算公式可得其网损为

$$P_L = \sum_{i=1}^{n}\sum_{j=1}^{n} U_i U_j (G_{ij}\cos\theta_{ij} + B_{ij}\sin\theta_{ij}) \tag{7.1}$$

式中：U_i 和 U_j 分别为节点 i 和节点 j 的电压；G_{ij} 为节点 i 与节点 j 之间的电导；B_{ij} 为节点 i 与节点 j 之间的电纳；θ_{ij} 为节点 i 与节点 j 之间的电压相角差。

考虑到 $\sin\theta_{ij} = -\sin\theta_{ji}$，式（7.1）可简化为

$$P_L = \sum_{i=1}^{n}\sum_{j=1}^{n} U_i U_j G_{ij}\cos\theta_{ij} \tag{7.2}$$

为了便于用线性规划求解，要对上式进行线性化，并写成网损为补偿容量及有载调压

变压器分接头挡位的函数表达式

$$P_L = \sum_{j=1}^{k} \frac{\partial P_L}{\partial Q_{Cj}} \Delta Q_{Cj} + \sum_{i=1}^{M_k} \frac{\partial P_L}{\partial t_i} \Delta t_i \tag{7.3}$$

式中：k 为电容补偿节点数；M_k 为有载调压变压器台数；ΔQ_{Cj} 为节点 j 的补偿电容增量；Δt_i 为 i 号有载调压变压器的分接头挡位增量。

由于线路 i 侧的有功功率为 $U_i U_j (G_{ij} \cos\theta_{ij} + B_{ij} \sin\theta_{ij})$，线路 j 侧的有功功率为 $U_j U_i (G_{ij} \cos\theta_{ji} + B_{ij} \sin\theta_{ji})$，整个线路损耗为

$$P_L = U_i U_j (G_{ij} \cos\theta_{ji} + B_{ij} \sin\theta_{ij}) + U_j U_i (G_{ij} \cos\theta_{ji} + B_{ij} \sin\theta_{ji}) = 2U_i U_j G_{ij} \cos\theta_{ij}$$

网损 P_L 对节点电压的偏导为

$$\frac{\partial P_L}{\partial U_i} = 2\sum_{j\in i} U_j G_{ij} \cos\theta_{ij} \quad (i,j=1,2,\cdots,n) \tag{7.4}$$

网损 P_L 对节点电压相角的偏导为

$$\frac{\partial P_L}{\partial \theta_i} = -2U_i \sum_{j\in i} U_j G_{ij} \sin\theta_{ij} \quad (i,j=1,2,\cdots,n) \tag{7.5}$$

为了求出网损与有载调压变压器分接头挡位和电容补偿量的函数关系，必须计算网损对电容补偿的偏导和网损对变压器分接头挡位的偏导（即灵敏度）。

1）网损对节点电容的灵敏度 $\dfrac{\partial P_L}{\partial Q_{Cj}}$

电网中节点 i 处的注入有功功率 P_i 和无功功率 Q_i 的极坐标计算式分别为

$$P_i = U_i \sum_{j\in i} U_j (G_{ij} \cos\theta_{ij} + B_{ij} \sin\theta_{ij}) \quad (i,j=1,2,\cdots,n) \tag{7.6}$$

$$Q_i = U_i \sum_{j\in i} U_j (G_{ij} \sin\theta_{ij} - B_{ij} \cos\theta_{ij}) \quad (i,j=1,2,\cdots,n) \tag{7.7}$$

由式（7.1）可知，网损是节点电压幅值和相角的函数；又从式（7.7）可见，节点注入无功也是节点电压幅值和相角的函数。根据隐函数求导法则，可求出网损对各节点注入无功功率的偏导为

$$\frac{\partial P_L}{\partial Q_i} = \frac{\partial P_L}{\partial U_1}\frac{\partial U_1}{\partial Q_i} + \frac{\partial P_L}{\partial U_2}\frac{\partial U_2}{\partial Q_i} + \cdots + \frac{\partial P_L}{\partial U_n}\frac{\partial U_n}{\partial Q_i} \quad (i=1,2,\cdots,n) \tag{7.8}$$

当 $j \neq i$ 时，有

$$H_{ij} = \frac{\partial Q_i}{\partial U_j} = U_i \sum_{j\in i} (G_{ij} \sin\theta_{ij} - B_{ij} \cos\theta_{ij}) \quad (i,j=1,2,\cdots,n) \tag{7.9}$$

当 $j = i$ 时，有

$$H_{ii} = \frac{\partial Q_i}{\partial U_i} = \sum_{j\in i} U_j (G_{ij} \sin\theta_{ij} - B_{ij} \cos\theta_{ij}) - U_i B_{ii} \quad (i,j=1,2,\cdots,n) \tag{7.10}$$

而 $\dfrac{\partial U_j}{\partial Q_i} = \dfrac{1}{\partial Q_i / \partial U_j}$，于是有

$$\frac{\partial P_L}{\partial Q_i} = \sum_{i=1}^{n} \frac{2\sum\limits_{j\in i} U_j G_{ij} \cos\theta_{ij}}{H_{ij}} \quad (i,j=1,2,\cdots,n) \tag{7.11}$$

2）网损对有载调压变压器分接头的灵敏度 $\dfrac{\partial P_L}{\partial t}$

设节点 i 与节点 j 之间用变压器连接，分接头 j 在侧，并假定注入功率分别为 P_i、Q_i 和 P_j、Q_j，如图 7.1 所示。

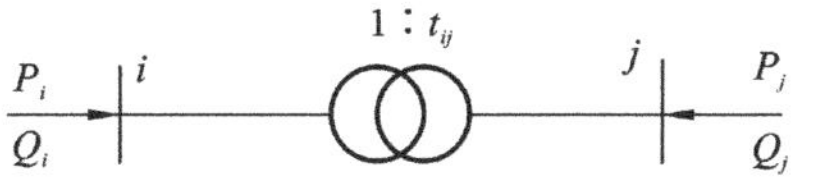

图 7.1　变压器变比为 $1：t_{ij}$ 时节点功率示意图

求解节点注入功率相对变压器分接头的灵敏度时，假设变压器两端节点注入功率不因变压器分接头变动而变动。当变压器分接头改变 Δt_{ij} 时，将引起支路功率的变化，从而引起节点注入功率的变化，图 7.2 表示了这种变化的相互关系。由于节点注入功率不变这个前提，必须注入一个与分接头调整后功率增量反向的功率增量来抵消由变压器分接头变动而引起的节点注入功率变动。

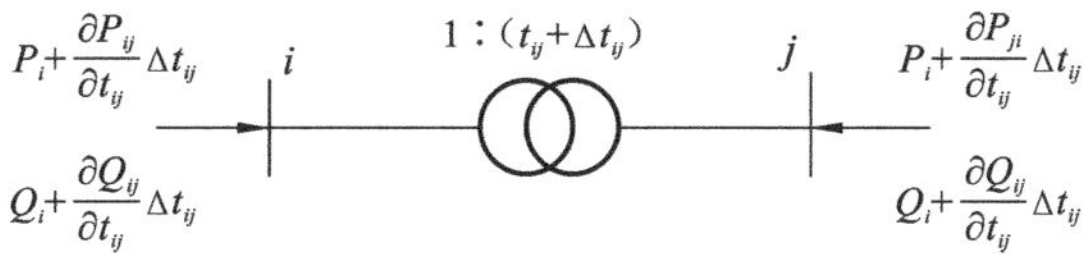

图 7.2　变压器变比改变 Δt_{ij} 后节点功率示意图

由变压器分接头变动而引起的节点功率的变化可以表示为

$$\Delta P_i = P_i - \left(P_i + \frac{\partial P_{ij}}{\partial t_{ij}}\Delta t_{ij} \right) = -\frac{\partial P_{ij}}{\partial t_{ij}}\Delta t_{ij} \tag{7.12}$$

$$\Delta Q_i = -\frac{\partial Q_{ij}}{\partial t_{ij}}\Delta t_{ij} \tag{7.13}$$

$$\Delta P_j = -\frac{\partial P_{ji}}{\partial t_{ij}}\Delta t_{ij} \tag{7.14}$$

$$\Delta Q_j = -\frac{\partial Q_{ji}}{\partial t_{ij}}\Delta t_{ij} \tag{7.15}$$

进而得出，由节点 i 和节点 j 的注入功率而引起的网损变化为

$$\Delta P_L = \frac{\partial P_L}{\partial P_i}\Delta P_i + \frac{\partial P_L}{\partial Q_i}\Delta Q_i + \frac{\partial P_L}{\partial P_j}\Delta P_j + \frac{\partial P_L}{\partial Q_j}\Delta Q_j \tag{7.16}$$

将式（7.12）～（7.15）带入式（7.16），可求得

$$\Delta P_L = -\left(\frac{\partial P_L}{\partial P_i}\frac{\partial P_{ij}}{\partial t_{ij}} + \frac{\partial P_L}{\partial Q_i}\frac{\partial Q_{ij}}{\partial t_{ij}} + \frac{\partial P_L}{\partial P_j}\frac{\partial P_{ji}}{\partial t_{ij}} + \frac{\partial P_L}{\partial Q_j}\frac{\partial Q_{ji}}{\partial t_{ij}} \right)\Delta t_{ij} \tag{7.17}$$

进而有

$$\frac{\partial P_L}{\partial t_{ij}} \approx \frac{\Delta P_L}{\Delta t_{ij}} = -\left(\frac{\partial P_L}{\partial P_i}\frac{\partial P_{ij}}{\partial t_{ij}} + \frac{\partial P_L}{\partial Q_i}\frac{\partial Q_{ij}}{\partial t_{ij}} + \frac{\partial P_L}{\partial P_j}\frac{\partial P_{ji}}{\partial t_{ij}} + \frac{\partial P_L}{\partial Q_j}\frac{\partial Q_{ji}}{\partial t_{ij}} \right) \tag{7.18}$$

又 P_{ij}、Q_{ij} 可以写成关于 U_i、U_j 和 t_{ij} 的表达式（式（7.19）和式（7.20）），故其关于 t_{ij} 的灵敏度也可以求出，这样可以求得网损对有载调压变压器分接头的灵敏度为

$$\begin{cases} \dfrac{\partial P_{ij}}{\partial t_{ij}} = \begin{cases} -\dfrac{1}{t_{ij}}U_i U_j (G_{ij}\cos\theta_{ij} + B_{ij}\sin\theta_{ij}), & 1在i侧 \\[3mm] \dfrac{2}{t_{ij}^2}U_i^2 G_{ij} - \dfrac{1}{t_{ij}}U_i U_j (G_{ij}\cos\theta_{ij} + B_{ij}\sin\theta_{ij}), & 1在j侧 \end{cases} \\[10mm] \dfrac{\partial Q_{ij}}{\partial t_{ij}} = \begin{cases} \dfrac{1}{t_{ij}}U_i U_j (B_{ij}\cos\theta_{ij} - G_{ij}\sin\theta_{ij}), & 1在i侧 \\[3mm] \dfrac{1}{t_{ij}}U_i U_j (B_{ij}\cos\theta_{ij} - G_{ij}\sin\theta_{ij}) - \dfrac{2}{t_{ij}^2}U_i^2 B_{ij}, & 1在j侧 \end{cases} \end{cases} \tag{7.19}$$

$$\begin{cases} \dfrac{\partial P_{ji}}{\partial t_{ij}} = \begin{cases} \dfrac{2}{t_{ij}^2}U_j^2 G_{ij} - \dfrac{1}{t_{ij}}U_i U_j (G_{ij}\cos\theta_{ij} - B_{ij}\sin\theta_{ij}), & 1在i侧 \\[3mm] -\dfrac{1}{t_{ij}}U_i U_j (G_{ij}\cos\theta_{ij} - B_{ij}\sin\theta_{ij}), & 1在j侧 \end{cases} \\[10mm] \dfrac{\partial Q_{ji}}{\partial t_{ij}} = \begin{cases} -\dfrac{2}{t_{ij}^2}U_j^2 B_{ij} + \dfrac{1}{t_{ij}}U_i U_j (G_{ij}\sin\theta_{ij} + B_{ij}\cos\theta_{ij}), & 1在i侧 \\[3mm] \dfrac{1}{t_{ij}}U_i U_j (G_{ij}\sin\theta_{ij} + B_{ij}\cos\theta_{ij}), & 1在j侧 \end{cases} \end{cases} \tag{7.20}$$

注意：1 是指非标准变比 $1 : t_{ij}$ 中的 1。

2. 补偿电容最小

补偿电容最小目标函数的数学表达式为

$$\min Z = \sum_{i=1}^{k} C_i \Delta Q_{Ci} \tag{7.21}$$

式中：Z 为费用或电容容量表达式；ΔQ_{Ci} 为节点 i 的补偿电容增量；k 为无功补偿节点总数。当 Z 为费用时，C_i 为节点 i 单位补偿电容的费用；当 Z 为补偿容量时，$C_i = 1$。

3. 补偿效果最好

补偿效果最好目标函数的数学表达式为

$$\max Z = \sum_{i=1}^{K_C} \alpha_i^g \Delta u_i \tag{7.22}$$

式中：K_C 为控制变量个数；α_i^g 为第 i 个控制变量网络性能的综合补偿效果系数；Δu_i 为第 i 个控制变量的增量。

7.3.2 变量约束条件

1. 被控制量的约束条件

一般以电网中各母线（节点）电压、线路，以及变压器的电流为被控制量，显然节点电压的允许偏移范围、线路，以及变压器的允许电流就是约束条件，其表达式为

$$U_i^{\min} \leqslant U_i \leqslant U_i^{\max} \quad (i=1,2,\cdots,n) \tag{7.23}$$

$$I_j \leqslant I_j^{\max} \quad (j=1,2,\cdots,m) \tag{7.24}$$

式中：i 为节点号；j 为支路号；n 和 m 分别为节点数和支路数；$U_i^{\min}$ 和 $U_i^{\max}$ 分别为节点 i 允许电压的下限和上限；$I_j^{\max}$ 为支路 j 的允许电流上限。

若支路以无功潮流为控制变量，则有

$$q_j^{\min} \leqslant q_j \leqslant q_j^{\max} \tag{7.25}$$

式中：$q_j^{\min}$ 和 $q_j^{\max}$ 分别为支路 j 的无功潮流上限和下限，其值分别为

$$q_j^{\min} = -\sqrt{(U_j I_j^{\min})^2 - p_j^2} \tag{7.26}$$

$$q_j^{\max} = -\sqrt{(U_j I_j^{\max})^2 - p_j^2} \tag{7.27}$$

式中：负号表示反向无功；U_j 和 p_j 分别为支路 j 的电压和有功功率。

约束方程（7.23）和（7.25）也可写成增量形式，即

$$\Delta U_j^{\min} \leqslant \Delta U_j \leqslant \Delta U_j^{\max} \tag{7.28}$$

$$\Delta q_j^{\min} \leqslant \Delta q_j \leqslant \Delta q_j^{\max} \tag{7.29}$$

式中：$\Delta U_i^{\min} = U_i^{\min} - U_i$；$\Delta U_i^{\max} = U_i^{\max} - U_i$；$\Delta q_j^{\min} = q_j^{\min} - q_j$；$\Delta q_j^{\max} = q_j^{\max} - q_j$。

约束方程（7.28）和（7.29）表明控制量被恢复到允许范围所需的最小增量，其取值为

$$\Delta U_i = \begin{cases} U_i^{\min} - U_i, & U_i \leqslant U_i^{\min} \\ 0, & U_i^{\min} \leqslant U_i \leqslant U_i^{\max} \\ U_i^{\max} - U_i, & U_i \geqslant U_i^{\max} \end{cases} \tag{7.30}$$

$$\Delta q_j = \begin{cases} q_j^{\min} - q_j, & q_j \leqslant q_j^{\min} \\ 0, & q_j^{\min} \leqslant q_j \leqslant q_j^{\max} \\ q_j^{\max} - q_j, & q_j \geqslant q_j^{\max} \end{cases} \tag{7.31}$$

2. 控制量的约束条件

对于电网而言，控制量包括补偿电容和有载调压变压器分接头，其约束条件表达式为

$$Q_{Cj}^{\min} \leqslant Q_{Cj} \leqslant Q_{Cj}^{\max} \quad (j=1,2,\cdots,M_n) \tag{7.32}$$

$$t_k^{\min} \leqslant t_k \leqslant t_k^{\max} \quad (k=1,2,\cdots,M_k) \tag{7.33}$$

写成增量形式为

$$\Delta Q_{Cj}^{\min} \leqslant \Delta Q_{Cj} \leqslant \Delta Q_{Cj}^{\max} \tag{7.34}$$

$$\Delta t_k^{\min} \leqslant \Delta t_k \leqslant \Delta t_k^{\max} \tag{7.35}$$

式中：M_n 为补偿电容器个数；t_k 为第 k 台变压器调节分接头；M_k 为可调变压器台数。

$$\Delta Q_{Cj}^{\min} = Q_{Cj}^{\min} - Q_{Cj}, \quad \Delta Q_{Cj}^{\max} = Q_{Cj}^{\max} - Q_{Cj}, \quad \Delta t_k^{\min} = t_k^{\min} - t_k, \quad \Delta t_k^{\max} = t_k^{\max} - t_k$$

式中：$t_k^{\min}$ 和 $t_k^{\max}$ 分别为第 k 台调节变压器分接头上限和下限；$Q_{Cj}^{\min}$ 和 $Q_{Cj}^{\max}$ 分别为电网节点 j 上配置的电容量上限和下限，其值根据无功电压优化计算来确定，对于长期的无功配置规划，可能是分期配置电容。所以投切电容的上、下限应按具体情况来定。

7.3.3 综合灵敏度矩阵

1. 灵敏度矩阵

已经确定以电网的节点电压和支路无功潮流为被控制量，各节点的补偿电容量和有载调压变压器的分接头开关为控制量，因此必须确定各节点被控制量与控制量之间一一对应的量值关系。例如，已知各节点的电压偏差量 ΔU，为了校正这个偏差量，就需要知道各节点投切的电容量。这种被控制量与控制量之间的定量关系往往是通过灵敏度矩阵来得到的，而灵敏度矩阵的元素又取决于电网的结构特性。

2. 灵敏度矩阵求解

由潮流方程中无功平衡方程式，可写出各节点在状态 (U_0, θ_0) 邻域内的无功增量方程为

$$\Delta Q_i = \sum_{j=1}^{n}\left(\frac{\partial Q_i}{\partial U_j}\Delta U_j + \frac{\partial Q_i}{\partial \theta_j}\Delta \theta_j \right)\bigg|_{(U_0,\theta_0)} + \sum_{k=1}^{M_k}\frac{\partial Q_i}{\partial t_k}\Delta t_k\bigg|_{(U_0,\theta_0)} \quad (i=1,2,\cdots,n-1) \tag{7.36}$$

式中：ΔU_j 和 $\Delta \theta_j$ 为节点 j 处的电压和功角增量；ΔQ_i 为节点 i 处的无功增量；Δt_k 为第 k 台有载调压变压器分接头位移量；节点 n 为平衡节点；M_k 为可调变压器台数。

若忽略电力传输过程中电压降落的横分量，即认为 $\Delta \theta_j$ 很小，可忽略不计，则式（7.36）可以简化为

$$\Delta Q_i \approx \sum_{j=1}^{n}\frac{\partial Q_i}{\partial U_j}\Delta U_j\bigg|_{(U_0,\theta_0)} + \sum_{k=1}^{M_k}\frac{\partial Q_i}{\partial t_k}\Delta t_k\bigg|_{(U_0,\theta_0)} \quad (i=1,2,\cdots,n-1) \tag{7.37}$$

考虑到所有节点，写成矩阵的形式为

$$\Delta \boldsymbol{Q} = \boldsymbol{J}_Q \Delta \boldsymbol{U} + \boldsymbol{J}_T \Delta \boldsymbol{T} \tag{7.38}$$

式中：$\boldsymbol{J}_Q = \left[\frac{\partial Q_i}{\partial U_j}\right]_{(U_0,\theta_0)}$ 为 $(n-1)\times(n-1)$ 维矩阵；$\boldsymbol{J}_T = \left[\frac{\partial Q_i}{\partial t_k}\right]_{(U_0,\theta_0)}$ 为 $(n-1)\times M_k$ 维矩阵；$\Delta \boldsymbol{Q}$ 和 $\Delta \boldsymbol{U}$ 为 $n-1$ 维列向量；$\Delta \boldsymbol{T}$ 为 M_k 维列向量。

由上式可推导出被控制量电压增量 $\Delta \boldsymbol{U}$ 与控制量 $\Delta \boldsymbol{Q}$ 和 $\Delta \boldsymbol{T}$ 的函数关系式为

$$\Delta \boldsymbol{U} = \begin{bmatrix} \boldsymbol{J}_Q^{-1} & -\boldsymbol{J}_Q^{-1}\boldsymbol{J}_T \end{bmatrix}\begin{bmatrix} \Delta \boldsymbol{Q} \\ \Delta \boldsymbol{T} \end{bmatrix} \tag{7.39}$$

同理，根据支路无功潮流方程写出在状态 (U_0,θ_0) 附近的增量方程为

$$\Delta q_i = \sum_{j=1}^{n}\left(\frac{\partial q_i}{\partial U_j}\Delta U_j + \frac{\partial q_i}{\partial \theta_j}\Delta\theta_j\right)\bigg|_{(U_0,\theta_0)} + \sum_{k=1}^{M_k}\frac{\partial q_i}{\partial t_k}\Delta t_k\bigg|_{(U_0,\theta_0)} \quad (i=1,2,\cdots,m) \tag{7.40}$$

同样忽略电压降落横分量（认为 $\Delta\theta_j$ 很小），将上式简化为

$$\Delta q_i = \sum_{j=1}^{n}\frac{\partial q_i}{\partial U_j}\Delta U_j\bigg|_{(U_0,\theta_0)} + \sum_{k=1}^{M_k}\frac{\partial q_i}{\partial t_k}\Delta t_k\bigg|_{(U_0,\theta_0)} \quad (i=1,2,\cdots,m) \tag{7.41}$$

写成矩阵形式有

$$\Delta q = H_U\Delta U + H_T\Delta T \tag{7.42}$$

式中：$H_U = \left[\dfrac{\partial q_i}{\partial U_j}\right]_{(U_0,\theta_0)}$ 为 $m\times(n-1)$ 维矩阵；$H_T = \left[\dfrac{\partial q_i}{\partial t_k}\right]_{(U_0,\theta_0)}$ 为 $m\times M_k$ 维矩阵；Δq 为 m 维

列向量；ΔU 为 $n-1$ 维列向量；ΔT 为 M_k 维列向量。

由式（7.39）和式（7.42）可得支路无功潮流控制方程为

$$\Delta q = H_U\begin{bmatrix}J_Q^{-1} & -J_Q^{-1}J_T\end{bmatrix}\begin{bmatrix}\Delta Q\\\Delta T\end{bmatrix} + H_T\Delta T = \begin{bmatrix}H_U J_Q^{-1} & H_T - H_U J_Q^{-1}J_T\end{bmatrix}\begin{bmatrix}\Delta Q\\\Delta T\end{bmatrix} \tag{7.43}$$

将式（7.39）和式（7.43）联合，则有

$$\begin{bmatrix}\Delta U\\\Delta q\end{bmatrix} = \begin{bmatrix}J_Q^{-1} & -J_Q^{-1}J_T\\ H_U J_Q^{-1} & H_T - H_U J_Q^{-1}J_T\end{bmatrix}\begin{bmatrix}\Delta Q\\\Delta T\end{bmatrix} = \begin{bmatrix}S_1 & S_2\\ S_3 & S_4\end{bmatrix}\begin{bmatrix}\Delta Q\\\Delta T\end{bmatrix} \tag{7.44}$$

式中：$S_1 = J_Q^{-1}$ 为节点电压对节点无功补偿的灵敏度矩阵；$S_2 = -J_Q^{-1}J_T$ 为节点电压对变压器分接头的灵敏度矩阵；$S_3 = H_U J_Q^{-1}$ 为支路无功潮流对节点无功补偿的灵敏度矩阵；$S_4 = H_T - H_U J_Q^{-1}J_T$ 为支路无功潮流对变压器分接头的灵敏度矩阵。

又令 $\Delta X = \begin{bmatrix}\Delta U\\\Delta q\end{bmatrix}$，$\Delta U = \begin{bmatrix}\Delta Q\\\Delta T\end{bmatrix}$，$S = \begin{bmatrix}S_1 & S_2\\ S_3 & S_4\end{bmatrix}$，则被控制量与控制量的增量之间的关

系可简单表达为

$$\Delta X = S\Delta U \tag{7.45}$$

式中：S 为综合灵敏度矩阵。

7.3.4　网络参数修正

不管是用投切电容器的方式还是用调节有载调压变压器分接头的方式来控制电网电压，实际上都是靠改变电网的参数来实现的，每次投切电容或改变变压器的分接头都相应地改变着电网参数。

1. 投切电容器对电网参数的影响

若节点 i 处投入电容无功补偿量为 Q_{Ci}，则对应的电纳增量为 $\dfrac{Q_{Ci}}{U_i^2}$，对应的是网络导纳

矩阵中自电纳的修正量，从而有

$$B_{ii}^{(N)} = B_{ii}^{(0)} + \frac{Q_{Ci}}{U_i^2} \tag{7.46}$$

式中：$B_{ii}^{(N)}$ 为节点 i 补偿后的自电纳；$B_{ii}^{(0)}$ 为节点 i 补偿前的自电纳；U_i 为节点 i 处的电压。

2. 有载调压变压器分接头调整对网络参数的影响

图 7.3 所示为非标准变比变压器电路图，图中相关参数为

$$\begin{cases} Y_{ii} = \dfrac{Y}{t} + \left(1 - \dfrac{1}{t}\right)Y = Y = G + jB \\[2mm] Y_{jj} = \dfrac{Y}{t} + \dfrac{1}{t}\left(1 - \dfrac{1}{t}\right)Y = \dfrac{Y}{t^2} = \dfrac{1}{t^2}(G + jB) \\[2mm] Y_{ij} = -\dfrac{Y}{t} = -\dfrac{1}{t}(G + jB) \end{cases} \tag{7.47}$$

式中：Y_{ii} 为节点 i 的自导纳；Y_{jj} 为节点 j 的自导纳；Y_{ij} 为节点 i 与节点 j 之间的互导纳。

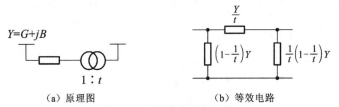

（a）原理图　　　　　　　　（b）等效电路

图 7.3　非标准变比变压器

当有载调压变压器变比改变 Δt 后，有 $t' = t + \Delta t$，则

$$Y_{ii}' = Y = Y_{ii} \tag{7.48}$$

$$Y_{jj}' = \frac{Y}{(t + \Delta t)^2} = \frac{Y}{t^2} \cdot \frac{t^2}{(t + \Delta t)^2} = Y_{jj} \cdot \frac{t^2}{(t + \Delta t)^2} \tag{7.49}$$

$$Y_{ij}' = -\frac{Y}{t + \Delta t} = -\frac{Y}{t} \cdot \frac{t}{t + \Delta t} = \frac{-1}{t + \Delta t} Y_{ij} \tag{7.50}$$

7.3.5　优化模型及其计算流程

1. 无功优化的数学模型

一般的无功优化数学模型可以表示为

$$\min f(u, x)$$
$$\text{s.t.} \begin{cases} g(u, x) = 0 \\ h(u, x) \leqslant 0 \end{cases} \tag{7.51}$$

式中：u 为控制变量，通常包括除平衡节点外其他发电机组的有功出力、所有发电机及无功补偿装置的无功出力、可调变压器的抽头位置等；x 为状态变量，通常包括各节点电压、各支路功率等；$f(u, x)$ 为无功优化的目标函数，电力系统无功优化根据不同优化要求，可

以选择不同的优化目标函数；$g(u,x)=0$ 为等式约束条件，即基本的潮流方程；$h(u,x)\leqslant 0$ 为控制变量与状态变量须满足的不等式约束条件。

2. 无功优化算法

随着现代电力系统、计算机等技术的高速发展，新的无功优化算法层出不穷。总的来说，目前的无功优化算法大致可以分为常规优化方法、人工智能算法和混合优化算法三类[83]。

1）常规优化算法

传统优化算法是基于运筹学原理而产生的。这类算法的数学模型精确、约束条件明确，自某个初始点起，沿一定路径不断改进当前解，最终收敛于最优解。常见的传统无功优化算法有线性、非线性规划法，将线性、非线性问题分开处理的混合整数规划法，以及分段进行优化的动态规划法等。

（1）线性规划法。

线性规划法是在线性约束条件下寻找线性目标函数最值的优化方法，其原理是利用泰勒公式将目标函数和约束条件在初值点附近展开，略去高次项，使非线性规划问题转化成线性规划问题，用逐次线性逼近法完成解空间的寻优。线性规划法理论完整，方法成熟，算法稳定，计算速度快，对各种约束的处理比较有效，收敛相对可靠。但其在处理非线性优化问题时存在一定的局限性，特别是对电压无功优化中的变压器分接头挡位、电容器组投切容量等离散变量的处理往往会产生较大误差。另外，在对潮流方程进行线性逼近时，步长过大可能引发振荡，步长过小会使收敛变慢。

常见的线性规划法有灵敏度分析法、内点法等，其中，最具有代表性的是灵敏度分析法，其计算流程如图 7.4 所示。

（2）非线性规划法。

无功优化问题自身具有非线性特点，其目标函数和约束条件是非线性的，因此常采用非线性规划法来求解无功优化问题。最具代表性的非线性规划法有简化梯度法、牛顿（Newton）法、二次规划法等。

非线性规划法数学模型比较精确，计算精度较高，但算法本身需要进行大量的求导、求逆运算，占用计算机内存多，解题规模受到限制。在处理变压器分接头挡位开关、补偿电容器补偿容量等离散变量方面存在一定的误差，同时该算法对目标函数和约束条件要求较高，难以求出最优解，因此限制了其在实际系统中的应用。

（3）混合整数规划法。

线性规划法和非线性规划法各有利弊，但它们都是先把离散变量视为连续变量，优化完毕后再把这些量回归到最相邻的离散点上，也就是说，这些方法只能逼近而达不到最优解，甚至有时规整后还会造成某些约束条件越限，成为不可行解。混合整数规划法针对这一问题把整数变量和连续变量分开处理。连续变量可以用线性规划法处理，所以该算法的关键就是对整数变量的处理。但是分开处理的方法导致优化的整体性变差，且计算过程复杂、计算量大、收敛慢，又因为无功和电压的非线性函数关系，计算过程中易发生振荡。

电力系统无功优化本质上属于连续变量和离散变量共存的大规模非线性混合整数规划的问题。其中离散变量有可调变压器分接头的调节、并联补偿电容器组的投切等，应用线

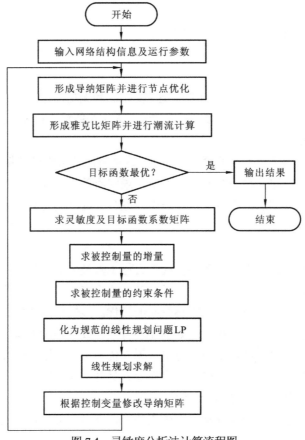

图 7.4 灵敏度分析法计算流程图

性或非线性规划方法进行求解时，常将离散变量连续化处理，得到的连续解始终是近似解，而不是实际解。随着实际系统中无功补偿装置单组容量的扩大，这种近似处理误差非常大。而采用混合整数规划法有效地解决了优化计算中控制变量的离散性问题。

（4）动态规划法。

动态规划法的原理是按照时间或空间顺序把问题分为若干个相互联系的阶段，先分别对每一个阶段进行决策，然后经过平衡协调得到整体最优解，因此被广泛应用于电力系统无功优化中。相比于线性规划法和非线性规划法，动态规划法的优点是：其目标函数和约束条件即使没有严格遵守线性和凸性，往往也能得到全局最优解，且收敛性好。该方法思路清楚明了，但是如果变量太多，建模也相应变得复杂，计算速度慢，会出现"维数灾"，从而制约其在实际工程中的应用。另外，只要人为地引进"时段"因素，动态规划法也可以处理一些跟时间没有关联的静态优化问题。

2）人工智能算法

针对常规优化算法存在的问题，同时也使优化结果更加接近全局最优解，把基于人工智能的新方法应用到电力系统无功优化研究中，克服了传统优化方法的缺点，弥补了一些传统优化方法的不足，并且取得了较好的效果。人工智能算法包括人工神经网络法、专家系统法、模糊优化法、启发式搜索算法等。启发式搜索算法中的禁忌搜索法、模拟退火算法、遗传算法、粒子群算法、免疫算法、混沌算法等在电力系统无功优化中得以应用[84-89]。

（1）人工神经网络法。

人工神经网络模型是一种按照人脑神经网络构建出来的理论化的数学模型，可以模拟人脑神经网络结构和功能处理问题。人工神经网络算法学习能力强，可以实现知识的自我组织，适应于不同信息的处理，能较好地分布存储信息，具有较强的容错能力，神经元之间的计算具有独立性，便于并行处理，执行速度较快，因此被用于电力系统运算中。但人工神经网络法在训练过程中易陷入局部最优值点，因此不利于大规模系统的在线快速实时控制。

（2）专家系统法。

专家系统是一种以常规算法为基础，结合广泛收集到的专家知识、经验、历史数据，并借助于计算机，模拟人类专家对现实问题进行分析处理、进而提出合理的决策思路的计算机程序。专家系统应用于电力系统无功优化中，通过知识库和推理机构成，根据专家提供的电力系统知识进行推理判断，模拟专家决策思想，提供具有专家水平的决策支持。近年来，电力系统电压无功控制的专家系统已经投入实验或进入实用化运行阶段，并取得了良好的效果。但是，目前该方法还存在很多有待解决的问题，如接口不够友好、知识获取方法不灵活、知识表示方法不完备等。

（3）启发式搜索算法。

启发式搜索算法是在状态空间中的搜索对每一个搜索的点进行评估，得到最好的点，再从这个点进行搜索直到目标。常见的启发式搜索算法有禁忌搜索法、遗传算法、模拟退火算法。禁忌搜索法是发展最为成功的一种启发式搜索算法，其原理是先得到一个初始解，在该初始解的邻域内进行一组"移动"操作，产生一组试验解，从这组试验解中选出使目标函数下降最多的"移动"成为当前解，重复这个过程直至满足给定的终止条件。在配电网无功优化领域中，禁忌搜索算法得到了广泛应用。

3）混合优化算法

常规优化算法和人工智能算法都有各自的优点，但也都存在不同的缺陷，为了得到更加完美的优化结果，把不少于两种的算法结合起来，取长补短，从而使优化结果更加理想，即为混合优化算法。例如，把改进的内点法与遗传算法相结合进行电力系统无功优化，借助非线性内点法鲁棒性强、计算快、收敛性好的优势弥补遗传算法的相应缺陷。

第8章 电力系统自动化规划

合理进行电力系统自动化规划，能有效提升电能生产、传输、管理过程的自动控制、自动调度、自动化管理，促进电力企业高质量地发展。

8.1 电力系统自动化规划概述

8.1.1 电力系统自动化的组成

电力系统自动化是指将计算机技术、网络信息技术、通信技术、监控技术、电力电子技术等先进技术对电力系统进行控制和管理。通过在线监测技术、监控平台、信息技术对电网实时运行情况进行监控。一旦电力系统出现异常情况，电力系统监控人员能够第一时间了解电网的异常信息，并对异常信息进行分析，找到电力系统异常原因，并将异常信息传输到电力调度中心。电力调度中心根据故障位置、故障范围安排电力技术人员赶到故障现场进行维修，及时排除故障，尽快恢复电力系统。电力系统自动化技术将电力企业各个部门有机联系在一起，从而有助于电力企业对电力系统各个环节进行有效控制和管理。

现代电力系统自动化一般由电厂自动化、电网调度自动化、变电站自动化、配电自动化等部分组成，利用电力系统自动化技术能有效保证电力系统高效、安全地运转。

1. 电厂自动化

电厂自动化系统是集测量、监控、通信、继电保护功能为一体的电气系统，对于稳定电厂运行起着至关重要的作用。它利用发电机-变压器保护装置、发电机-变压器保护配置、数字化电动机保护测控装置可强化相关设备保护，创造出一个更为稳定的日常运行环境，减少了人工参与的成本；利用通信网络使内部数据信息有效交互，实现了对机组运行监控维护的高效处理，降低了发电厂的能源消耗量，提高了发电厂的整体工作效率；并通过将智能设备整合于系统中，进一步提升了系统的功能性。

2. 电网调度自动化

通过设置在各电厂和变电站的远动终端采集电网运行的实时信息，并通过信道传输到设置在各调度中心的主站（master station，MS）上，主站根据收集到的全局信息，对电网的运行状态进行安全分析、负荷预测、自动发电控制、经济调度控制等。

3. 变电站自动化

将变电站的二次设备（包括测量仪表、信号系统、继电保护、自动装置和远动装置等）经过功能的组合和优化设计，利用计算机技术、现代电子技术、通信技术、信号处理技术，实现全变电站的主要设备及输、配电线路的自动测量、监控、微机保护，以及与调度通信等综合性的自动化功能，也称变电站综合自动化。

4. 配电自动化

配电自动化是指一种可以在远方以实时方式监视、协调、操作配电设备的自动化系统，主要是指配电变电站自动化和馈线自动化。配电自动化包括配电网数据采集和监控（supervisory control and data acquisition，SCADA）、配电地理信息系统（geographic information system，GIS）和需求管理（demand side management，DSM）三个部分。

8.1.2 电力系统自动化规划的意义

电力系统自动化是现代电力系统安全可靠和经济运行的重要保证，它可以自行根据电力系统的实际运行状态及系统各元件的技术、经济、安全要求，为运行人员提供调节和控制的决策，或者直接对各元件进行调节和控制。电力系统自动控制不仅能节省人力，减轻劳动强度，而且能减少电力系统事故，延长设备寿命，全面改善和提高运行性能。特别是在发生事故的情况下，能避免连锁性的事故发展和大面积停电。

电力系统自动化规划是电力自动化系统设计和实施的前提和依据，在进行电力自动化系统建设之前做好自动化系统的规划工作将大大提高电力自动化系统的可用性和扩展性，使系统具有较高的投入产出比和性能价格比。

8.1.3 电力系统自动化规划的原则

1. 改造与发展规划相协调

电力系统自动化规划不能单纯为自动化而自动化，必须与电力一次网络和设备的改造与发展规划相协调，实现整体投资的技术经济综合优化。

2. 处理好局部与整体、近期与远期的关系

电力系统自动化规划应该处理好局部与整体、近期与远期的关系，分阶段投资和实施，分层次推广，并使分阶段建设的各电力自动化子系统协调发展，最终形成一个相互匹配的电力自动化系统。

3. 数据结构及接口规范

电力系统自动化规划应纳入电力系统规划和电力企业信息整体规划当中，按照国际标准数据结构及接口规范规划，既要考虑信息共享，又要具有网络安全防护措施，保障系统的信息安全。

4. 利用现有资源

最大限度地利用现有电力自动化系统和电力设施资源。非标准系统可以通过必要的转换接入标准系统，延长可用期限；应尽量选用模块化设计产品，便于功能扩展和技术升级，

满足系统发展要求，避免重复投资。

5. 因地制宜，灵活配置

电力自动化通信系统的实施应因地制宜，考虑多种通信方式的综合应用，发挥光纤、无线、专线电缆、载波等多种通信方式的各自优点，灵活配置。

6. 综合考虑经济效益和社会效益

电力系统自动化规划应综合考虑经济效益和社会效益，从提高供电安全性、可靠性，节能降耗，减少运行维护费用和工作量，提高电力企业工作效率和管理水平的角度出发，定量分析投资效益。

8.1.4 电力系统自动化规划的步骤

1. 电力系统自动化现状与一次系统发展需求分析

在开展电力自动化规划工作之前一定要对电力系统的发展状态及变化情况有足够了解，通过收集各个地区电力系统的数据掌握整个电力网络中电厂、变电站，以及输电线路的分布运行情况，为顺利进行规划工作打好基础。另外，一定要对项目周围区域的电网负荷情况进行了解，并进行相关电气计算及分析，为电力系统自动化规划工作的顺利开展打下基础。

2. 确定电力自动化系统的建设目标

对电力自动化系统进行规划，主要是对具体的地区进行电力负荷预测，根据当地的发展规模和情况，对电力电量平衡进行分析，了解当地的电力使用情况，并做出合理的评估，对地区内的各项经济指标做出分析，对电力设备的情况进行检测，在了解相关数据之后，合理地对所需要的电力自动化系统做出规划，在各项指标都满足的情况下降低规划电力系统的费用。

3. 电力通信系统规划

通过采集电力通信网络承载的各类业务数据，形成通信网络与承载业务的关联关系；通过对电力通信网络规划中所遵循的原则和经验以及输出结果的深入调研，了解电气一二次业务发展对通信网络各平面的资源需求，建立通信网络与电气二次业务的关联；结合通信网络承载业务按时间维度滚动发展的预测、城市建设规划与电力设施建设的关联，以及基本风险管控等模型算法，提供通信资源及业务的地理信息系统可视化呈现。

4. 电力自动化系统结构规划

根据电力系统自动化的信息量规模及其相应的通信系统规划，对电网调度自动化、变电站自动化、配电自动化系统的体系结构进行设计和规划，确定自动化系统的拓扑结构，相关子系统的设置原则和配置方案；确定电网调度自动化、变电站自动化、配电自动化系统各自的功能配置。

5. 电力自动化系统终端规划

了解变电站或配电站的一次设备对遥测、遥信、遥控、遥调的技术要求及信息量的配置要求，结合一次设备的接口要求，确定测控终端的功能配置、自动化设备的选型和布局方案，规划技术指标要求及具体的安装方式。

6. 电力自动化主站系统规划

了解电力自动化系统主站的信息量规模及技术要求，在满足系统对标准性、可靠性、可用性、安全性、扩展性、先进性等要求的基础上，规划主站系统结构、功能，合理进行主站调配，明确实际系统自动化分配标准原则。

7. 电力系统自动化方案预算及经济性评估

针对电力自动化系统各部分的不同方案和设计规模，分别做出预算汇总和经济性评估。

8.2　电力通信系统规划

8.2.1　输电网通信规划

输电网通信规划一般指从发电厂、变电站到调度中心的长距离通信规划，主要纳入现有的国家电力数据网络（state power data network，SPDnet）建设和规划体系中。输电网通信作为电网运营的重要支撑系统和信息化基础，必须按照系统的发展目标和总体要求，结合通信的自身特点，明确通信的发展目标，因此需要制定发展规划[90]。

1. 输电网通信规划的原则

输电网通信规划的原则如下。

（1）选择高可靠性、高带宽的通信方式和传输通道，建立高性能、综合多种业务的网络平台，提供实时数据通信业务、非实时数据通信业务、视频及多媒体通信业务。

（2）应具有高度灵活性，能支持多种协议，提供各种不同接口，以满足目前和未来的网络需求。

（3）应具有良好的可扩展性，网络设备应能支持网络的平滑扩容，保证在网络的增长过程中，网上业务不会受到影响。

（4）应具有高度的可靠性、安全性，以及可保证的服务质量，以满足电力系统实时调度、报价结算等特殊业务的需求。

（5）应具有按业务、部门等组建虚拟专用网的能力，以满足不同业务的需要，提供业务与用户群之间的隔离，保证安全性，并为现有网络的接入提供方便。

（6）必须采用符合国际标准的协议和接口，满足与其他网络的互联要求。

（7）应具有较完善的网络管理功能，宜采用统一的网络管理平台，以简化管理程序，提高网络运行管理水平。

（8）应采用成熟、先进的网络技术，以保证网络的稳定、可靠运行。

2. 数据网络的基本组网技术

数字数据网（digital data network，DDN）采用标准 G.703 接口和动态带宽分配（可选）；分组交换采用标准 X.25 和帧中继技术；路由器采用 OSPF 和 IP 路由协议。

1）DDN

DDN 利用数字信道提供半永久性连接的电路，传输数据信号的数字通信网络，通过该网络向用户提供全程端对端数字数据业务。DDN 是全透明网，可以支持任何协议。它以同步方式传输数据，采用 PCM 数字信道传输方式，每话路传输速率为 64 kB/s，组网方式采用网状拓扑结构，网内任何两节点之间中继阻断时，业务可自动迂回，不会中断。DDN 是采用数字交叉连接和数字复用技术组成的提供高速数据传输业务的网络，是一个传输速率高、质量好、网络时延小、全透明、高流量、网管简便的理想的数据网。

2）分组交换

分组交换也称包交换，它将用户通信的数据划分成多个更小的等长数据段，在每个数据段的前面加上必要的控制信息作为数据段的首部，每个带有首部的数据段就构成了一个分组。它通过计算机和终端实现计算机与计算机之间的通信，是在传输线路质量不高、网络技术手段比较单一的情况下，应运而生的一种交换技术。输电网通信常采用 X.25 分组交换技术、帧中继技术（frame relay）和异步传输技术（asynchronous transfer mode，ATM）。

X.25 分组交换技术是最早的分组交换技术国际标准，它是 1976 年由国际电报电话咨询委员会（Consultative Committee of International Telegraph Telephone，CCITT）正式发布的，1980 年和 1984 年经过两次补充修订。X.25 分组交换技术组网纠错、检错能力强，但网络传输速度不高，处理延时大，纠错、检错过程复杂。SPDnet 在初期基于当时通道条件的限制，才选用 X.25 分组交换网。

帧中继技术是 1992 年开始兴起的一种新的公用数据网通信协议，1994 年开始获得迅速发展。帧中继是一种有效的数据传输技术，它可以在一对一或一对多的应用中快速而低廉地传输数字信息。帧中继技术采用与 X.25 相同的统计复用技术，但简化了 X.25 技术复杂的传输确认与纠错的过程，把重传功能推向网络外部的智能化外部终端，提高了传输速度，降低了端到端的延时，很好地满足了数据用户高速及突发性强的特点。

ATM 技术采用异步时分复用的方法，将信息流分成固定长度的信元，进行高速交换。由于 ATM 采用统计复用技术，可以动态分配带宽，对于具有突发性特点的数据业务来说极为有利；同时，ATM 以固定长度的信元传送用户业务，又可以保证对延时敏感的用户的需求。

3. 通信网络互联

电力通信系统是电力系统自动化建设中的重要技术内容，通信网络构架中各级网络互联形式为：一是网、省、地区调度主控端到被控端——变电站、电厂远动终端（remote terminal unit，RTU）的通信；二是网、省、调度之间的计算机系统及部分厂、站计算机系统的互联。

4. RTU 与调度端的连接

（1）路由器方式。RTU 通过协议转换器将所用协议转换至 TCP/IP 及标准的网络用户层协议，经串口或厂、站局域网与路由器连接，通过 V3.5 接口接入当地的 ATM 设备。

（2）局域网方式。RTU 通过协议转换器将所用协议转换至 TCP/IP 及标准的网络用户层协议，接入厂、站局域网，通过局域网接口接入当地的 ATM 设备。

RTU 通过 V2.4 接口接入当地的 ATM 设备，在调度端系统通过其前置机以 V2.4 接口接入节点机。

5. 网络安全问题

根据电力系统各业务部门上下级联系较多，有很多内部信息交流要求安全、保密，不同业务部门横向联系较少的特点，数据网络应提供虚拟专用网络服务，使各部门在此数据通信网络上建立自己的虚拟专用网（virtual private network，VPN）。不同种类的应用、网络也应根据各自的需要建立各自的 VPN，以免彼此影响，实现各自的网络性能要求。VPN 功能允许单个物理网同时分化成多个逻辑网络，每个逻辑网络拥有自己的逻辑子网号，子网之间完全分开，以确保相互安全隔离。

另外，电力系统运行时涉及的单元和设备比较多，对其信息安全防护技术的应用也是非常重要的，其应用有利于降低电网故障发生率。目前，电网中所应用的电力监控系统能够有效地对电网运行过程中的状态进行监控，当出现安全隐患时，会启动预警系统，从而提示电网维护人员对电网进行维护，进而保护智能电网的安全。

8.2.2　配电网通信规划

配电网通信规划一般指城市的配电站或配电终端设备到配电调度中心的通信规划。由于配电设备分布广，通信节点数量大，而节点之间数据通信量小，通信线路布线困难，城市高楼造成无线电波绕射困难等特点，配电网通信网络的设计和规划难度高，必须因地制宜地考虑多种通信方式的综合应用，发挥各种通信方式的优点，综合配置配电网通信系统。

1. 配电网中可采用的通信方式

1）载波通信

载波通信是指，以与要传输的信息路径相同的配电线路为传输媒介，通过结合滤波设备，将要传输的数据等低频低压信号转变为能在高压线路上传输的高频高压信号，在线路上传输并在接收端将信号还原的通信方式。这种方式投资费用低，组网灵活，实时性强，但线路电磁干扰大，可靠性较低。

2）光纤通信

光纤通信是指以光波为载体、以光纤为传输介质的通信方式。这种方式传输容量大，损耗小，可靠性高，无噪声影响。

3）脉动控制

脉动控制技术的工作原理类似于载波通信，也是将高频信号注入电力传输线上，只是其对信息的调制方式是通过让脉动有或无来实现的。这种通信方式采用频率较低，一般为100～500 Hz，易受到系统谐波的影响，因此选择频率时要注意避开系统谐波频率。

4）工频控制

工频控制也是利用电力传输线作为信号传输途径的一种双向通信技术，工作原理是利用电压过零的时刻进行信号调制。与脉动控制技术相比，其设备更简单，投资更节省。

5）电缆通信

电缆通信使用专用或公用的通信电缆为设备之间的信道，是一种高质量的信息传送方式，但其中间转接站多，投资费用较大。

6）电话专线

电话线已被电力公司广泛应用于 SCADA 和继电保护中，长期的实践证明，它是一种发展成熟的通信方式。利用电话线通信比较适合配电自动化系统，其通信可以达到较高的波特率，而且容易实现双向通信。但电话专线的租用费用往往比较高，并且电力公司无法完全掌握电话线通信的维护以确保其可靠运行。

7）现场总线

现场总线技术是一种开放的全数字化、双向、多站的通信系统，连接智能现场设备和自动化系统的数字式、双向传输、多分支结构的通信网络，支持双向、多节点、总线式的全数字通信。现场总线简单、可靠、经济实用。

8）RS485 串行总线

RS485 接口是被广泛应用的典型的低速串行接口，是传统智能设备使用最频繁的接口之一，在通信速度要求不高的小型场合是首选。一种改进的串行接口标准，可以采用二线与四线方式，二线制可以实现真正的多点双向通信。

9）无线通信

通过无线电波传输信号的通信方式，建设成本、运行费用低，但受天气及其他地理环境因素影响。

2. 配电网通信系统规划设计的原则

（1）在配电网通信系统的规划中，配电自动化系统通信要具有较高的可靠性和抗干扰性，通信系统中的各种通信介质和通信设备要能够适应各种运行条件，具有很好的防潮、防雨、防晒措施，还要能够承受高电压、大电流、雷击等干扰。

（2）配电网通信系统速率的选择应根据配电自动化的不同应用功能选择相匹配的通信速率。

（3）配电网通信系统应根据监控系统的需要来决定是否需要双向通信能力。对于要实现开关的状态采集控制的场合要求配电通信系统支持双向通信能力；对于仅需要采集测量而不需要控制的场合则单向通信即可。

（4）配电网通信系统既要考虑通信设备的初始投资费用，又要考虑通信系统的运行费用。

（5）配电网通信系统应具有不受停电影响的适应性及故障恢复能力，即使在停电地区内仍能正常通信 8~12 h。

（6）配电网通信系统应安装、调试简捷，使用、维护方便。

（7）配电网通信系统应便于扩展，满足通信系统的节点随网架结构变化和用户设备增加的扩展性能。

3. 配电网通信的规划

1）确定通信网络总体结构

配网通信系统总体结构规划应具有先进性、实用性、可靠性、可扩展性，系统结构应与配电管理系统应用功能紧密结合，将多种通信方式进行合理搭配，以取得最佳的性能价格比，满足配电管理系统的整体性能指标要求。

配电网通信系统由骨干层通信网络（配电主站与配电子站之间的通信通道）和接入层通信网络（配电子站至配电终端的通信通道）构成，如图 8.1 所示。

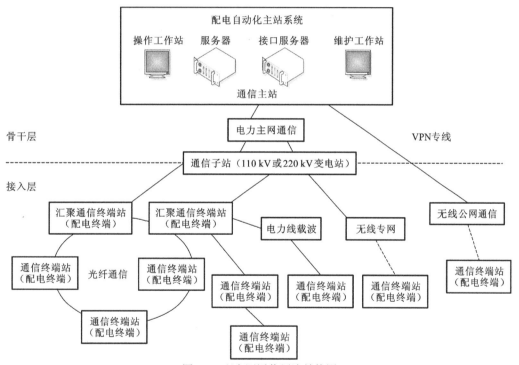

图 8.1 配电网通信层次结构图

骨干层通信网络的结构设计应与配电网管理系统的计算机网络系统结构相结合，拓扑结构路径最短，涵盖配电终端范围最大，具有较好的扩展性；原则上应采用光纤传输网，在条件不具备的特殊情况下，也可以采用其他专网通信方式作为补充；应具备路由迂回能力和较高的生存性。接入层通信网络的规划应与配电自动化站端系统相结合，在满足配电自动化整体性能指标及通信可靠性的基础上适当提高通信速率；应因地制宜，综合采用光纤专网、配电线载波、无线等多种通信方式；采用多种通信方式时应实现多种方式的统一接入、统一接口规范、统一管理，并支持以太网和标准串行通信接口。

2）选择不同层次的通信方式

骨干层的组成部分包括通信主站，各 220 kV、110 kV、35 kV 变电站通信子站。各子站与主站之间所交换的信息量大，通信可靠性和实时性要求高。其可选的通信方式包括光纤 SDH、MSTP、微波接力等。

接入层作为汇聚接入层的各个通信终端的数据信息，并将其重组，转换为骨干层传输的数据，完成传输数据所必要的控制功能、错误检测和同步、路由选择、传输安全等功能。其可选的通信方式包括以太网/工业以太网、无源光网络（passive optical network，PON）、以太网无源光网络（ethernet passive optical network，EPON）、电力线载波通信（power line carrier communication，PLC）、无线公网等。

配电变压器的监测终端（transformer terminal unit，TTU）向通信子站或主站传送遥测信息，单个终端通信量少，终端数量多、分布广。其可选的通信技术包括现场总线，以太网，双绞线串口，中压配电线载波，拨号电话网，电话专线，无线公网，无线专网。

3）确定通信终端基本功能及性能要求

通信终端基本功能要根据通信网络总体结构和不同的通信方式来确定，要求能够满足配电网通信系统数据传输的基本要求，性能要能够满足在恶劣环境下可靠运行。

4）确定通信规约

通信规约（协议）是指通信系统的主站与子站之间的通信规约。因为电力自动化系统中涉及的通信层次较多，终端设备类型也比较多，所以涉及的通信规约也比较多，IEC60870-5-101（简称 101 规约）、IEC60870-5-104（简称 104 规约）、DNP3.0 是配电网通信中常用的三种通信规约。一般而言，原则上应采用 IEC 的国际标准，不宜擅自订立规约。在调试中，一般子站的规约向主站规约看齐。

8.3 电网调度自动化系统规划

8.3.1 电网调度自动化系统规划概述

电网调度自动化系统就是信息集中处理的自动化系统，它是通过设置在各变电站和电厂 RTU 采集电网运行的实时信息，通过信道传输至调度中心的主站系统，以供调度员使用，且主站可根据收集的电网信息，对电网运行状态进行安全分析、负荷预测，以及经济调度控制[91]。

我国的电网调度体系采取统一调度和分级管理模式，电网调度机构主要分为五级：国家调度机构（简称国调），跨省、自治区、直辖市调度机构（简称网调），省、自治区、直辖市调度机构（简称省调），省辖市级调度机构（简称地调），县级调度机构（简称县调）。

有效的电网调度自动化系统可以帮助调度员正确地了解电网的信息并做出正确的控制与决策，保证电力系统能够正常运行。电网调度自动化系统的规划主要分为数据采集与监视控制系统（supervisory control and data acquisition，SCADA）规划和能量管理系统（energy management system，EMS）规划两个部分。

8.3.2　SCADA 系统规划

SCADA 系统规划包括主站系统和终端设备配置与规划两个方面。终端设备主要包括厂站的 RTU、相量测量单元（phasor measurement unit，PMU），以及变电站自动化系统中的测控单元。

1. SCADA 的配置与规划原则

SCADA 系统信息模型应遵循 IEC61970 的公共信息模型（common information model，CIM）设计规范，历史数据库原则上应采用大型商用数据库软件，实时数据库应支持标准的 SQL 等访问方式。

SCADA 主站系统硬件和软件的配置应考虑冗余配置，充分考虑系统可用性和可靠性的设计要求，采用双以太网、双服务器的处理方式，网络协议采用标准的协议等。

SCADA 主站系统与其他系统进行接口设计时，既要考虑信息共享，又要考虑网络安全解决方案，遵循国家电力监管委员会发布的《电力二次系统安全防护规定》（国家电力监管委员会第 5 号令）。

2. SCADA 的终端设备配置与规划原则

（1）PMU 最优配置原则。出于成本的考虑，不可能在系统所有的节点上都安装 PMU，关于 PMU 的安装地点和个数的问题，以保证系统结构完全可观测性和最大测量数据冗余度为约束，以配置 PMU 数目最小为目标。

（2）RTU 配置原则。增强状态估计的运行可靠性，即在运行方式不断变化及量测故障的条件下，能跟踪分析估计精度并检查量测系统的可观测性及不良数据的可辨识性。

自动化系统中的测控单元一般在重要电厂、变电站都有配置，往往是与变电站或电厂的微机保护单元一体化设计，以达到要求的技术指标时花费最少的投资或者在规定的投资条件下达到最高技术指标为原则。

8.3.3　能量管理系统规划

EMS 是以计算机技术和电力系统应用软件技术为支撑的现代电力系统综合自动化系统，也是能量系统和信息系统的一体化或集成。EMS 以调度自动化为核心内容，随着计算机技术的发展，EMS 使传统的调度自动化向广义的调度功能一体化乃至全网的综合自动化方向发展。

EMS 的主要功能由基础功能和应用功能两个部分组成。基础功能包括计算机、操作系统、EMS 支撑系统，应用功能包括数据采集、能量管理、网络分析三个方面，这些软件都可以按实时模式和研究模式两种模式工作。

（1）数据采集。SCADA 系统功能是 EMS 的基本功能，由装设在厂、站内的 RTU 进行数据采集，然后通过调度主站与 RTU 之间的远动通道传送信息。信息可以由 RTU 主动循环传送到主站，也可以主站为主动，用应答方式将信息召唤到主站。RTU 与主站之间有上行信息也有下行信息，它们均有数码查错与纠错功能。采集和传送的数据主要有状态量、量测量和电量值三种类型。

（2）能量管理。能量管理软件利用电力系统总体信息（频率、机组功率、联络线功率）进行调度决策，主要目标是提高控制质量和改善运行的经济型。能量管理软件从 SCADA 系统提取频率和功率等实时数据，同时向 SCADA 系统传送机组控制信息。能量管理软件可以配置自动发电控制（automatic generation control，AGC）、系统负荷预测、发电计划（也称火电调度计划）、机组经济组合（机组启停计划）、水电计划（水火电协调计划）、交换功率计划、燃料调度计划。

（3）网络分析。网络分析软件利用电力系统全面信息（母线电压和相位）进行分析和决策，主要目标是提高运行的安全性，使 EMS 的决策能做到安全性与经济性的统一。网络分析软件从 SCADA 系统取实时测量值和开关状态信息，向 SCADA 系统传送测量质量信息；从能量管理软件取负荷预报值和发电计划值，传递网损修正值和机组安全限值。网络分析软件可以配置状态估计、母线负荷预报、潮流计算、预想事故分析、安全约束调度、最优潮流、短路电流计算、电压稳定性分析、暂态分析、调度员培训仿真等模块。

8.4　变电站自动化系统规划

变电站综合自动化是将变电站的二次设备，包括测量仪表、信号系统、继电保护、自动装置、远动装置等，经过功能的组合和优化设计，利用先进的计算机技术、现代电子技术、通信技术、信号处理技术，实现对全变电站的主要设备和输配电线路的自动监视、测量、自动控制、微机保护，以及与调度通信等综合性的自动化功能。

8.4.1　变电站自动化系统规划的基本要求

1. 总体要求

变电站自动化系统规划的总体要求如下。

（1）对 220kV 及以下的中、低压变电站，采用自动化系统，利用计算机和通信技术，对变电站的二次设备进行全面的技术改造，取消常规的保护、监视、测量、控制屏，实现综合自动化，以全面提高变电站的技术水平和运行管理水平，逐步实行无人值班或减员增效。

（2）对 220kV 以上变电站主要采用计算机监控系统以提高运行管理水平，同时采用新的保护技术和控制方式，促进各专业在技术上的协调，达到提高自动化水平和运行、管理水平的目的。

2. 具体要求

变电站自动化系统规划的具体要求如下。

（1）变电站自动化系统应能全面代替常规的二次设备，变电站的继电保护、测量、监视、运行控制和通信于一个分级分布式的系统中。

（2）变电站微机保护的软、硬件设置既要与监控系统相对独立，又要相互协调。

（3）微机保护应具有串行接口或现场总线接口，向计算机监控系统或 RTU 提供保护动作信息或保护定值信息。

（4）变电站自动化系统的功能和配置应满足无人值班的总体要求。

（5）要有可靠、先进的通信网络及合理的通信协议。

（6）必须保证变电站自动化系统具有高可靠性和强抗干扰能力。

（7）系统的可扩展性和适应性要好。

（8）系统的标准化程度和开放性能要好。

（9）数据共享是综合自动化系统发展的趋势，系统必须充分利用数字通信的优势，实现数据共享，才能简化自动化系统的结构，减少设备的重复，降低造价。

8.4.2　变电站自动化系统的结构

变电站综合自动化的发展过程与集成电路技术、微计算机技术、通信技术、网络技术密切相关，随着相关技术的发展，综合自动化系统的结构体系不断变化，从总体的发展历程来看可以分为集中式结构形式、分层分布式系统集中组屏的结构形式，以及分布分散式与集中相结合的结构形式。

1. 集中式结构形式

集中式结构的变电站综合自动化系统是指采用不同档次的计算机，扩展其外围接口电路，集中采集变电站的模拟量、开关量、数字量等信息，集中进行计算与处理，分别完成微机监控、微机保护，以及一些自动控制等功能。

集中式结构形式实时采集变电站中各种模拟量、开关量，具有对变电站数据的采集和实时监控的功能；具有对变电站主要设备和进、出线的保护的功能。其优点是结构紧凑、体积小，占地面积小；但其缺点也是明显的：每台计算机的功能较为集中，如果有一台故障，影响面大；软件复杂，维护量大；组态不灵活，对于不同接线形式或不同规模的变电站，软、硬件必须另行设计。

2. 分层分布式系统集中组屏的结构形式

分层分布式系统集中组屏的结构是采用中央处理器（central processing unit，CPU）协同工作方式，各功能模块之间采用网络技术或串行方式实现数据通信，多 CPU 系统提高了处理并行多发事件的能力，解决了集中式结构中独立 CPU 计算处理的瓶颈，方便系统扩展和维护。

计算机技术和通信技术的发展给自动化系统的研究与应用注入了新的活力，将微机保护单元和数据采集单元按照回路设计，从而形成分层分布式系统的结构，一般来说，整个变电站的一二次设备可分为三层，即变电站层、间隔层和设备层。

分层分布式集中组屏结构的特点如下。

（1）分层分布式的配置提高了综合自动化系统整体的可靠性，整个系统按照功能可以划分为多 CPU 分布式结构，该分散模块结构具有软件相对简单、调试方便、组态灵活、系统整体可靠性高等特点。

（2）继电保护相对独立，它是电力系统中对可靠性要求非常严格的设备，在综合自动化系统中继电保护单元宜采用相对独立的设置，其功能不依赖于通信网络或其他设备。

（3）具有与系统控制中心通信的功能。

（4）模块化结构，可靠性高。

（5）维护管理方便。

3. 分布分散式与集中相结合的结构形式

分布集中式的结构虽具有分级分布式、模块化结构的优点，但由于采用集中组屏结构，需要更多的电缆，随着现场总线和局域网络技术的应用，变电站综合自动化技术的不断提高，必须考虑变电站二次系统的优化设计。一种发展趋势就是测控、保护一体化设计，在一个装置中实现，从而可以将一体化装置安装在开关柜中，通过光纤或电缆与主机通信，进行管理和信息交换。

分布分散式与集中相结合结构的特点如下。

（1）简化了变电站二次设备的配置，大大缩小了控制室的面积。

（2）减小了施工和设备安装工程量。

（3）简化了变电站二次设备之间的互联线。

（4）分层分散式结构可靠性高，组态灵活，维修方便。

8.4.3 变电站自动化系统的功能配置

变电站自动化系统的功能归纳起来可分为控制、监视功能，自动控制功能，测量表计功能，继电保护功能，与继电保护有关的功能，接口功能，系统功能，共七大功能，主要体现在下述五个子系统。

1. 监控子系统

监控子系统的功能如下。

（1）变电站数据采集，包括模拟量、开关量、电能量。

（2）事件顺序记录 SOE，包括断路器跳合闸记录、保护动作顺序记录。

（3）故障记录、故障录波、故障测距。

（4）操作控制功能，其中必须包括防误闭锁功能。

（5）安全监视功能。

（6）人机交互功能。

（7）输出打印功能。

（8）数据处理与记录功能。

（9）谐波分析与监视功能。

2. 微机保护子系统

微机保护是综合自动化系统的关键环节，应包括变电站主要设备和输电线路的全套保护，具体有高压输电线路的主保护和后备保护、主变压器的主保护和后备保护、无功补偿电容器组（电压等级高的变电站还包括电抗器组）的保护、母线保护、配电线路的保护，以及不完全接地系统的单相接地选线等。

作为关键的组成部分，微机保护子系统中的各单元除具有独立完整的保护功能外，还必须具有如下功能。

（1）满足保护装置的速动性、选择性、灵敏性、可靠性的要求。

（2）具有故障记录功能，记录被保护对象发生故障时，保护动作前后的故障信息，以便于事后分析。

（3）具有统一时钟对时功能。

（4）存储多套保护整定值。

（5）就地显示与远方查看定值并修改定值。

（6）设置保护管理机或通信控制机，负责对各保护单元的管理。

（7）通信功能。

（8）故障自诊断、自闭锁、自恢复功能。

3. 电压、无功综合控制子系统

变电站综合自动化系统必须具有保证安全、可靠运行和提高电能质量的自动控制功能，电压和频率是电能质量的重要指标，因此电压、无功综合控制是变电站综合自动化的一个重要组成部分。变电站中电压、无功的自动控制主要通过自动调节有载变压器的分接头和自动控制无功补偿设备实现，其控制方式主要有如下三种。

（1）集中控制，即在调度中心对各变电站的主要变压器的分接头位置和无功补偿设备进行统一控制。

（2）分散控制，即在各变电站中自动调节有载变压器分接头的位置或其他调压设备，以控制地区的电压和无功功率在规定的范围内。

（3）关联分散控制。

4. 低频减负荷控制子系统

电力系统的频率是电能质量的重要指标之一，电力系统正常运行时，必须维持频率在 $50\pm（0.1/0.2）$ Hz。当电力系统因事故导致有功功率缺额而引起系统频率下降时，低频减负荷装置应能及时自动断开一部分负荷，防止频率进一步降低，以保证电力系统稳定运行，重要负荷正常工作。

低频减负荷控制的实现方式主要有如下两种。

（1）采用专用的低频减负荷装置实现。

（2）低频减负荷的控制装置分散安装在每回馈线的保护系统中。

5. 备用电源自动投入控制子系统

备用电源自投入装置是因电力系统故障或其他原因使工作电源被断开后，能迅速将备用电源、备用设备或其他正常工作电源自投入工作，使原来工作电源被断开的用户能迅速地恢复供电的一种自动装置。备用电源自投入的配置可以分为明备用控制和暗备用控制两类。

6. 小电流接地选线子系统

小电流接地选线子系统中有线路发生单相接地时，接地保护应能正确地选出接地线路（或母线）和接地相，并予以报警。

8.4.4 变电站自动化系统的远动及数据通信

变电站自动化系统的通信功能包括系统内部现场级之间的通信和自动化系统与上级调度的通信[92]。

1. 系统内部的现场级之间的通信

变电站自动化系统的现场级之间的通信主要解决自动化系统内部各子系统与上位机（监控主机和远动主机 RTU）和个子系统之间的数据通信及消息交换问题，通信范围是变电站内部。对于集中组屏的综合自动化系统来说，其通信范围实际是在主控室内部；对于分散安装的自动化系统来说，其通信范围扩大至主控室与子系统的安装地，最大的可能是开关柜之间，即通信距离加长了。变电站内现场级通信按照控制层可以划分为三层式控制系统、两层式控制系统和集控中心站形式，如图 8.2～8.4 所示。

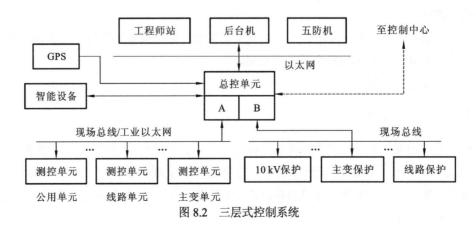

图 8.2　三层式控制系统

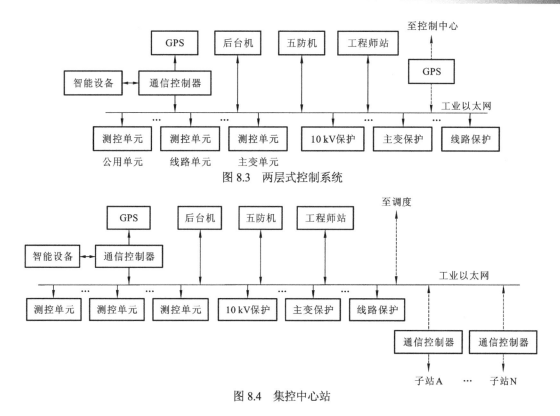

图 8.3　两层式控制系统

图 8.4　集控中心站

变电站自动化系统现场级的通信方式有工业以太网和现场总线等多种方式。

现场总线通信方式中目前应用最多的为 RS-485 串行通信接口形式。这种通信接口可以十分方便地将许多设备组成一个控制网络。从目前解决单片机之间中长距离通信的诸多方案分析来看，RS-485 总线通信模式由于具有结构简单、价格低廉、通信距离和数据传输速率适当等特点。但 RS-485 总线存在自适应、自保护功能脆弱等缺点，如不注意一些细节的处理，常会出现通信失败甚至系统瘫痪等故障，因此提高 RS-485 总线的运行可靠性至关重要。

工业以太网通信方式具有开放性、互操作性、互换性、可集成性、数字化信号传输等特点，以太网已经成为取代现场总线的一种最佳选择。由于以太网通信带宽得到大幅提高，5 类双绞线将接收和发送信号分开，并且采用了全双工交换式以太网交换机，以星形拓扑结构为其端口上的每个网络节点提供独立带宽，使连接在同一个交换机上面的不同设备不存在资源争夺，因此网络通信的实时性得到大大改善。而且以太网技术成熟，连接电缆和接口设备价格相对较低，带宽迅速增长，可以满足现场设备对通信速度增加而原有总线技术不能满足的场合的需求。

2. 系统与上级调度的通信

变电站自动化系统必须兼有 RTU 的全部功能，应能将所采集的模拟量、开关信息量，以及事件顺序记录等与调度有关的信息远传至调度端；同时应能接收调度端下达的各种操作、控制、修改定值等命令，完成新型 RTU 等全部四遥功能。为保证数据通信正常有序进行，双方必须遵守一些共同的约定，用以明确信息传送顺序、信息格式及内容，这些约定就是规约或协议。规约按照其信息传送方式分问答式规约（POLLING）和循环式规约（CDT）两类。

POLLING 规约适用于网络拓扑是点对点、多个点对点、多点共线、多点环形或多点星形的远动系统，以及调度中心与一个或多个 RTU 进行通信。POLLING 规约是一个以调度中心为主动的远动数据传输规约。现场远动只有在调度中心询问以后，才向调度中心发送回答信息。调度中心按照一定规则向各个远动发出各种询问报文。现场按询问报文的要求及现场的实际状态，向调度中心回答各种报文。调度中心也可以按需要对发出各种控制现场运行状态的报文。现场正确接收调度中心的报文后，按要求输出控制信号，并向调度中心回答相应报文。

CDT 规约适用于点对点信道结构的两点之间的 RTU，信息的传送采用循环同步的方式，数据采用帧结构方式组织。CDT 规约以发送端为主动传送数据。在调度中心与厂、站的 RTU 中，厂、站端循环地按规约向调度中心传送各种遥测、遥信、数字量、事件顺序记录信息，调度中心向厂、站端传送遥控、遥调命令、同步信息。

8.5 配电自动化系统规划

配电自动化是以一次网架和设备为基础，综合运用计算机技术、自动控制技术、电子技术、通信技术，实现对配电网的监测与控制，为配电网的安全、可靠、优质、经济、高效运行提供技术支持。

8.5.1 配电自动化系统的功能配置

根据《配电自动化系统技术规范》（DL/T 814—2013），配电自动化系统的主要功能包括配电调度自动化系统，变电站、配电站自动化，馈线自动化（feeder automation，FA），自动制图（automatic mapping，AM），设备管理（facility management，FM），GIS，用电管理自动化，配电系统运行管理自动化，配电网分析软件等[93,94]。

（1）配电调度自动化系统主要包括配电调度监控和数据采集系统、配电网电压管理系统、配电网故障诊断和断电管理系统。

（2）变电站、配电站自动化是指与配电自动化系统相关联的变电站、配电站自动化系统。

（3）馈线自动化包括馈线故障自动隔离和恢复供电系统，馈线数据检测和电压、无功控制系统。

（4）自动制图、设备管理、GIS。主要目的是形成以地理背景为依托的分布概念和基础信息（电网资料）分层管理的基础数据库，它既能方便地查询和管理，又能为电网运行管理提供一个有效的、能操作的具有地理信息的网络模型。

（5）用户管理自动化主要包括客户信息系统、负荷管理系统、计量计费系统、用电营业管理系统、用户故障报修系统。

（6）配电系统运行管理自动化。主要进行日常的配电网运行管理、工程设计、施工计划、档案统计等项目工作管理。

（7）配电网分析软件主要进行网络结线分析、配电网潮流分析、短路电流计算、负荷模型的建立和校核、配网状态估计、配网负荷预测、网络安全分析、网络结构优化和重构，以及配电网电压调整和无功优化。

8.5.2　配电自动化系统的架构及构建原则

1. 配电自动化系统的架构

配电自动化系统主要由配电主站、配电子站（可选）、配电终端和通信通道组成，如图 8.5 所示。其中，配电主站实现数据处理/存储、人机联系，以及各种应用功能；配电子站是主站与终端的中间层设备，一般用于通信汇集，也可以根据需要实现区域监控功能；配电终端是安装在一次设备运行现场的自动化装置，根据具体应用对象选择不同的类型；通信通道是连接配电主站、配电子站和配电终端之间实现信息传输的通信网络[95]。

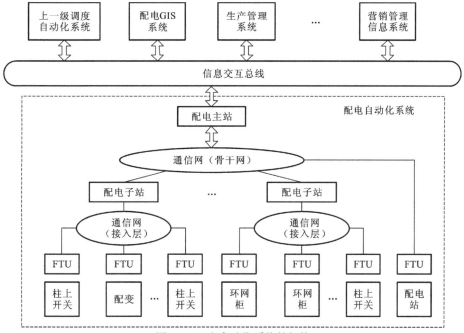

图 8.5　配电自动化系统的架构

配电自动化系统通过信息交互总线与其他相关应用系统互联，实现更多应用功能。

2. 配电自动化系统的构建原则

配电自动化系统的构建原则如下。

（1）配电自动化系统根据配电终端接入规模及通信通道的组织架构，一般采用两层（主站-终端）或三层（主站-子站-终端）结构。

（2）配电自动化系统应满足开放性、兼容性、可靠性、扩展性要求，选择模块化、维护少、功耗低的设备。

（3）配电自动化系统的监控对象应依据一次设备及配电自动化的实现方式合理选择；各类信息应根据实时性及网络安全性要求进行分层或分流处理。

（4）配电自动化系统通过信息交互总线与其他相关系统进行数据共享，实现功能扩展、综合性应用或互动化应用。信息交互应遵循相关标准，必须满足电力二次系统安全防护的相关规定。配电自动化系统应符合电力二次系统安全防护相关规定要求。

（5）配电自动化系统应面向企业所辖整个配电网的运行控制与管理，其应用主体是配电网调度和生产指挥。其主站配置应满足对全部配电线路和设备的监控和管理以及信息交互应用；终端配置和接入应循序渐进和分步实施。系统应考虑分布式能源的接入和控制、互动化应用等智能电网的扩展需求。

8.5.3 配电网监控主站系统规划

配电网安全监控和数据采集（distribution supervisory control and data acquisition，DSCADA）系统的规划需要进行配电自动化系统的信息量分析、确定配电自动化及管理系统的体系结构、确定配电自动化主站系统配置、确定配电自动化子站系统硬件和软件配置等几个方面的工作。DSCADA 系统配置技术原则如下。

（1）DSCADA 系统的数据处理中，要考虑配电网信息的海量特点、海量数据的压缩分类处理，以及根据应用需求快速获取信息能力。

（2）满足供电企业信息化和数字化要求，结合企业的信息系统规划，确定 DSCADA 系统的采集与控制方案。

（3）设计好配电主站系统与相关系统的边界和接口。

（4）配电自动化主站系统在结构上应遵循分层、分布式体系结构的设计思想，根据信息量的实际要求，决定是否设立配电子站层，完成通信的分布式网络，形成集中转发的作用。

（5）配电网应用分析软件的功能配置，应突出配电网经济运行和节能降耗实用性计算；配电网应用分析软件的实现，要充分利用 DSCADA 的采集数据及相关系统的集成数据，并对这些数据进行相容性分析；配电网应用分析软件要具备通过公共信息模型和组件接口规范（component interface specification，CIS）的集成能力。

8.5.4 配电终端布点规划

配电自动化系统远方终端有馈线自动化终端装置 FTU、配电变压器终端装置 TTU、配电站远方终端 DTU 三种类型。馈线自动化终端装置 FTU 是指具有自动或远程操作功能的配电网远程终端；配电变压器终端装置 TTU 用于配电变压器的检测和控制，具有对配电变压器的各种运行参数的监视、测量、控制等功能；配电站远方终端 DTU 用于配电网中配电站设备的监控，并具有遥信、遥测、遥控、故障电流检测等功能[96]。

配电终端布点配置技术原则如下。

（1）基于配电网当前一次设备和网架的现状，循序渐进地分阶段规划配置配电远方终端。

（2）配电远方终端信息量的配置和规划中，要考虑配电网信息化集成及配电网优化运行的需求，考虑系统的规模效益。

（3）配电远方终端的信息处理中，要考虑信息的可用性和实用性，根据信息量的使用需求设计信息的采集频率和实时性。

（4）配电远方终端的信息系统设计，要考虑系统建设的实用性和经济性，不仅要考虑建设成本，而且要考虑运行维护成本。

（5）充分利用原有配电自动化系统的设备资源，原则上应继承使用。原有终端设备可以通过原系统的二级主站或原主站的前置机接入新的 DSCADA 系统，实现遥信、遥测、遥控的功能。

8.5.5　配电子站功能

配电子站分为通信汇集型子站和监控功能型子站。通信汇集型子站负责所辖区域内配电终端的数据汇集、处理与转发；监控功能型子站负责所辖区域内配电终端的数据采集处理、控制与应用。

配电子站配置技术原则如下。

（1）通信汇集型子站能实现终端数据的汇集、处理与转发，远程通信，终端的通信异常监视与上报，远程维护和自诊断等功能。

（2）监控型子站的功能除应具备通信汇集型子站的功能外，还应具备在所辖区域内的配电线路发生故障时，对故障区域自动判断、隔离及非故障区域恢复供电的能力，并将处理情况上传至配电主站；信息存储和人机交互也应具备。

8.5.6　馈线自动化功能

馈线自动化功能应在对供电可靠性有进一步要求的区域实施，具备必要的配电一次网架、设备、通信等基础条件，并与变电站、配电站出线等保护相配合。

1. 馈线自动化实现模式

馈线自动化可采取以下实现模式，实际使用可能是其中一种模式或混合模式。

（1）就地型，即不需要配电主站或配电子站控制，通过终端相互通信、保护配合或时序配合，在配电网发生故障时，隔离故障区域，恢复非故障区域供电，并上报处理过程及结果。就地型馈线自动化包括重合器方式、智能分布式等。

（2）集中型，即借助通信手段，通过配电终端与配电主站、子站的配合，在发生故障时，判断故障区域，并通过遥控或人工隔离故障区域，恢复非故障区域供电。集中型馈线自动化包括半自动方式、全自动方式等。

2. 馈线自动化配置技术原则

馈线自动化配置技术原则如下。

（1）根据供电可靠性的需要及一次设备的现状，规划实施不同层次的 FA 配置模式。

（2）FA 配置模式和规划，要从狭路开关设备当前实际情况出发，根据实际线路的供电可靠性要求选择相适应的合理模式。

（3）FA 设计模式，要从简化信息路径及适应线路拓扑更改的角度设计更加可靠的简化模式。

第9章 电力系统规划的经济评价方法

电力系统规划是一项复杂的系统工程，具有规模大、不确定因素多等特点，进行电力系统规划的经济评价是电力建设项目可行性研究的重要内容，也是确定方案的重要依据，同时为项目决策提供了科学依据。

9.1 电力系统规划经济评价方法概述

9.1.1 经济评价的意义

经济评价是工程设计项目或方案经济评价的一个组成部分，往往是通过技术、经济比较对方案进行筛选后，将其中的优选方案再进行国民经济评价、财务评价，以及不确定性分析。

为确定某一电力规划设计方案或电力建设工程项目，除分析该方案或工程项目是否在技术上先进、可靠、适用外，还要分析该方案或工程项目在经济上是否合理。只有技术和经济两个方面都合理后，该方案或工程项目才能实施。因此，电力系统规划设计方案的经济比较（或经济评价）是电力建设项目决策科学化、民主化，减少或避免决策失误的重要环节，是项目可行性研究的重要内容和确定方案的重要依据，是提高电力建设经济效益的重要手段。综上，电力系统规划必须重视经济比较评价工作。

9.1.2 经济评价的原则

经济评价应遵守效益与费用计算范围相一致的原则，既要防止疏漏，又要防止重复或扩大计算范围；应遵循可比原则，着重分析各规划方案投资与收益的匹配度，对电网规划方案进行投资和风险预估后，选出最佳的电网规划方案，使其既能满足电力市场的用电需求，又能获取最佳的投资收益比[97]，具体如下。

（1）按市场经济规律办事，以所规划系统整体经济效益为中心，符合国家相关政策和大政方针。

（2）符合集资办电、统一规划、统一调度的电力管理体制精神。经济评价工作要按照资本金制度的要求，对项目法人预期的资本金内部收益率指标，要从资产的保值增值和电价承受能力两方面进行综合平衡，确定合理的取值范围。在多种融资条件可供选择时，应进行资金优化，从投资估算、销售电量加价等方面进行分析。

（3）经济评价工作要根据工程的具体情况，除给出项目是否可行的结论外，工程规划部门还需在项目资金筹措、建设实施等方面能动地为项目法人服务。对各种类型工程的电价测算方案，应能作为项目法人向电价主管部门申报、批准的参考依据。

（4）技术上可行。技术分析的实质就是对可以实现某一预定目标的多个方案的选优工作。

9.1.3　经济评价的注意事项

经济评价有以下需要注意的事项。

（1）电力系统规划设计工作需进行经济比较评价的内容多种多样，经济比较评价的方法也有多种，应从实际需要出发，选用适合的经济评价方法。

（2）方案应有可比性，如生产能力或产量不同的方案或项目，应设法使方案不同部分等同后再比较。

（3）一般应考虑时间因素，按动态法比较分析，以静态指标进行辅助分析。对工期较短或较小型的项目，可以按静态法比较分析。

（4）电力建设的投资渠道多，贷款利率也各不相同。涉及投资渠道和贷款利率均比较明确的电力建设工程方案比较时，应考虑建设期投资贷款利息和生产期流动资金贷款利息对方案的经济影响。

（5）经济评价采用的基础资料和数据应正确无误，内容应完整、不漏项，各方案需用同一时间的价格指标。

（6）经济评价方案涉及煤炭、水利或交通运输部门的费用和效益时，应分析其影响。

（7）某些方案若涉及社会效益而又难以用经济指标表达时，宜将社会效益作为经济比较的辅助材料同时列出。

（8）要对可变因素加以分析。

（9）方案比较时，一般可按现行价格进行，但若某些材料（如煤炭等）在项目费用中所占比重较大，而价格又明显不合理，可能影响方案确定时，应采用其影子价格。

（10）经济评价方法只是一种科学手段，不能代替设计人员的分析和判断，所以要求设计人员应多设计方案，多调查研究，对计算所采用的参变数要慎重研究，对具体项目必须具体分析。

9.1.4　经济评价的方法

1. 静态评价法

静态评价法在评价工程项目投资的经济效果时，不考虑资金的时间价值。该方法简单、直观，但难以考虑工程项目在使用期内收益和费用的变化、各方案使用寿命的差异，特别是资金的时间因素，因此一般只用于简单项目的初步可行性研究。

2. 动态评价法

动态评价法考虑了资金的时间因素，比较符合资金的动态规律，因而给出的经济评价更符合实际。目前世界各国在电源规划和输电规划中常用的动态评价法有净现值法、内部收益率法、费用现值法、等年费用法四种。

3. 不确定性评价法

项目经济评价采用的数据多为预测或估算，存在一定的不确定性，需分析其变化时对经济评价指标的影响，以预测项目可能承担的风险。同时比较各种变化因素对经济效益指标的影响程度，以找出影响效益最敏感的因素，提出建议和措施，保证项目在财务和经济上的可靠性。

项目的不确定性分析主要包括敏感性分析和盈亏平衡分析。敏感性分析是指分析和预测项目的固定资产投资、电量加价、电量增长率、工期等主要因素变化时对经济效益指标的影响。盈亏平衡分析是通过盈亏平衡点（break even point，BEP）分析项目成本与收益的平衡关系的一种方法，项目的盈亏平衡分析根据年销售收入、固定成本、可变成本、电量加价、税金等数据计算。

9.1.5　不同经济评价内容的含义及其差别

经济评价内容包括国民经济评价、财务评价、不确定性分析、方案比较、设备投资和运行费用六个方面[98]。

1. 国民经济评价

国民经济评价是指，从国家整体角度考察项目的效益和费用，计算分析项目给国民经济带来的净效益，评价项目经济上的合理性。

2. 财务评价

财务评价是指，在现行财税制度和条件下，从企业角度分析测算项目的效益和费用，考察项目的获利能力、清偿能力、外汇效果等财务状况，以判别建设项目财务上的可行性。

财务评价与国民经济评价都是以国家规定的效益指标为基础来进行比较，并不要求多个项目相互比较。两者的相互关系是以国民经济评价为主，当分析结论相矛盾时，项目和方案的取舍取决于国民经济评价结果。对于某些国计民生急需项目，国民经济评价可行、财务评价不可行时，可向国家和主管项目的领导部门提出经济上的优惠措施建议，使项目具备财务上的生存能力。

（1）财务评价与国民经济评价分析角度不同。财务评价是从财务角度考察货币收支和盈利状况及借款偿还能力，以确定投资行为的财务可行性；国民经济评价是从国家整体的角度考察项目需要国家付出的代价和对国家的贡献。

（2）财务评价与国民经济评价的效益和费用含义和划分范围不同。财务评价是根据项目的实际收支确定项目的效益和费用，税金、利息等均计入费用；国民经济评价着眼于项目为社会提供的有用产品和服务，以及项目所耗费的全社会有用资源，考察其项目的效益和费用，税金、国内借款利息、补贴不计入项目的效益和费用。财务评价只考虑项目的直接效益和费用；国民经济评价要计入间接费用和效益。

（3）财务评价与国民经济评价使用价格不同。财务评价采用现行价格；国民经济评价采用影子价格。

（4）财务评价与国民经济评价主要参数不同。财务评价采用官方汇率，并按行业的基准收益率作为折现率；国民经济评价采用统一的影子汇率和社会折现率。

3. 不确定性分析

不确定分析是指分析可变因素以测定项目可承担风险的能力。不确定性分析包括盈亏分析、灵敏度分析、概率分析；主要考虑负荷预测、一次能源、设备价格等不确定因素，以确定项目可承担风险的能力。

4. 方案比较

方案比较用于多方案筛选，排列出不同方案经济上的优劣顺序，不是最优方案不等于财务评价和国民经济评价是不可行的方案。方案比较常用的方法有最小费用法、净现值法、内部收益率法、折返年限法等。

5. 设备投资

设备投资应考虑的内容包括水、火电站的建设投资、配套输变电工程的投资、无功功率补偿容量的投资、厂用电补偿容量的投资。

6. 运行费用

运行费用应考虑的内容包括水、火电站的运行管理费用、配套的输变电设备的运行管理费用、配套的输变电设备的电能损失费用、火电站的燃料费用。

9.2　资金的时间价值

资金的时间价值是指一定量的资金在不同时间点上价值量的差额，是资金在周转使用过程中产生的。它可以两种形式表现：一是相对数表示，可以用时间价值率（也称折现率）来表示，一般以没有风险和没有通货膨胀条件下的社会平均资金利润率或通货膨胀率很低时的政府债券利率来度量；二是绝对数表示，可以用时间价值额来表示，一般以价值增值额来表示。

9.2.1　基本概念

现金流量贴现法就是把企业未来特定期间内的预期现金流量还原为当前现值。企业价值的真髓在于其未来盈利的能力，只有当企业具备这种能力，它的价值才会被市场认同，因此理论界通常把现金流量贴现法作为企业价值评估的首选方法，该方法在评估实践中也得到了大量的应用，并且已经日趋完善和成熟。

1. 现值（P）

把不同时刻的资金换算为当前时刻的等效金额，此金额称为现值。这种换算称为贴现计算，现值也称贴现值。资金的现值发生在第一年的年初。

2. 将来值（F）

把资金换算为将来某时刻的等效金额，此金额称为将来值。资金的将来值有时也称为终值。资金的终值发生在最后一年的年末。

3. 等年值（A）

把资金换算为按期等额支付的金额，通常每期为一年，此金额称为等年值。资金的等年值发生在每年的年底。

4. 递增年值（G）

把资金折算为按期递增支付的金额，此金额称为递增年值。资金的递增年值发生在每年的年底。

9.2.2　本利和计算

由现值 P 计算将来值 F 称为本利和计算。假设利率为 i，则在第 n 年年末的利息及本利和计算式如表 9.1 所示。

表 9.1　本利和计算

年数	期初的金额	本期利息（增长数）	期末本利和
1	P	Pi	$P + Pi = P(1+i) = F_1$
2	$P(1+i)$	$P(1+i)i$	$P(1+i) + P(1+i)i = P(1+i)^2 = F_2$
3	$P(1+i)^2$	$P(1+i)^2 i$	$P(1+i)^2 + P(1+i)^2 i = P(1+i)^3 = F_3$
$\vdots$	$\vdots$	$\vdots$	$\vdots$
n	$P(1+i)^{n-1}$	$P(1+i)^{n-1}i$	$P(1+i)^{n-1} + P(1+i)^{n-1} i = P(1+i)^n = F_n$

由表 9.1 可以看出，第 n 年年末的将来值 F 与现值 P 的关系为

$$F_n = P(1+i)^n \tag{9.1}$$

式中：$(1+i)^n$ 为一次性支付本利和系数。

利用式（9.1）进行计算时应注意 P 值发生在第 1 年年初，而将来值发生在第 n 年年末。

9.2.3　贴现计算

由将来值 F 计算现值 P 称为贴现计算。由将来值 F 与现值 P 的关系式可得

$$P = \frac{F_n}{(1+i)^n} \tag{9.2}$$

式中：$(1+i)^n$ 称为一次支付贴现系数，为一次支付本利和系数的倒数；F_n 为相对于现值 P 的第 n 年年末的将来值。

9.2.4　等年值本利和计算

由等年值 A 计算将来值 F 称为等年值本利和计算。当等额 A 的现金流发生在从 $t=1$ 年到 $t=n$ 年的每年年末时，在第 n 年年末的将来值 F 等于这 n 个现金流中每个 A 值的将来值的总和，即

$$F_n = A + A(1+i) + A(1+i)^2 + \cdots + A(1+i)^{n-1}$$

这是一个等比级数求和的问题，其公比为 $1+i$，故由等比级数求和公式可得

$$F_n = A\frac{(1+i)^n - 1}{i} \tag{9.3}$$

式中：$\dfrac{(1+i)^n - 1}{i}$ 为等年值本利和系数。这个系数反映了 n 年的等年值 A 与第 n 年年末的将来值 F 之间的关系。

例 9.1　某工程投资 80 亿元，施工期为 10 年，每年投资分摊为 8 亿元。若全部由银行贷款，贷款利率为 10%，求工程投产时共给了银行多少钱？

解　$\quad F = A\dfrac{(1+i)^n - 1}{i} = 8 \times \dfrac{(1.0+0.1)^{10} - 1}{0.1} = 8 \times 15.937 = 12.496$ (亿元)

9.2.5　偿还基金计算

由将来值 F 计算等年值 A 称为偿还基金计算。由等年值 A 计算将来值 F 的公式为

$$A = F_n \frac{i}{(1+i)^n - 1} \tag{9.4}$$

式中：$\dfrac{i}{(1+i)^n - 1}$ 称为偿还基金系数。

利用偿还基金系数可以计算出为了支付第 n 年的一笔费用，从现在起到第 n 年年末每年要等额储蓄的金额。

9.2.6　等年值现值计算

由等年值 A 求现值 P 的计算称为等年值的现值计算。

由式 $P = \dfrac{F_n}{(1+i)^n}$ 和式 $F_n = A\dfrac{(1+i)^n - 1}{i}$，有

$$P = A\frac{(1+i)^n - 1}{i} \times \frac{1}{(1+i)^n} \tag{9.5}$$

式中：$\dfrac{(1+i)^n - 1}{i} \times \dfrac{1}{(1+i)^n}$ 称为等年值的现值系数。

利用偿还基金系数可以计算出为了支付第 n 年的费用，从现在起到第 n 年年末每年要等额储蓄的金额。

9.2.7　资金回收计算

由现值 P 求等年值 A 的计算称为资金回收计算。由等年值 A 求现值 P 的计算式有

$$A = P\frac{i(1+i)^n}{(1+i)^n - 1} \tag{9.6}$$

式中：$\dfrac{i(1+i)^n}{(1+i)^n - 1}$ 称为资金回收系数，它是经济分析中的一个重要系数，反映已知现值 P（发生在第 1 年年初）与 n 个等年值 A（发生在第 $1,2,\cdots,n$ 年年末）之间的等效关系。

9.3　最小费用法

最小费用法是电力系统规划设计经济分析应用较普遍的方法，适用于比较效益相同的方案或效益基本相同但难以具体估算的方案。

9.3.1　费用现值比较法

费用现值比较法是将各方案基本建设期和生产运行期的全部支出费用均折算至计算期的第一年，现值低的方案是可取的方案。其通用表达式为

$$P_w = \sum_{t=1}^{n}(I + C' - S_v - W)_t(1+i)^{-t} \tag{9.7}$$

式中：P_w 为费用现值；I 为全部投资（包括固定资产投资和流动资金）；C' 为年经营总成本；S_v 为期末回收固定资产余值；W 为计算期末回收流动资金；i 为电力工业基准收益率或折现率；$(1+i)^{-t}$ 为折现系数；n 为计算期。

注意：若把计算式中的折现系数换成终值系数，即成为终值费用计算式。

9.3.2　计算期不同的现值费用比较法

电力系统规划设计中，若参加比较的各方案计算期不同，则不能简单地按式（9.7）计算不同方案的现值费用。一般可按各方案中计算期最短的进行计算，其表达式为

$$P_{w1} = \sum_{t=1}^{n_1}(I_1 + C_1' - S_{v1} - W_1)_t(1+i)^{-t} \tag{9.8}$$

$$P_{w2} = \sum_{t=1}^{n_2}[(I_2 + C_2' - S_{v2} - W_2)_t(1+i)^{-t}] \cdot \frac{i(1+i)^{n_2}}{(1+i)^{n_2} - 1} \cdot \frac{(1+i)^{n_1} - 1}{i(1+i)^{n_1}} \tag{9.9}$$

式中：I_1 和 I_2 分别为第一和第二方案的投资；C_1' 和 C_2' 分别为第一和第二方案的年运营总成本；S_{v1} 和 S_{v2} 分别为第一和第二方案回收的固定资产余值；W_1 和 W_2 分别为第一和第二方案回收的流动资金；n_1 和 n_2 分别为第一和第二方案的计算期，$n_1 > n_2$；$\dfrac{i(1+i)^{n_2}}{(1+i)^{n_2} - 1}$ 为第

二方案的资金回收系数；$\dfrac{(1+i)^{n}-1}{i(1+i)^{n}}$ 为第一方案的年金现值系数。

9.3.3　年费用比较法

年费用比较法是将参加比较的各方案计算期的全部支出费用折算成等额年费用后进行比较，年费用低的方案为经济上优越的方案。原国家发改委颁布的通用年费用表达式为

$$\mathrm{AC}=\sum_{t=1}^{n}[(I+C'-S_{v}-W)_{t}(1+i)^{-t}]\cdot\frac{i(1+i)^{n}}{(1+i)^{n}-1}\tag{9.10}$$

式中：AC 为年费用；其他符号含义同前。

原电力工业部 1982 年颁发的《电力工程经济分析暂行条例》中给出的年费用计算式为

$$\mathrm{AC}_{m}=I_{m}\cdot\frac{i(1+i)^{n}}{(1+i)^{n}-1}+C'_{m}\tag{9.11}$$

式中：AC_{m} 为折算到工程建成年的年费用；I_{m} 为折算到工程建成年的总投资；C'_{m} 为折算到工程建成年的运营成本。

将 $\mathrm{AC}_{m}=I_{m}\dfrac{i(1+i)^{n}}{(1+i)^{n}-1}+C'_{m}$ 展开后的全面计算式为

$$\mathrm{AC}_{m}=\left\{\sum_{t=1}^{m}I_{t}(1+i)^{m-t}+\left[\sum_{t=t'}^{m}C'_{t}(1+i)^{m-t}+\sum_{t=m+1}^{m+n}C'_{t}\frac{1}{(1+i)^{t-m}}\right]\right\}\cdot\frac{i(1+i)^{n}}{(1+i)^{n}-1}\tag{9.12}$$

式中：I_{t} 为施工期逐年投资；C'_{t} 为逐年运行费；m 为施工期；n 为生产运行期；t' 为开始投产年；$m+n$ 为施工加生产运行期。

注意：式（9.12）将全部支出费用折算到工程建成年后再折算为年费用，未反映出固定资产余值和流动资金两项费用的处理。而式（9.10）将全部支出费用折算到现值后再折算为年费用，并考虑了固定资产余值和流动资金的回收。

9.4　净现值法

净现值法是评价投资方案的一种方法，它利用净现金效益量的总现值与净现金投资量算出净现值，并根据净现值的大小来评价投资方案。若净现值为正值，则投资方案是可以接受的；若净现值是负值，则投资方案是不可接受的。净现值越大，投资方案越好。净现值法是一种比较科学也比较简便的投资方案评价方法。

9.4.1　净现值

净现值是指按一定的折现率将项目（或方案）计算期内各时间点的净现金流量折现到计算初期的现值累加之和，即

$$\text{ENPV} = \sum_{t=1}^{n} (C_{\mathrm{I}} - C_{\mathrm{O}})_t (1+i)^{-t} \tag{9.13}$$

式中：ENPV 为经济净现值；C_{I} 为现金流入量；C_{O} 为现金流出量；$(C_{\mathrm{I}} - C_{\mathrm{O}})_t$ 为第 t 年的净现金流量；i 为基准折现率；n 为项目周期，包括项目建设期和生产经营期。

ENPV $\geqslant 0$，说明方案可行；ENPV < 0，说明方案不可行。净现值均大于 0，说明净现值最大的方案为最优方案。

净现值指标是反映项目投资获利能力的指标，经济意义明确直观，能够直接以货币额表示项目的盈利水平，判断直观。但不足之处是必须首先确定一个符合经济现实的基准收益率，而基准收益率的确定往往是比较困难的；而且在互斥方案评价时，净现值必须慎重考虑互斥方案的寿命，如果互斥方案寿命不等，必须构造一个相同的分析期限，才能进行各个方案之间的比较和选择。另外，净现值不能反映项目投资中单位投资的使用效率，不能直接说明在项目运营期间各年的经营成果。

例 9.2　某项目的各年现金流量如表 9.2 所示，试用净现值指标判断该项目的经济性（ $i = 10\%$ ）。

表 9.2　现金流量表　　　　　　　　　　　　　　　（单位：万元）

项目	时间				
	0	1	2	3	4～10
投资支出	20	500	100		
投资以外支出				300	450
收入				450	700
净现金流量	−20	−500	−100	150	250

解　由表 9.2 可以绘制出现金流量图，如图 9.1 所示。

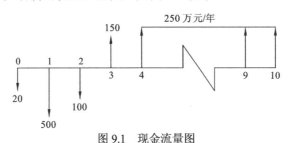

图 9.1　现金流量图

$$\text{ENPV} = -20 + (-500)(1+0.1)^{-1} + (-100)(1+0.1)^{-3} + 250(1+0.1)^{-3} = 469.94 \text{ (万元)}$$

因为 ENPV > 0，所以项目在经济上可行。

9.4.2　净现值率

净现值率是工程项目单位投资所取得效益的相对指标，它是净效益现值与投资现值之比，即

$$\text{ENPVR} = \frac{\text{ENPV}}{I_p} \qquad\qquad (9.14)$$

式中：I_p 为项目投资净现值。

若各方案投资相同，则净现值大的方案为经济占优势方案；若各方案投资不同，则需进一步用净现值率来衡量。

9.4.3　净现值法的优缺点

1. 优点

净现值法的优点如下。

（1）可以直接使用项目所获得的现金流量，相比之下，利润包含了许多人为因素。在资本预算中利润不等于现金。

（2）净现值包括项目的全部现金流量，而其他资本预算方法往往会忽略某特定时期之后的现金流量。

（3）净现值对现金流量进行了合理折现，而有些方法在处理现金流量时往往会忽略货币的时间价值。

2. 缺点

净现值法的缺点如下。

（1）资金成本率的确定较为困难，特别是在经济不稳定的情况下，资本市场的利率经常变化更加重了其确定的难度。

（2）净现值法说明投资项目的盈亏总额，但没能说明单位投资的效益情况，即投资项目本身的实际投资报酬率。这样会造成在投资规划中着重选择投资和收益大的项目，而忽视投资和收益小但投资报酬率高的更佳投资方案。

9.5　内部收益率法与差额投资内部收益率法

内部收益率是反映项目对国民经济贡献的相对指标，是使项目计算期内的经济或财务净现值累计等于零的折现率。经济评价方案比较时可以用内部收益率法，也可以用差额投资内部收益率法。

9.5.1　内部收益率法

内部收益率法，要先计算各经济评价方案的内部收益率，然后相互比较，内部收益率大的方案为经济上占优势的方案。但各方案的内部收益率均应大于电力工业投资基准收益

率。内部收益率的计算表达式为

$$\sum_{t=1}^{n}(C_I-C_O)_t(1+i)^{-t}=0 \tag{9.15}$$

式中：C_I 为现金流入量；C_O 现金流出量；$(C_I-C_O)_t$ 为第 t 年的净现金流量。

9.5.2　差额投资内部收益率法

差额投资内部收益率是使项目的两个方案计算期内各年净现金流量差额的现值累计数等于零的折现率，差额投资内部收益率法是项目方案比较的基本方法之一。

差额投资内部收益率法是由内部收益率法演化而来的，其表达式为

$$\sum_{t=1}^{n}[(C_I-C_O)_2-(C_I-C_O)_1]_t(1+\Delta IRR)^{-t}=0 \tag{9.16}$$

式中：$(C_I-C_O)_2$ 为投资大的方案净现金流量；$(C_I-C_O)_1$ 为投资小的方案净现金流量；ΔIRR 为差额投资内部收益率。

注意：差额投资内部收益率也用试差法求得。当大于或等于电力工业投资基准收益率或社会折现率时，投资大的方案较优；反之，投资小的方案较优。

9.6　折返年限法

折返年限法也称静态差额投资回收期法，是根据回收全部原始投资总额时间长短来评价方案优劣的一种方法，它表示一个方案比另一个方案可追加的（多花的）投资，用对比方案年经营成本的节约额去全部补偿所需的年数。该方法的优点是计算简单，资料要求少。其缺点是：以无偿占有国家投资为出发点，未考虑时间因素，无法计算推出投资效果，投资发生于施工期，运行费发生于投资后，在时间上未统一起来；仅计算回收年限，未考虑投资比例及固定资产残值；多方案比较一次无法算出。但由于计算简单，电力系统规划设计中简单方案比较还可采用。

折返年限法的表达式为

$$P_a=\frac{I_2-I_1}{C_1'-C_2'} \tag{9.17}$$

式中：P_a 为静态差额投资回收期（折返年限）；I_1 和 I_2 分别为两个比较方案的投资；C_1' 和 C_2' 分别为两个比较方案的运行费。

折返年限法可演化为静态差额投资收益率法，其表达式为

$$R_a=\frac{C_1'-C_2'}{I_2-I_1} \tag{9.18}$$

注意：计算所得折返年限低于电力工业基准回收年限或投资收益率大于电力工业基准收益率的方案为经济上优越的方案。

9.7　财务评价方法

财务评价以财务内部收益率、投资回收期、固定资产投资借贷偿还期作为主要评价指标。

9.7.1　财务内部收益率

财务内部收益率表达式为

$$\sum_{t=1}^{n}(C_I - C_O)_t(1 + \mathrm{FIRR})^{-t} = 0 \tag{9.19}$$

式中：C_I 为现金流入量；C_O 为现金流出量；$(C_I - C_O)_t$ 为第 t 年的净现金流量；FIRR 为财务内部收益率。

注意：式（9.19）中现金流入、流出的计算项目按财务评价规定的计算项目核算。若财务内部收益率大于或等于电力工业基准收益率，则认为项目在财务上是可行的；否则，则认为项目在财务上是不可行的。

9.7.2　投资回收期

投资回收期也称投资返本年限，是项目或方案的净收益抵偿全部投资（包括固定资产和流动资金）所需的时间。投资回收期自工程开始算起，按年表示的表达式为

$$\sum_{t=1}^{P_t}(C_I - C_O)_t = 0 \tag{9.20}$$

财务内部收益率和投资回收期可由财务现金流量表推算出。财务现金流量表中投资回收期表达式为

$$P_t = P_{tn} - 1 + \frac{C_{sLj}}{C_{dj}} \tag{9.21}$$

式中：P_t 为计算投资回收期（以年数表示）；P_{tn} 为上年累计净现金流量开始出现正值的年份数；C_{sLj} 为上年累计净现金流量的绝对值；C_{dj} 为当年净现金流量。

注意：将投资回收期与电力工业投资基准回收期相比较，若前者较小，则认为在财务上是可行的；反之则不可行。

9.7.3　固定资产投资借贷偿还期

固定资产投资借贷偿还期是指在国家财政规定及项目具体财务条件下，项目投产后可用作还款的利润、折旧及其他收益偿还固定资产投资借款本金和利息。其表达式为

$$I_d = \sum_{t=1}^{P_d}(R_p + D' + R_0 - R_t)_t \tag{9.22}$$

式中：I_d 为固定资产投资借款本金与利息之和；P_d 为借贷偿还期（从建设开始年算起，若从投产年开始计算应注明）；R_p 为年利润总额；D' 为年可用作偿还借款的折旧；R_0 为年可用作偿还借款的其他收益；R_t 为还款期间企业留利；$(R_p + D' + R_0 - R_t)_t$ 为第 t 年可用作还款的收益额。

固定资产投资借贷偿还期可由财务平衡表直接推算出，以年表示，其计算表达式为

$$P_d = P_{dy} - 1 + \frac{R_{dj}}{R_{dSj}} \tag{9.23}$$

式中：P_{dy} 为借贷偿还后开始出现盈余的年份数；R_{dj} 为当年应偿还金额；R_{dSj} 为当年可用作偿还的收益额。

财务评价还有一系列辅助指标，如财务净现值、投资利润率、投资利税率、资本金利润率等。

9.8　国民经济评价方法

国民经济评价是按照资源合理配置的原则，站在国家整体角度上考核项目的费用和效益，能够客观地估算出投资项目为社会做出的贡献和社会为其付出的代价，能够对资源和投资的合理流动起到导向的作用。

国民经济评价以经济内部收益率为主要评价指标。同时，根据项目特点和实际需要，可以计算经济净现值和经济净现值率等指标，其数学表达形式与财务评价数学表达形式完全相同，只是代表符号不同。

9.8.1　经济内部收益率

经济内部收益率（economic internal rate of return，EIRR）反映项目对国民经济的相对贡献。它是使项目计算期内的经济净现值累计等于零时的折现率，计算出的经济内部收益率大于或等于社会折现率的项目认为是可以考虑接受的。其计算表达式为

$$\sum_{t=1}^{n} (C_I - C_O)_t (1 + \text{EIRR})^{-t} = 0 \tag{9.24}$$

式中：EIRR 为经济内部收益率；C_I 为现金流入量；C_O 为现金流出量；n 为计算期；$(C_I - C_O)_t$ 为第 t 年净现金流量。

9.8.2　经济净现值

经济净现值（economic net present value，ENPV）是反映项目对国民经济净贡献的绝对指标。它是用社会折现率将项目计算期内各年的净效益折算到建设起点的现值之和。若经济净现值大于零，则表示该项目是可以接受的。其计算表达式为

$$\text{ENPV} = \sum_{t=1}^{n} (C_{\text{I}} - C_{\text{O}})_t (1 + i_s)^{-t} \tag{9.25}$$

式中：ENPV 为经济净现值；i_s 为社会折现率；C_{I} 为现金流入量；C_{O} 为现金流出量；n 为计算期；$(C_{\text{I}} - C_{\text{O}})_t$ 为第 t 年净现金流量。

9.8.3　经济净现值率

经济净现值率（rate of economic net present value，ENPVR）是国民经济效益分析中的动态指标。它是经济净现值与总投资现值之比，即单位投资现值的经济净现值，其表达式为

$$\text{ENPVR} = \frac{\text{ENPV}}{I_p} \tag{9.26}$$

式中：I_p 为投资的现值（包括固定资产投资和流动资金）。

9.9　不确定性的评价方法

由于客观条件及有关因素的变动和主观预测能力的局限，一个工程技术项目的实施结果不一定符合原来所做的某种确定的预测和估计，缺少足够信息来估计其变化的因素将对项目实际值与预期值所造成的偏差，这种现象称为工程技术项目的不确定性。

不确定性的评价方法是考虑原始数据的不确定性及不准确性的经济分析方法。电力工程项目中，这种不确定性来自电力负荷的预测误差，一次能源和电工技术设备价格的变化等。不确定性的经济评价方法主要有盈亏平衡分析、敏感性分析、概率分析等。其中盈亏平衡分析主要用于财务评价，敏感性分析和概率分析可以同时用于财务评价和国民经济评价。

9.9.1　盈亏平衡分析

盈亏平衡分析是指，找出产品产量、成本与赢利之间的关系，得到方案赢利和亏损的产量、单价、成本等方面的临界点，判断不确定性因素对方案经济效果的影响程度，说明方案实施的风险大小。通过盈亏平衡分析可以确定盈亏平衡点，从而确定工程项目最佳的生产规模和风险最小的最佳运行方案。

盈亏平衡分析除有助于确定项目的合理生产规模外，还可以帮助项目规划者对由于设备不同引起生产能力不同的方案，以及工艺流程不同的方案进行投资选择。设备生产能力的变化，会引起总固定成本的变化；同样，工艺流程的变化会影响单位产品的可变成本。当采用技术上先进的工艺流程时，由于效率的提高，原材料和劳动力都会有所节约，使单位产品的可变成本降低。通过对这些方案 BEP 值的计算，可以为方案抉择提供有用的信息。

盈亏平衡分析的缺点是它通常是：以某一正常生产年份的数据作为基本分析数据，由于建设项目是一个长期的过程，生产经营状况会出现不同的变化，单纯用盈亏平衡分析法

很难得到一个全面的结论。尽管盈亏平衡分析有上述缺点，但由于它计算简单，可以直接反映项目的盈利情况，目前作为项目不确定性分析的一种基本方法而被广泛地采用。

9.9.2　敏感性分析

敏感性分析是分析各种不确定性因素变化一定幅度（或变化到何种幅度）时，对方案经济效果的影响程度（或改变对方案的选择）。不确定性因素中对方案经济效果影响程度较大的因素，称为敏感性因素。

敏感性分析可以帮助项目分析者和管理决策者找出使项目存在较大风险的敏感性因素是什么，使其全面掌握项目的赢利能力和潜在风险，做到心中有数，并制定出相应的对策措施。

若预期的估计值在很小的范围内变化就影响到原来决策的正确性，则说明该方案对这个参数的敏感性很强；反之，若这个预期估计值变动范围很大才影响到原来决策的正确性，则意味着该方案对这个参数的敏感性很弱。

敏感性分析已经在技术、经济分析中获得应用，尤其是单因素的敏感性分析应用更加广泛，但是敏感性分析能够表明不确定因素的变动会对项目经济效益的产生风险，却并不能表明这种风险发生的可能性有多大。实践表明，不同的项目，各个不确定因素发生相对变动的概率是不同的。

9.9.3　概率分析

作为对敏感性分析的补充，概率分析是根据主、客观经验，估算构成项目的某些主要参数或评价指标，如年净收益、净现值等，未来在一定范围内可能发生变动的概率，然后运用概率论和数理统计的数学方法，来评价方案的经济效益和风险。其基本原理是：假设不确定因素是服从某种概率分布的随机变量，而方案经济效益作为不确定因素的函数必然也是一个随机变量。通过研究和分析这些不确定因素的变化规律及其与方案经济效益的关系，可以全面地了解技术方案的不确定性和风险，从而为决策者提供更可靠的依据。

概率分析主要包括经济效益的期望值分析、标准差分析，以及方案的经济效益达到某种标准或要求的可能性分析。通过概率分析可以得到方案的净现值、标准差等数据，为在风险条件下决定方案取舍提供依据，而风险决策主要讨论在存在风险时如何进行方案取舍。

概率分析的关键是要事先知道不确定因素的概率分布，为此需要充足的资料及丰富的经验，并要做艰巨的数据处理工作，所以除非特殊需要，一般工程项目的经济评价都不做概率分析。

第10章　可靠性原理及其在电力系统规划中的应用

保证对各类用户的连续可靠供电，一直是电力系统规划设计和运行部门十分关注的问题，而且是衡量电力系统技术性能的一个重要尺度。研究电力系统可靠性的任务，就是从电力系统各个环节、各个方面研究系统的故障现象，提出定量的评价指标及提高可靠性的措施。

10.1　电力系统可靠性原理概述

10.1.1　电力系统可靠性产生的背景

现代社会对电力的依赖越来越大，电能的使用已遍及国民经济及人民生活的各个领域，成为现代社会的必需品。电力系统是由发电、变电、输电、配电、用电等设备及其相应的辅助设施，按规定的技术经济要求组成的一个统一系统。电厂将一次能源转换为电能，经过输电网和配电网将电能输送和分配给电力用户的用电设备，从而完成电能从生产到使用的整个过程。

电力系统虽然问题众多，结构复杂，但归根结底是可靠性和经济性这两类问题。可靠性和经济性是一个矛盾的两个方面，二者的对立统一决定了电力系统的基本面貌。

电力系统可靠性，就是可靠性工程的一般原理和方法与电力系统工程问题相结合的应用科学。电力系统可靠性包括电力系统可靠性工程技术与电力工业可靠性管理两个方面。电力系统可靠性实质就是用最科学、最经济的方式充分发挥发、供电设备的潜力，保证向全部用户不断供给质量合格的电力，从而实现全面的质量管理和安全管理。因此，一切为提高电力系统、设备健康水平和安全经济运行水平的活动都属于电力工业可靠性工作的范畴，都是为了提高电力工业可靠性水平所从事的服务活动。

10.1.2　电力系统可靠性评估的发展

由于电力系统故障多是随机发生的，而且很多故障超出了系统工程人员的控制能力，一般说绝对地毫不中断地连续供电实际上是不可能的。为了尽量减少由于系统元件随机故障对系统供电造成的影响，在电力规划时，可以采用增加机组的办法。但是经济性和可靠性是相互制约的，增加投资可以提高可靠性，然而过高的投资违反了经济性的约束。

为了摆脱经济性与可靠性约束之间相抗衡的困境，几十年来，设计规划人员一直在探索切实可行的判据和分析技术。1882年国际电气与电子工程师学会出版了第一个电气设备安全条例，提及了可靠性概念。20世纪30年代，《电世界》等国外杂志上开始发表有关电容量概率分析的学术论文，早期的判据和方法是以确定性为基础的。20世纪40年代，应用概率理论来定量描述和计算工程系统的可靠性技术引入了电力工程领域，但是当时这种方法没有得到广泛应用，主要原因是缺乏数据、受到计算工具的限制，而且工程人员对这种方法存在偏见。20 世纪 60 年代中期，由于电网结构的不合理导致无法及时适应新的情况，许多国家的大电网相继发生了重大事故，引起大面积长时间的停电，这些停电事件不但造成了巨大的经济损失，而且危及社会秩序，对整个社会的影响非常深刻，同时也给从事电力系统规划和运行的人员以极大的教训。规划过程中过多考虑经济性，而不相应提高安全可靠性要求，将可能造成更大的经济损失。20 世纪 80 年代，一些发达国家大都进行了可靠性立法，遵循国际标准，制定了较为完善的国家标准，并设有国家级、行业级的可靠性中心和数据交换网络。

电力系统可靠性是 20 世纪 60 年代以后发展起来的一门应用科学，已渗透到了电力系统规划、设计、运行、管理的各个方面。1970 年，比灵顿（Billinton）发表了第一部电力系统可靠性的专著《电力系统可靠性估计》（*Power System Reliability Evaluation*），以后，许多关于电力系统可靠性的书刊专著相继问世。

就中国而言，系统性的工业可靠性研究始于 20 世纪 40 年代，主要应用于军事工业、航空航天技术等一些技术密集型行业。日益庞大复杂的系统的出现，需要完善的可靠性工程技术支撑，又需要周密的可靠性管理保障。20 世纪 60 年代，中国在通信、电子、航空等行业启动了可靠性工程。20 世纪 80 年代末，在前期通信、电子、航空等行业陆续启动可靠性工程的基础上，中国开始可靠性立法，颁布了 37 个可靠性国家标准和 18 个可靠性军工标准。电子、军工、航空航天等行业全面开展可靠性管理，成立可靠性组织并出台了实施规划。

1981 年，中华人民共和国水利电力部颁布了有关电力系统安全稳定运行的《电力系统安全稳定导则》。1983 年，中国电机工程学会可靠性专业委员会成立，同年中国电工技术学会成立电工产品可靠性研究会。1985 年，中华人民共和国水利电力部成立电力可靠性管理中心，开展发、输、配电设备及系统的可靠性统计，以及有关标准的研究制定工作，推动了电力可靠性管理工作深入地开展。一些大学和科研机构也开始陆续开展电力系统可靠性的理论研究和教学工作。20 世纪 90 年代初以来，中国电力系统可靠性研究和应用取得了较大的发展，在学术上促进了交叉学科的发展，如可靠性管理、可靠性技术、可靠性数学等；与此同时，我国电力系统可靠性的研究和应用也有了较大发展，开发了如电源规划软件，发、输电系统可靠性评估软件、配电系统可靠性评估软件，以及发电厂变电站电气主接线可靠性评估软件等，并在三峡电站、三峡电力系统、东北电力系统等应用。这些工作进展同时推动了电力规划、设计、研究、制造部门在系统规划和工程设计中开始进行可靠性评估。

电力系统的根本任务是尽可能经济而可靠地将电能提供给各种用户。用户对供电的要求：一是保证供电的连续性；二是保证电能的质量。由于系统内元件的随机故障，而这些故障又超出了运行调度人员的控制能力，完全不间断地连续供电实际上是不可能的。人们对供电质量的要求越来越高，促使了电力部门寻求提高供电可靠性的途径。从国内外的总体发展水平来看，长期可靠性评估研究比较成熟，不仅取得了不少理论成果，并且达到实用阶段；而短期可靠性评估正处于理论探索阶段，仍有大量问题需要解决。

10.1.3　电力系统可靠性理论的应用简况

20 世纪 60 年代中期以来，随着电力工业的发展，可靠性工程理论开始逐步引入电力工业，电力系统可靠性也应运而生，并逐步发展成为一门应用学科，成为电力工业取得重大经济效益的一种重要手段。目前，可靠性贯穿于产品及系统的整个生命周期，已渗透到电力系统规划、设计、制造、建设安装、运行、管理等各方面，并得到了广泛的应用，如图 10.1 所示。

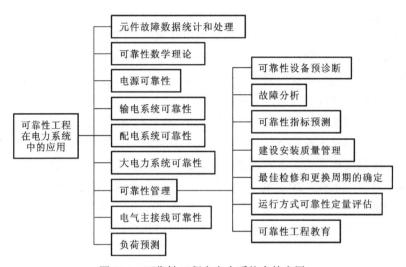

图 10.1　可靠性工程在电力系统中的应用

10.1.4　电力规划中的可靠性问题

电力系统可靠性评估就是对系统可能出现的故障进行故障分析，采取措施减少故障造成的影响，对可靠性投资及响应带来的经济效益进行综合分析，以确定合理的可靠性水平，并使电力系统的综合效益达到最佳[99]。

电力系统规划与电力系统可靠性既是相互独立的两个研究方向，又密切相关。一般来说，可靠性是研究电力系统规划问题的基础，研究规划问题就必然涉及可靠性问题。电力系统规划是在保证一定可靠性的情况下，满足用户需求，并尽可能减缓和减少投资。在电力系统规划过程中，通过对系统规划设计方案的供电可靠性进行定量评估分析，并以此作为规划方案之间的比较依据，可以有效地指导电力系统规划工作。

基于可靠性的电力规划方法考虑事件随机性质并计及各种不确定影响，对各种可能的规划方案通过供电可靠性定量评估及经济分析计算，进行方案之间的比较，能得出更科学合理的规划方案，使电力系统的综合效益达到最佳。具体来说，规划系统的可靠性评估主要工作任务如下。

（1）对未来的电力系统和电能量进行预测，收集设备的技术经济数据。

（2）制定可靠性准则和设计标准，依据标准评估系统性能，识别系统的薄弱环节。

（3）选择优化方案。

通过可靠性分析计算，不仅可以找出系统中存在的薄弱环节，还可以知道可能将要采取的提高供电可靠性的措施实施的效果如何，通过对比措施实施前后系统的可靠性程度，可以为最后的决策提供更为合理的依据。

10.2　可靠性的基本概念及分析方法

10.2.1　可靠性的基本概念

可靠性是指一个元件、设备或系统在预定时间内，在规定条件下完成规定功能的能力。可靠度则用来作为可靠性的特性指标，表示元件可靠工作的概率。可靠度高，就意味着寿命长，故障少，维修费用低；可靠度低，就意味着寿命短，故障多，维修费用高。

电力系统可靠性是对电力系统按可接受的质量标准和所需数量不间断地向电力用户供应电力和电能质量的能力的度量。质量合格，就是指电能的频率和电压必须保持在规定的范围。电力系统可靠性渗透到电力系统规划、设计、运行和管理等各个方面，因此，坚持电力系统全面的可靠性定量评估制度，是提高电力系统能效的有效方法。

电力系统规划阶段可靠性评估的任务是对未来的电力系统和电能量需求进行预测，收集设备的技术经济数据，制定可靠性准则和设计标准，并依据准则评估系统性能，识别系统的薄弱环节，最终选择最优方案。

电力系统可靠性是通过定量的可靠性指标来量度的。为了满足不同应用场合的需要和便于进行可靠性预测，已经提出大量的指标。

10.2.2　一般的可靠性指标

可靠性指标（reliability indices）用数值大小来表示各个方面性质的量。可以从成功的观点出发，也可以从失败的观点出发。对于电力系统不同的子系统，具体的评价指标可能有所不同，但归纳起来一般有以下四类[100,101]。

（1）概率指标，用于衡量电力系统发生故障的概率，如可靠度和可用率（availability）。

（2）频率，用于衡量电力系统在单位时间内发生故障的平均次数。

（3）时间指标，用于衡量电力系统发生故障的平均持续时间，如系统首次故障的平均持续时间、故障的平均持续时间。

（4）期望值指标，用于衡量电力系统在单位时间内发生故障天数的期望值，以及电力系统由于故障而少供电量的期望值，如一年中系统发生故障的期望天数。

10.2.3　元件故障特性的有关指标

衡量一个元件、设备或系统可靠性水平有若干的指标，有定量的，也有定性的，有时要用几个指标去度量一种元件、设备或系统的可靠性，但最基本、最常用的特性指标有以下几个。

1. 可靠度 $R(t)$

可靠度是指一个元件、设备或系统在规定条件和规定时间内完成规定功能的概率。若用 T 表示在规定条件下的寿命（产品首次失效的时间），则"产品在时间 t 内完成规定功能"等价于"产品寿命 T 大于 t"。所以可靠度函数 $R(t)$ 可以看成事件" $T > t$ "的概率，即

$$R(t) = P(T > t) = \int_t^\infty f(t)\mathrm{d}t \qquad (10.1)$$

式中：$f(t)$ 为概率密度函数。

同理，还可以定义分布函数

$$F(t) = P(T \leqslant t) = \int_0^t f(t)\mathrm{d}t \qquad (10.2)$$

则 $F(t)$ 称为产品的不可靠度函数（失效分布函数）。显然有

$$R(t) + F(t) = 1 \qquad (10.3)$$

可靠度还可以用统计方法来表示。假设 N 个产品，从 0 时刻在规定的条件下开始使用，随着时间的推移，到 t 时刻失效元件数为 $n(t)$，则正常工作的产品件数为 $N - n(t)$，产品在任意 t 时刻的可靠度为

$$R(t) = \frac{N - n(t)}{N} \qquad (10.4)$$

从式（10.1）可知，$0 \leqslant R(t) \leqslant 1$，且 $R(t)$ 越接近于 1，元件的可靠度越高。

由此可知，元件的不可靠度为

$$F(t) = \frac{n(t)}{N} \qquad (10.5)$$

2. 失效率（故障率）$\lambda(t)$

失效率（故障率）是指一个元件、设备或系统工作到 t 时刻之后，在单位时间 Δt 内发生失效的概率。

设在 0 时刻有 N 个元件投试，到 t 时刻已有 $n(t)$ 个产品失效，尚有 $N - n(t)$ 个产品在工作。再过 Δt 时间，即到 $t + \Delta t$ 时刻，有 $\Delta n(t) = n(t + \Delta t) - n(t)$ 个元件失效。则产品在 t 时刻前未失效而在时段 $(t, t + \Delta t)$ 内的失效率为 $\dfrac{\Delta n(t)}{N - n(t)}$，故在 t 时刻前未失效、在 t 时刻后的单位时间内发生失效的频率即失效率为

$$\lambda(t) = \frac{\Delta n(t)}{\Delta t} \cdot \frac{1}{N - n(t)} \qquad (10.6)$$

国际上还采用菲特（Fit）作为高可靠性元件的失效率单位，它的意义是每 1000 个元件工作，只有 1 个失效。因此 1 Fit 可以改写为

$$1\,\mathrm{Fit} = \frac{1}{1000 \times 10^6 \mathrm{h}} = 10^{-9}/\mathrm{h}$$

失效率常用来表示高可靠性元件的可靠性产品，它越小可靠性就越高。统计数据表明，

在元件的整个寿命期间，元件故障率与时间的典型关系如图 10.2 所示，该曲线形似浴盆，故称为浴盆曲线（bathtub curve），即失效率曲线[102]。

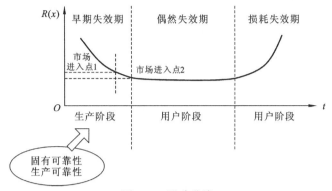

图 10.2 浴盆曲线

元件的失效率随工作时间的变化具有不同的特点，根据长期以来的理论研究及数据统计发现，多数设备失效率曲线形同浴盆的剖面，它明显地分为三段，分别对应元件的三个不同阶段或时期。

第一阶段是早期失效期（infant mortality），表明元件在开始使用时，失效率很高，但随着产品工作时间的增加，失效率迅速降低，这一阶段失效的原因大多是由于设计、原材料或制造过程中的缺陷造成的。

为了缩短这一阶段的时间，产品应在投入运行前进行试运转，以便及早发现、修正、排除故障；或者通过试验进行筛选，剔除不合格品。

第二阶段是偶然失效期，也称随机失效期（random failure），这一阶段的特点是失效率较低，且较稳定，往往可近似看成常数。元件可靠性指标所描述的就是这个时期，这一时期是产品的良好使用阶段，由于在这一阶段中产品失效率近似为一常数，令 $\lambda(t)=\lambda$（常数），由可靠度计算公式得

$$R(t)=\exp\left\{-\int_0^t \lambda(t)\mathrm{d}t\right\}=\mathrm{e}^{-\lambda t} \tag{10.7}$$

第三阶段是耗损失效期（wearout failure），该阶段的失效率随时间的延长而急速增加，表示元件的损失已非常的严重，寿命快到尽头了，应该维修或直接更换了。

在元件可靠性研究中，一般最关注的是设备偶发故障期的故障率，通常为常数，用 λ 表示，其统计计算公式为：

$$\lambda = \frac{\text{元件的故障次数}}{\text{元件运行的总时间}} \tag{10.8}$$

3. 平均无故障工作时间与平均无故障间隔时间

平均无故障工作时间（平均寿命）（mean time to failure，MTTF）是指元件无故障工作时间的算术平均值。当设备的持续工作时间 T_U 呈指数分布时，定义该分布的平均值为元件的平均无故障工作时间，即

$$\text{MTTF} = \frac{1}{\lambda} \tag{10.9}$$

平均无故障间隔时间（mean time between failure，MTBF）是指元件在相邻两次故障之间（包括修复时间在内）的时间平均值。

10.2.4　元件修复特性的有关指标

电力系统中的设备大多是可修复元件。可修复元件是指，投入运行后，如损坏后能够通过修复恢复到原有功能而得以再投入使用的元件。可以用元件的修复率、未修复率、修复度、平均修复时间等来说明设备的修复特性。

1. 元件修复率

元件修复率是指可修复元件发生故障后修复的难易程度及效果的量，通常用 $\mu(t)$ 来表示。一个可修复元件的整个寿命流程是工作、修复（故障）、再工作、再修复的过程，如图 10.3 所示。

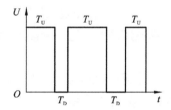

图 10.3　可修复元件寿命流程图

T_{U}：工作时间；T_{D}：修复时间

元件修复率是指元件在 t 时刻以前未被修复，而在 t 时刻以后的微小时间 Δt 内被修复的条件概率密度，用公式表示为

$$\mu(t) = \lim_{\Delta t \to 0} \frac{1}{\Delta t} P(t < T_{\mathrm{D}} \leqslant t + \Delta t \,|\, T_{\mathrm{D}} > t) \tag{10.10}$$

根据一些统计数据，电力元件的故障修复时间呈多样化：架空线路的修复时间 T_{D} 可近似看成指数分布，电缆的修复时间接近于正态分布。其他元件如变压器、开关类设备，也有类似的情况。但若计及这些不同类型的部分，则将使设备可靠性研究工作大大复杂化。因此，为简化设备可靠性研究且不失一般性，仍假定所有可修复元件的 T_{D} 呈指数分布，修复率 $\mu(t)$ 近似为常数，用 μ 表示，即

$$\mu = \frac{\text{设备的修复次数}}{\text{设备进行维修的总时间}} \tag{10.11}$$

2. 元件未修复率

元件未修复率的定义式为

$$M_{\mathrm{D}}(t) = P(T_{\mathrm{D}} > t) \tag{10.12}$$

即实际修复时间大于预定修复时间的概率。当设备修复率为常数 μ 时，可以推导出设备未修复率为

$$M_{\mathrm{D}}(t) = \mathrm{e}^{-\mu t} \tag{10.13}$$

对应的元件修复率为

$$F_{\mathrm{D}}(t) = P(T_{\mathrm{D}} \leqslant t) = 1 - \mathrm{e}^{-\mu t} \tag{10.14}$$

3. 元件平均修复时间

当元件的修复时间呈指数分布时，定义该分布的平均修复时间（mean time to repair，MTTR）为

$$\mathrm{MTTR} = \frac{1}{\mu} \tag{10.15}$$

10.2.5　可用度

当元件的持续工作时间和修复时间均呈指数分布时，根据可修复元件的平均无故障工作时间（MTTF）、平均无故障间隔时间（MTBF）和平均修复时间（MTTR），可以定义可用度为

$$A = \frac{\mathrm{MTTF}}{\mathrm{MTBF}} = \frac{\mathrm{MTTF}}{\mathrm{MTTF+MTTR}} = \frac{\dfrac{1}{\lambda}}{\dfrac{1}{\lambda}+\dfrac{1}{\mu}} = \frac{\mu}{\lambda+\mu} \tag{10.16}$$

同样，可以定义元件的不可用度为

$$\overline{A} = \frac{\mathrm{MTTR}}{\mathrm{MTBF}} = \frac{\mathrm{MTTR}}{\mathrm{MTTF+MTTR}} = \frac{\dfrac{1}{\mu}}{\dfrac{1}{\lambda}+\dfrac{1}{\mu}} = \frac{\lambda}{\lambda+\mu} \tag{10.17}$$

可用度与不可用度之间的关系为

$$A + \overline{A} = 1 \tag{10.18}$$

10.3　系统可靠性分析

从可靠性观点来看，元件可以分为可修复元件和不可修复元件两类。可修复元件使用一段时间后发生故障，经过修理就能再次恢复到原来的工作状态；不可修复元件工作一段时间后发生故障不能修复，或者虽能修复，但很不经济。电力设备大部分是可修复元件。

由元件组成的系统也可以分为两类，即可修复系统和不可修复系统[103]。电力系统属于可修复系统。

工程可靠性分析常用网络图形（即可靠性框图）的形式来模拟元件的可靠性性能及其相互间的影响。可靠性框图是根据系统的原理图以及设备与系统的功能关系，按系统可靠性等效原则绘制的网络图形。

10.3.1 不可修复系统的可靠性分析

1. 串联系统

串联系统中任一设备故障时，系统即失效。由代表元件的框全部串联构成的网络记为原系统串联等效的可靠性框图。

考察由两个独立设备 A 和 B 构成的串联系统，如图 10.4 所示。A 和 B 都必须工作才能保证系统的运行。若 R_A 和 R_B 分别表示元件 A 和 B 成功运行的概率，而 F_A 和 F_B 分别表示元件 A 和 B 失效的概率，则由交集的概念可知系统可靠度为

$$R_s = R_A R_B \qquad (10.19)$$

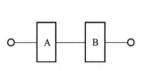

图 10.4　两设备串联系统

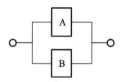

图 10.5　两设备并联系统

推广到 n 个元件串联的系统的可靠度乘法法则，有

$$R_s = \prod_{i=1}^{n} R_i \qquad (10.20)$$

在一些实际应用中，计算系统的不可靠度比计算系统的可靠度更方便。因为系统成功与失效是互斥事件，所以两元件系统的不可靠度为

$$F_s = 1 - R_A R_B = 1 - (1 - F_A)(1 - F_B) = F_A + F_B - F_A F_B \qquad (10.21)$$

对 n 个元件串联的系统，有

$$F_s = 1 - \prod_{i=1}^{n} R_i \qquad (10.22)$$

2. 并联系统

并联系统中任一元件运行，系统就能完成规定的功能。

考察由两个独立元件 A 和 B 构成的并联系统，如图 10.5 所示。这样的系统只有当两个元件都失效时系统才失效。此时，系统可靠度为

$$R_p = 1 - F_A F_B = R_A + R_B - R_A R_B \qquad (10.23)$$

推广到 n 个元件并联的系统，有

$$R_p = 1 - \prod_{i=1}^{n} F_i \qquad (10.24)$$

可见，并联的元件越多，系统的可靠性越高。但是，增加并联元件个数会增加系统的初投资、质量、体积，并增加维修量。

3. 复杂网络系统的分析方法

一般采用网络简化法分析复杂网络。其基本思想是：把复杂系统的可靠性模型中相应的串、并联支路归并起来逐步得到简化，直到简化为一个等效元件。此时的等效元件的参数就代表了原始网络的可靠度（或不可靠度）。

10.3.2 可修复系统的可靠性分析

不可修复系统使用的可靠性框图模式模拟方法完全可以推广到可修系统的分析，只是由于计及了维修过程，其相应的算式会复杂一些。

1. 串联系统

图 10.6 所示两个元件串联的系统中，λ 和 μ 分别表示元件和系统相应的失效率和修复率。

图 10.6 两个元件串联系统可靠性框图

在串联系统中，系统的可用度是元件可用度的乘积。根据两个事件同时发生的概率计算规则，有

$$\frac{\mu_1}{\lambda_1 + \mu_1} \times \frac{\mu_2}{\lambda_2 + \mu_2} = \frac{\mu_s}{\lambda_s + \mu_s} \tag{10.25}$$

若条件 $\frac{\lambda}{\mu} \ll 1$ 成立，且令平均修复时间 $r = \frac{1}{\mu}$，则有

$$r_s = \frac{\lambda_1 r_1 + \lambda_2 r_2}{\lambda_s} \tag{10.26}$$

若寿命服从指数分布，则故障率为常数，有

$$\lambda_s = \lambda_1 + \lambda_2 \tag{10.27}$$

即系统故障率等于元件故障率之和。

推广到 n 个元件串联的系统，系统的可用度、故障率、停运时间、平均修复时间分别为

$$A_s = \prod_{i=1}^{n} A_i \tag{10.28}$$

$$\lambda_s = \prod_{i=1}^{n} \lambda_i \tag{10.29}$$

$$U_s = \prod_{i=1}^{n} \lambda_i r_i \tag{10.30}$$

$$r_s = \frac{\sum\limits_{i=1}^{n} \lambda_i r_i}{\lambda_s} = \frac{U_s}{\lambda_s} \tag{10.31}$$

2. 并联系统

两个元件并联系统的逻辑框图如图 10.7 所示，λ 和 μ 分别表示元件和系统相应的失效率和修复率。

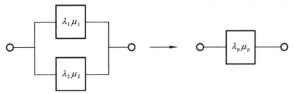

图 10.7　两元件并联系统可靠性框图

在并联系统中，系统的不可用度是元件不可用度的乘积，有

$$\frac{\lambda_1}{\lambda_1 + \mu_1} \times \frac{\lambda_2}{\lambda_2 + \mu_2} = \frac{\lambda_p}{\lambda_p + \mu_p} \tag{10.32}$$

若条件 $\dfrac{\lambda}{\mu} \ll 1$ 成立，令平均修复时间 $r = \dfrac{1}{\mu}$，则有

$$r_s = \frac{r_1\lambda_1 \cdot r_2\lambda_2}{\lambda_p} \tag{10.33}$$

类似地，n 个元件并联系统故障率、修复率、停运时间的计算公式为

$$\lambda_p = \prod_{i=1}^{n} \lambda_i \frac{\sum\limits_{i=1}^{n} \mu_i}{\prod\limits_{i=1}^{n} \mu_i} \tag{10.34}$$

$$\mu_p = \sum_{i=1}^{n} \mu_i \tag{10.35}$$

$$U_p = \lambda_p r_p = \prod_{i=1}^{n} U_i \tag{10.36}$$

10.3.3　马尔可夫随机过程概念及分析方法

1. 马尔可夫随机过程概述

马尔可夫过程是一种典型的随机过程。该过程是研究一个系统（如一个地区、一个工厂）的状态及其转移的理论。它通过对不同的初始概率及状态之间转移概率的研究，来确定状态的变化趋势，从而达到对未来进行预测的目的，也称"无后效性随机过程"。马尔可夫过程有以下两个基本特征。

（1）无后效性，即事物将来的状态及其出现概率的大小，只取决于该事物现在所处的状态，而与以前时间的状态无关。

（2）遍历性，即不管事物现在处于什么状态，在较长时间内，马尔科夫过程逐渐趋于稳定状态，而且与初始状态无关。

马尔可夫方法是马尔可夫过程在工程系统可靠性模拟时的简称。马尔可夫方法既可以模拟离散，也可以模拟连续随机变量，具有离散参数（即时间参数）和离散状态空间的马尔可夫过程，称为马尔可夫链（Markov chain）。

在工程系统可靠性领域中，常常研究的是时间连续和空间离散的问题[104]。

2. 离散马尔可夫链

1）基本模型——随机转移概率矩阵

图 10.8 所示的系统状态空间图是一个马尔可夫链，具有 1 和 2 两个状态，图中带箭头的线条及其相应的权值分别表示状态转移的方向和常数转移概率，研究相继的离散时间点上系统状态的转移过程。

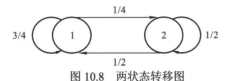

图 10.8　两状态转移图

用矩阵来模拟这一过程，可以构造矩阵

$$\boldsymbol{P} = \begin{bmatrix} P_{11} & P_{12} \\ P_{21} & P_{22} \end{bmatrix} = \begin{pmatrix} 3/4 & 1/4 \\ 1/2 & 1/2 \end{pmatrix}$$

式中：P_{ij} 表示开始时位于状态 i、经过一个时间间隔后位于状态 j 的概率。

推广到 n 个状态的情况，可以写出矩阵

$$\boldsymbol{P} = \begin{bmatrix} P_{11} & P_{12} & \cdots & P_{1n} \\ P_{21} & P_{22} & \cdots & P_{2n} \\ \vdots & \vdots & & \vdots \\ P_{n1} & P_{n2} & \cdots & P_{nn} \end{bmatrix} \tag{10.37}$$

式中：元素 P_{ij} 中行号 i 表示转移发生的起始状态，列号 j 表示转移到达的状态。这个矩阵表示随机过程的转移概率，被称为系统的随机转移概率矩阵。不难知道，矩阵每一行的概率之和必为 1。

2）时间相关概率

由随机转移概率矩阵可以计算任何时间间隔系统各个状态的概率为

$$\boldsymbol{P}(x) = \boldsymbol{P}(0)\boldsymbol{P}^n \tag{10.38}$$

式中：$\boldsymbol{P}(x)$ 为第 x 步时间间隔后系统的状态概率矢量；$\boldsymbol{P}^n$ 为随机转移概率矩阵 $\boldsymbol{P}$ 的 n 次自乘。

以图 10.8 所示系统为例，假设开始处于状态 1，则系统初始状态矢量为 $\boldsymbol{P}(0) = [1, 0]$，可以计算 2 个时间间隔的系统状态概率为

$$\boldsymbol{P}(2) = \boldsymbol{P}(0)\boldsymbol{P}^2 = \begin{bmatrix} 1, & 0 \end{bmatrix} \begin{bmatrix} 3/4 & 1/4 \\ 1/2 & 1/2 \end{bmatrix}^2 = \begin{bmatrix} 11/16, & 5/16 \end{bmatrix}$$

3）极限状态概率

若研究的系统一旦达到一个稳定的极限状态，这时再用随机转移概率矩阵与系统极限状态概率相乘，乘积不变。即若用 α 表示极限概率矢量，而 P 为随机转移概率矩阵，则有

$$\alpha P^n = \alpha \tag{10.39}$$

仍以图 10.8 所示系统为例，令 P_1 和 P_2 分别为在状态 1 和 2 时的极限概率，则有

$$[P_1, P_2]\begin{bmatrix} 3/4 & 1/4 \\ 1/2 & 1/2 \end{bmatrix} = [P_1, P_2] \tag{10.40}$$

并联立式 $P_1 + P_2 = 1$，可以解出该系统两个状态的极限概率分别为 $P_1 = \dfrac{2}{3} = 0.667$，$P_2 = \dfrac{1}{3} = 0.333$。

4）吸收状态——状态期望停留时间计算

在不可修系统中，一旦进入就不再向外转移的状态称为吸收状态。可靠性分析主要是计算系统在进入某一个吸收状态前的平均运行时间间隔。对于可修系统，将不希望系统进入的一个或几个状态（如失效状态）规定为吸收状态，就可以计算系统平均持续运行时间间隔数。

仍以图 10.8 所示系统为例，若定义状态 2 为吸收状态，则系统最终必然进入状态 2。这时需要计算进入吸收状态 2 之前的平均时间间隔。设 P 为任意系统的随机概率转移矩阵，Q 为 P 中删去与吸收状态对应的行和列后的降阶矩阵，称为截尾矩阵。应用数学期望的概念，可以得到

$$N = 1 + Q + Q^2 + \cdots + Q^{n-1} \tag{10.41}$$

式中：N 为期望时间间隔数。

考虑到 Q 中的元素都是概率小于 1 的值，即 $\lim\limits_{n \to \infty} Q^n = 0$，通过数学变换，当 $n \to \infty$ 时，可得 $N = [1 - Q]^{-1}$。

例 10.1　如图 10.9 所示的三状态系统，转移概率已经在图中标明。试计算：

（1）每个状态的极限状态概率；

（2）当状态 3 为吸收状态时，停留在每一个非吸收状态的平均时间间隔数。

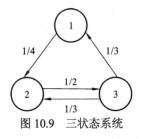

图 10.9　三状态系统

解　（1）该系统的随机转移概率矩阵为 $P = \begin{bmatrix} 3/4 & 1/4 & 0 \\ 0 & 1/2 & 1/2 \\ 1/3 & 1/3 & 1/3 \end{bmatrix}$，极限状态概率分别为 P_1、

P_2、P_3，由极限状态公式可得

$$[P_1, P_2, P_3]\begin{bmatrix} 3/4 & 1/4 & 0 \\ 0 & 1/2 & 1/2 \\ 1/3 & 1/3 & 1/3 \end{bmatrix} = [P_1, P_2, P_3]$$

联立 $P_1 + P_2 + P_3 = 1$，解得 $P_1 = 4/11$，$P_2 = 4/11$，$P_3 = 3/11$。

（2）状态 3 是吸收状态，得截尾矩阵

$$Q = \begin{bmatrix} 3/4 & 1/4 \\ 0 & 1/2 \end{bmatrix}$$

故

$$N = [1 - Q]^{-1} = \begin{bmatrix} N_{11} & N_{12} \\ N_{21} & N_{22} \end{bmatrix} = \begin{bmatrix} 4 & 2 \\ 0 & 2 \end{bmatrix}$$

计算结果表明：若系统开始处于状态 1，则停留在状态 1 的平均时间间隔数为 4(N_{11})。N_{12} 为 0，表示系统若开始处于状态 2，则停留在状态 1 的平均时间间隔数为 0，理由是从状态 2 到状态 1 没有直接的转移，只能通过吸收状态 3 这个途径。

3. 连续马尔可夫过程

连续马尔可夫过程适用于空间离散而时间连续的系统。特别地，当系统元件失效和修复的概率是常数时，满足平稳马尔可夫过程的条件。不可修系统，可修系统，串、并联系统，以及冗余备用系统均满足此条件。

1）模拟方法

图 10.10 所示为单个可维修元件系统状态空间，其故障率和修复率均为常数，那么其分布特性就可以用指数分布进行模拟。

图 10.10　单个可维修元件系统

设 $P_0(t)$ 为元件在 t 时刻运行的概率，$P_1(t)$ 为元件在 t 时刻失效的概率，λ 和 μ 分别为失效率和修复率，运行和故障状态的密度函数分别为

$$f_0(t) = \lambda e^{-\lambda t} \tag{10.42}$$

$$f_1(t) = \mu e^{-\mu t} \tag{10.43}$$

式中：参数 λ 和 μ 也称状态转移率，其定义为从一个给定状态发生转换的次数与停留在该状态时间的比值。

2）时间相关概率

假设系统状态转移时间间隔增量 dt 足够小，即在增量中发生两个或多个事件的概率可以忽略不计，则系统在 $t + dt$ 时段内处于状态 0 的概率是 t 时刻运行且在 dt 内不失效的概率加上 t 时刻失效且在 dt 内被修复的概率，即

$$P_0(t + dt) = P_0(t)(1 - \lambda dt) + P_1(t)(\mu dt) \tag{10.44}$$

同样，$t + dt$ 时段内处于状态 1 的概率为

$$P_1(t + dt) = P_1(t)(1 - \mu dt) + P_0(t)(\lambda dt) \tag{10.45}$$

则当 $\mathrm{d}t \to 0$ 时，有

$$\frac{P_0(t+\mathrm{d}t) - P_0(t)}{\mathrm{d}t}\bigg|_{\mathrm{d}t \to 0} = \frac{P_0(t)}{\mathrm{d}t} = P_0'(t) \tag{10.46}$$

于是可以得到

$$P_0'(t) = -\lambda P_0(t) + \mu P_1(t) \tag{10.47}$$

$$P_1'(t) = \lambda P_0(t) - \mu P_1(t) \tag{10.48}$$

应用拉普拉斯(Laplace)变换和反变换解线性微分方程组,并假设初始条件为 $P_0(0) = 1$ ，$P_1(0) = 1$ ，可得

$$P_0(t) = \frac{\mu}{\lambda + \mu} + \frac{\lambda}{\lambda + \mu} \mathrm{e}^{-(\lambda+\mu)t} \tag{10.49}$$

$$P_1(t) = \frac{\lambda}{\lambda + \mu} + \frac{\lambda}{\lambda + \mu} \mathrm{e}^{-(\lambda+\mu)t} \tag{10.50}$$

注意：式（10.49）和式（10.50）中的概率 $P_0(t)$ 和 $P_1(t)$ 分别是系统起始时间属于运行状态时，作为时间函数的运行状态和故障状态的概率，通常用可用度 $A(t)$ 和不可用度 $U(t)$ 表示，即

$$A(t) = \frac{\mu}{\lambda + \mu} + \frac{\lambda}{\lambda + \mu} \mathrm{e}^{-(\lambda+\mu)t}, \qquad U(t) = \frac{\lambda}{\lambda + \mu} + \frac{\lambda}{\lambda + \mu} \mathrm{e}^{-(\lambda+\mu)t}$$

但是与可靠度 $R(t)$ 不是同一个概念。

3）极限状态概率

若分别用 P_0 和 P_1 表示运行状态和故障状态的极限概率值，则当 $t \to \infty$ 时，从化简 2 中得到的公式可得

$$P_0 = P_0(\infty) = \frac{\mu}{\lambda + \mu} \tag{10.51}$$

$$P_1 = P_1(\infty) = \frac{\lambda}{\lambda + \mu} \tag{10.52}$$

4）随机转移概率矩阵评估方法

当时间间隔的增量 Δt 充分小（区间内发生两次或多次的转移概率可以忽略不计）时，可以将连续的问题离散化,利用马尔可夫链的随机转移概率矩阵概念分析连续过程的问题。由于 Δt 充分小，在这个时间区间内发生转移的概率等于转移乘该时间区间的长度。若元件的故障率为 λ ，在 Δt 时间内转移为失效状态的概率为 $\lambda \Delta t$ ，不发生故障的概率为 $1 - \lambda \Delta t$ ，则图 10.10 所示系统的随机转移概率矩阵为

$$\boldsymbol{P} = \begin{bmatrix} 1 - \lambda \Delta t & \lambda \Delta t \\ \mu \Delta t & 1 - \mu \Delta t \end{bmatrix} \tag{10.53}$$

（1）时间相关概率。

若难以合理确定时间增量 Δt ，则可采取估计法。估计一个 Δt 的初值进行计算，将 Δt 减小再进行重复计算，直到前后两组结果之差在可接受的范围之内。确定 Δt 后，将所建立的随机转移概率矩阵连续自乘直到研究的时间期限为止。若 Δt 的值为 10 min，所研究的时间为 8 h，则矩阵就要自乘 $(60 \times 8)/10 = 48$ 次。对大系统来说，若 Δt 选择合适的话，可以方便地计算出精度完全满足要求的结果。

（2）极限状态概率。

将 $\boldsymbol{\alpha}\boldsymbol{P}=\boldsymbol{\alpha}$ 的概念应用于图 10.10 所示的系统，整理后得到

$$-\lambda\Delta t P_0 + \mu\Delta t P_1 = 0 \tag{10.54}$$

由于 Δt 非零，消去后得 $-\lambda P_0 + \mu P_1 = 0$，再联立 $P_1 + P_2 = 1$，即可解得

$$P_0 = \frac{\mu}{\lambda + \mu} \tag{10.55}$$

$$P_1 = \frac{\lambda}{\lambda + \mu} \tag{10.56}$$

（3）失效前平均时间 MTTF。

由（2）可知，忽略 Δt，建立初始矩阵，仅用转移率构成随机概率转移矩阵

$$\boldsymbol{P} = \begin{bmatrix} 1-\lambda & \lambda \\ \mu & 1-\mu \end{bmatrix} \tag{10.57}$$

注意：式（10.57）不是随机概率转移矩阵的完全形式，因为 λ 和 μ 严格来说并不是概率。当分析极限概率时，这种简化形式并不影响结果的正确性。若求与时间相关概率的近似值，则必须计入增量时间 Δt。于是，当状态 1 为吸收状态时，相应的截尾矩阵 $\boldsymbol{Q} = [1-\lambda]$，失效前平均时间为

$$\text{MTTF} = [1-\boldsymbol{Q}]^{-1} = \frac{1}{\lambda} \tag{10.58}$$

例 10.2　设有两个相同元件构成的系统，且当任一元件工作时都能满足系统的功能要求，得如图 10.11 所示的状态空间图，计算平均失效前时间。图 10.11 中 2λ 和 2μ 分别表示两个元件在下一个时间增量中可能故障或维修，而且只可能是二者之一。

图 10.11　两个相同元件的状态空间图

解　该系统的随机概率转移矩阵为

$$\boldsymbol{P} = \begin{bmatrix} 1-2\lambda & 2\lambda & 0 \\ \mu & 1-\mu-\lambda & \lambda \\ 0 & 2\mu & 1-2\mu \end{bmatrix}$$

利用极限状态概率和 $P_1 + P_2 + P_3 = 1$，得到三个状态的极限概率分别为

$$P_1 = \frac{\mu^2}{(\lambda + \mu)^2}$$

$$P_2 = \frac{2\lambda\mu}{(\lambda + \mu)^2}$$

$$P_3 = \frac{\lambda^2}{(\lambda + \mu)^2}$$

易知，只有状态 3 是失效状态，故该系统的可用概率为

$$A = P_1 + P_2 = \frac{\mu^2 + 2\lambda\mu}{(\lambda + \mu)^2}$$

若假定状态 3 为吸收状态，则截尾矩阵为

$$Q = \begin{bmatrix} 1-2\lambda & 2\lambda \\ \mu & 1-\mu-\lambda \end{bmatrix}$$

于是

$$M = [1-Q]^{-1} = \frac{1}{2\lambda^2}\begin{bmatrix} \lambda+\mu & 2\lambda \\ \mu & 2\lambda \end{bmatrix}$$

式中：矩阵 M 的元素 m_{ij} 是对给定状态 i 开始、系统进入吸收状态前状态 j 经历的平均时间。

若系统从状态 2 开始，则系统的失效前平均时间为

$$\text{MTTF} = m_{21} + m_{22} = \frac{\mu + 2\lambda}{2\lambda^2}$$

10.4 电力系统规划的可靠性评价方法

电力系统可靠性是对电力系统按可接受的质量标准和所需的数量不间断地向用户提供电能的能力的度量。电力系统的可靠性评价是通过一套定量指标来度量电力供应企业向用户提供连续不断的质量合格的电力的能力，包括对系统充裕性和安全性两方面的衡量。

充裕性是指电力系统在同时考虑到设备计划检修、停运、非计划停运情况下，能够保证供给用户总的电能需求量的能力，也称静态可靠性。

安全性是指电力系统经受住突然扰动仍能不间断地向用户供电的能力，也称动态可靠性。

在电力系统规划阶段对规划方案通常进行的是静态可靠性评估。

10.4.1 电力系统可靠性分析的基本方法

1. 可靠性分析的研究对象

在工程实际中，按照电力生产过程及结构特性，一般将电力系统分为发、输电、配电系统等主要环节。相应地，对电力系统可靠性进行评估也可以分为发电系统可靠性、输电系统可靠性、配电系统可靠性、电厂和变电站电气主接线可靠性等方面[105,106]。

2. 可靠性评估的基本方法

目前，研究电力系统可靠性的方法有两种：一种是解析法，另一种是模拟法。这是两种完全不同的方法：解析法是将元件或寿命的过程模型化，通过数学方法进行可靠性分析，计算出可靠性指标；模拟法也称蒙特卡洛法或仿真法，它是采用计算机仿真的方法，模拟元件或系统的寿命过程，并经过规定的时间后进行统计，得出可靠性指标。

解析法需要建立系统的数学模型，公式推导复杂，但所得结果准确且确定，计算时间与所关心的系统年限无关，计算速度快。常用的解析法有网络法和状态空间法，其基本思想是：将设备或系统的寿命过程在假定的条件下进行合理的理想化，通过建立可靠性数学模型，经过数值计算获得系统各项可靠性指标。

模拟法不需要建立系统的数学模型，而是通过抽取随机数的办法模拟实际系统寿命过程，无复杂的公式推导，但计算结果不确定，计算时间与所关心的系统年限有关，计算速度慢。常用的有蒙特卡罗（Monte-Carlo）模拟法，或称计算机随机模拟方法，源于美国在第二次世界大战研制原子弹的"曼哈顿计划"，该计划的主持人之一——数学家冯·诺伊曼（von Neumann）用驰名世界的赌城摩纳哥的蒙特卡罗来命名这种方法，为它蒙上了一层神秘色彩。其基本思想是：首先将系统中每台设备的概率参数在计算机上用随机数表示，建立一个概率模型或随机过程，使模型或随机过程的参数为所要求的问题的解；然后通过对模型或过程的观察或抽样试验来计算所求参数的统计特征；最后给出所求的可靠性指标近似值。

10.4.2　电力系统可靠性评估的数据要求

电力系统可靠性评估的数据是进行可靠性分析的基础，且不同层次的可靠性评估其数据要求也不相同。

数据按照其随机特性可以分为确定性数据和随机性数据。通常线路阻抗和导纳、载流容量、发电机组参数、系统矫正措施、负荷重要性等为确定性数据。各种装置的故障和维修参数等为随机性数据。

数据按照其类型可以分为电气参数、可靠性参数、系统运行性参数、经济性参数等。

1. 大电网可靠性评估的数据要求

大电网可靠性评估的数据要求如下。

（1）电气参数包括发电机组的额定容量和功率因素，最大最小有功功率和无功功率，线路、电缆、变压器、移相器等元件的阻抗和导纳、允许载流容量等。

（2）可靠性参数包括机组强迫停运率、平均修复时间，架空线路、电缆、变压器、移相器等的故障率和故障修复时间，元件预安排停运率、预安排停运时间等[107]。

（3）运行参数包括网络拓扑结构、PV 节点和平衡节点的电压水平、节点电压的上下限值、变压器变比、节点最大有功和无功负荷、系统矫正措施、节点及系统负荷曲线等。

（4）经济参数包括机组、变压器、断路器等元件的价格，贴现率，设备使用年限，运行费率，电价、停电损失等。

2. 配电网可靠性评估的数据要求

配电网可靠性评估的数据要求如下。

（1）电气参数包括电源容量，架空线路、电缆、变压器等元件的阻抗，允许载流容量等。

（2）可靠性参数包括电源母线停运率和修复时间，架空线路、电缆、断路器、变压器等元件的故障率和故障修复时间，断路器拒动概率，保护系统可靠动作概率等，故障隔离定位时间、自动切换操作时间、人工切换操作时间，预安排停运率、预安排停电时间等[108]。

（3）运行参数包括网络拓扑结构，负荷点电压的上下限值，变压器变比，每个负荷点的负荷类型、平均有功负荷和功率因素、最大有功负荷和功率因素、用户数等。

（4）经济参数跟大电网评估中的经济参数相同。

3. 直流输电系统可靠性评估的数据要求

直流输电系统可靠性评估的数据要求如下。

（1）电气参数包括系统额定输送容量、变压器阻抗/导纳和容量、线路电阻等。

（2）可靠性参数包括阀臂、换流变压器、电极设备、控制及保护系统、交流滤波器等的故障率和修复率，安装时间，高压直流输电系统换流站的计划检修率、计划检修时间等。

（3）运行参数包括可控制方式、断路器的年操作次数、切换操作时间、故障隔离时间等。

（4）经济参数包括断路器、变压器、开关间隔、母线、电缆等的价格，贴现率、设备使用年限、运行费率、电价、停电损失等。

4. 变电站电气主接线可靠性评估的数据要求

变电站电气主接线可靠性评估数据的要求如下。

（1）电气参数包括机组容量、变压器容量、线路容量等。

（2）可靠性参数包括机组、变压器、高压母线和电缆、高压隔离开关、出线短路故障率、故障修复时间、计划停运率和计划停运时间，高压断路器、发电机断路器等的（主动性）故障率、断路（非主动）故障率、拒动概率、故障修复时间、计划停运率和计划停运时间等。

（3）运行参数包括断路器的年操作次数、切换操作时间、停运机组重新投运时间、故障隔离时间等，典型负荷曲线，机组调峰状况等。

（4）经济参数类型同电网评估，不再重复。

10.4.3　电气设备可靠性及其分析方法

1. 设备故障特性有关指标

电力系统中的绝大部分设备都是可修复设备。可修复设备的故障率、修复率、设备平均持续工作时间、设备平均修复时间、可用度等概念的相关定义和表达式与可修复元件中介绍的相同。

2. 设备状态概率

在可靠性评估中，人们往往更加关注的是设备或系统在稳态时的可靠性状况。

根据实际需要，建立的设备状态模型有二状态模型（只考虑工作和故障两种状态）、三状态模型（工作、故障和计划检修三种状态）。二状态模型类似于连续马尔可夫过程中单个元件可维修系统的分析过程。

可修复设备的稳态工作状态概率和故障状态概率为已经分析的极限状态概率，即

$$P_0 = P_0(\infty) = \frac{\mu}{\lambda + \mu} \tag{10.59}$$

$$P_1 = P_1(\infty) = \frac{\mu}{\lambda + \mu} \tag{10.60}$$

例 10.3　（三状态模型计算）设一台变压器具有工作、故障检修停运和计划检修停运三种状态。图 10.12 所示为该变压器的三状态转移图。λ_D 为变压器故障率，表示变压器由正常工作状态 U 转向故障状态 D 的转移率；λ_M 为变压器计划检修率，表示变压器由正常工作状态向计划检修状态的转移率；μ_D 为故障修复率；μ_M 为计划修复率。求变压器稳态正常工作概率 P_U、故障状态概率 P_D、计划检修状态概率 P_M。

图 10.12　可修复设备三状态图

解　根据马尔可夫过程理论，采用状态空间法可以得到该设备的状态转移方程为

$$[P_U, P_D, P_M]\begin{bmatrix} 1-(\lambda_D+\lambda_M) & \lambda_D & \lambda_M \\ \mu_D & 1-\mu_D & 0 \\ \mu_M & 0 & 1-\mu_M \end{bmatrix} = [P_U, P_D, P_M]$$

联立 $P_U + P_D + P_M = 1$，解得

$$P_U = \frac{1}{\dfrac{\lambda_D}{\mu_D} + \dfrac{\lambda_M}{\mu_M} + 1}$$

$$P_M = \frac{\lambda_M P_U}{\mu_M}$$

$$P_D = \frac{\lambda_D P_M}{\mu_D}$$

10.5　发电系统规划的可靠性评价方法

10.5.1　发电系统可靠性的基本概念

发电系统可靠性是指评估统一并网运行的全部发电机组按可接受的标准及期望数量来满足电力系统负荷电力和电量需求的能力的度量。

1. 发电系统可靠性的主要目标

发电系统可靠性的主要目标是确定电力系统为保证充足电力供应所需的发电容量。发电容量分为静态容量和运行容量两个不同的方面。静态容量是指对系统所需容量的长期估计，必须满足发电机计划检修、非计划检修、季节性降出力，以及非预计的负荷增长等要求，可以考虑为装机容量；运行容量是指对于为满足一定负荷水平所需实际容量的短期估计，是在短时间（几小时或一小段时间）内系统所需的运行备用（旋转备用、快速启动机组与互联电力系统的相互支援等）[109]。

2. 孤立系统

孤立系统也称单母线系统或单地区系统，研究时采用单母线模型，即假定任一电源的可用发电容量都能够不受限制地接到任一负荷点上，线路是完全可靠的，如同所有发电机和所有负荷都接在同一母线上。

孤立系统发电可靠性评估的基本步骤如下。

（1）建立机组停运容量的概率模型。

（2）建立负荷的概率模型。

（3）合并机组停运容量的概率模型和负荷模型，得到电力系统容量适应性的概率模型，并在此基础上分析电力系统的可靠性指标。

10.5.2 发电系统的容量模型与负荷模型

1. 发电系统的容量模型

发电系统容量模型是一种用来描述发电系统处于某种停运状态的概率和频率的模型。出于计算和分析过程的考虑，对一些特殊的工程实际问题，如检修特殊处理。发电机的停运模型一般都采用两态模型，即工作状态和故障停运状态，规定发电机强迫停运率为 $r = \dfrac{\lambda}{\lambda + \mu}$ ，可用率为 $A = \dfrac{\mu}{\lambda + \mu}$ （λ 和 μ 分别为机组的故障率和修复率）。

1）安装容量、可用发电容量、停运容量

（1）安装容量。

所有机组额定容量的总和为发电系统的安装容量。安装容量与机组的状态无关，即

$$C_s = \sum_{i=1}^{n} C_i \tag{10.61}$$

式中：C_s 为发电系统的安装容量（MW）；C_i 为机组 i 的额定容量（MW）。

（2）可用发电容量。

可用发电容量是指系统中每台机组处于正常可用状态能连续带满负荷的容量。系统的可用发电容量与系统中机组的状态有关。对一台机组来说，有

$$\mathrm{AC}_i = \begin{cases} C_i, & \text{机组} i \text{处于正常运行状态} \\ 0, & \text{机组} i \text{处于停运状态} \end{cases} \tag{10.62}$$

（3）停运容量。

停运容量是指机组处于停运状态，不能连续带负荷的容量。对一台机组来说，有

$$OC_i = \begin{cases} C_i, & \text{机组}i\text{处于停运状态} \\ 0, & \text{机组}i\text{处于正常运行状态} \end{cases} \tag{10.63}$$

根据以上定义，对一台机组和一个系统分别有

$$IC_i(\text{安装容量}) = AC_i(\text{可用容量}) + OC_i(\text{停运容量}) \tag{10.64}$$

$$IC_s(\text{安装容量}) = AC_s(\text{可用容量}) + OC_s(\text{停运容量}) \tag{10.65}$$

若电厂采用单母线，则系统的可用容量和停运容量分别为

$$AC_s(\text{系统}) = \sum_{i=1}^{n} AC_i(\text{机组}) \tag{10.66}$$

$$AC_s(\text{系统}) = \sum_{i=1}^{n} AC_i(\text{机组}) \tag{10.67}$$

2）停运概率和频率计算

设容量模型中任一停运容量状态为 X ，将该状态出现的概率和频率称为确切概率和确切频率，而将所有大于或等于 X 的状态组合后的状态概率和频率称为累积概率和累积频率。

实际电力系统往往由多台发电机组成，为了简化分析，假设这些发电机的类型是相同的，且为 n 台，它们的强迫停运率均为 r ，其中 k 台机组同时停运，记为状态 k ，则其确切概率为

$$p_k = C_n^k r(1-r)^{n-k} \tag{10.68}$$

式中：C_n^k 为从 n 中取 k 的组合；$r = \dfrac{\lambda}{\lambda+\mu}$ 为机组强迫停运率（λ 和 μ 分别为机组的故障率和修复率）。

状态 k 的确切频率为

$$f_k = p_k(\lambda_k^+ + \lambda_k^-) \tag{10.69}$$

式中：λ_k^+ 为从状态 k 向停运容量较小的状态（可用容量较大的状态）的转移率；λ_k^- 为从状态 k 向停运容量较大的状态（可用容量较小的状态）的转移率。

具有 n 台类型相同的发电机组的系统，有如下关系：

$$\lambda_k^+ = k\mu \tag{10.70}$$

$$\lambda_k^- = (n-k)\lambda \tag{10.71}$$

第 k 个状态的停运容量为

$$C_k = kC \quad (k=0,1,2,\cdots,n) \tag{10.72}$$

式中：C 为单机的额定容量；k 为机组台数。

第 k 个状态的累积概率和累积频率分别为

$$P_k = P(k) = \sum_{i=k}^{n} p_i \tag{10.73}$$

$$F(C_k) = \sum_{i=k}^{n} p_i[\lambda_k^+(C_i) - \lambda_k^-(C_i)] \tag{10.74}$$

式中：$\lambda_k^+(C_i)$ 为停运容量在 C_i 的状态向停运容量小的状态的转移率；$\lambda_k^-(C_i)$ 为停运容量在 C_i 的状态向停运容量大的状态的转移率。

例 10.4 已知某发电系统由三台发电机组成，有关的原始参数如表 10.1 所示，求该发电系统容量模型的确切频率和累积频率。

表 10.1 三台发电机的原始参数

机号	容量/MW	故障概率	故障修复时间/d
1	100	0.01	2.0
2	150	0.02	2.0
3	200	0.03	2.5

解 利用可用度 A、确切频率 f_k 和累积概率 P_k 的计算公式，计算结果如表 10.2 所示。

表 10.2 发电机容量模型中的确切频率与累积概率

X	f_k	P_k	X	f_k	P_k
0	1.0	0.0	300	0.000 810 4	0.000 801 6
50	0.058 906	0.025 998 4	350	0.000 600	0.005 400
100	0.058 906	0.025 998 4	400	0.000 006	0.000 084
150	0.049 400	0.021 460 0	450	0.000 006	0.000 084
200	0.030 194	0.012 916 0	500	0.000 000	0.000 000
250	0.001 088	0.000 993 2			

2. 发电系统的负荷模型

在对电源规划方案进行可靠性评估时，常采用如下三种负荷模型。

1）按时间序列形成的负荷模型

按时间序列形成的负荷模型属于确切状态负荷模型，以年最大负荷预测值及典型的周负荷、日负荷资料为基础，通过简单运算即可得到每周、每日、每小时的最大负荷值。

2）两级日负荷模型

两极日负荷模型用高低两级负荷水平来近似表示日负荷的变化。假设每天的低负荷相同而高负荷可能不同，形成的按天排列的两级日负荷序列可以用时间空间离散、状态空间离散的马尔可夫链描述，且只存在低负荷向高负荷或高负荷向低负荷转移的情况，而不存在低负荷向低负荷或高负荷向高负荷转移的情况。形成的两级日负荷模型如表 10.3 所示。

表 10.3 两级日负荷模型

日负荷状态	出现的频率	状态概率	状态转移率			
			λ_{L_i+}	λ_{L_i-}	λ_{L_0+}	λ_{L_0-}
L_i	$\dfrac{n_i}{N}$	$\alpha_i e$	0	$\dfrac{1}{e}$		
L_0	1	$1-e$			$\dfrac{1}{1-e}$	0

表 10.3 中：L_i 为第 i 日的最高负荷；L_0 为每日的最低负荷（假设每天相同）；e 为高负荷系数，用来表示一天中最高负荷持续的时间；α_i 为高负荷出现的频率；α_0 为最低负荷出现的频率；n_i 为相同大小的 L_i 出现的个数；N 为研究期间内的高负荷个数；λ_{L_i+} 为高负荷状态向高负荷状态的转移率；λ_{L_i-} 为高负荷状态向低负荷状态的转移率；λ_{L_0+} 为低负荷状态向高负荷状态的转移率；λ_{L_0-} 为低负荷状态向低负荷状态的转移率。

3）累积状态负荷模型

在累积状态负荷模型中，将系统负荷大于或等于某一负荷水平 L 的所有状态负荷放在一起作为负荷的一种累积状态，而将小于负荷水平 L 的状态作为另一种状态。

若负荷数据已知，则状态 1 的概率可以从负荷大于等于 L 的时间比例求得，频率可以从状态 2 向状态 1 的转移次数求得。累积负荷模型参数为

$$P(L) = 状态1(负荷 \geqslant L)的概率 \tag{10.75}$$

$$F(L) = 状态1或状态2(负荷 < L)的频率 \tag{10.76}$$

若可以获知在负荷期间 T 内，累积状态出现的时间为 t，则其概率为

$$P_L(L) = \frac{t}{T} \tag{10.77}$$

而小于负荷水平 L 的负荷出现的概率则为

$$P_L(L) = \frac{T-t}{T} \tag{10.78}$$

10.5.3 发电系统可靠性指标的计算

发电系统一般用概率、期望值、频率、持续时间等指标衡量可靠性，即电源充裕度[110]。

1. 概率指标

最常用的概率指标是电力不足时间概率（loss of load probability，LOLP），定义为一天（或一年）内由于发电设备故障造成电力系统发电量不能满足负荷需求量的时间概率。

发电机容量模型可以确定停运容量的概率 p_k，而负荷模型可以确定不同停电容量导致的负荷停电时间 T_k，因此对整个负荷曲线而言（如年最大负荷持续曲线），电力不足概率计算式为

$$\text{LOLP} = \sum_k p_k T_k \tag{10.79}$$

由于负荷模型采用的是年最大负荷持续曲线，取的是每天的最大负荷，电力不足概率单位为"天/年"（d/a）。

下面用数学模型法计算电力不足时间概率。假设研究的电力系统一年的日最大负荷可以用正态分布来表示，均值为 M，标准差为 σ，负荷 L 超过有效设备容量 C_L 的概率由下式确定：

$$P(L > C_L) = 1 - \frac{1}{2\pi} \int_{-\infty}^{(C_L - M)/\sigma} \exp\{-C_L^2 / 2\} \, \mathrm{d}C_L \tag{10.80}$$

那么，一年中电力不足概率为

$$LOLP = 365 \times P(L \geq C_L) \qquad (10.81)$$

例 10.5 某两机系统的有关特性参数如表 10.4 所示，求 LOLP。

表 10.4 两机系统机组特性表

机组号	装机容量/MW	故障率 λ / (1/d)	修复率 μ / (1/d)	可用率 p_u	故障停运率 P_D
1	40	0.01	0.5	0.9804	0.0196
2	60	0.01	0.5	0.9804	0.0196

解 假定两机系统有四种状态，图 10.13 表示该系统的四种状态及其相互之间的转移率，且规定在任意小的时间 Δt 内，只允许一台机组改变状态。

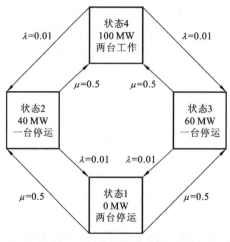

图 10.13 两机系统状态转移图

假设两台机组的故障是独立的，则状态 1 的概率为

$$p_1 = p_{D1} \cdot p_{D2} = 0.0196 \times 0.0196 \approx 0.004$$

同理，可以计算出其他几种马尔可夫状态下的频率，其结果如表 10.5 所示。

表 10.5 马尔可夫状态下的频率

状态号 i	设备容量 C_L/MW	概率 p_i
1	0	0.0004
2	40	0.0192
3	60	0.0192
4	100	0.9612

并得到该两机系统的 LOLP 计算式为

$$LOLP = 365 \times P(L \geq C_L)$$
$$= 365[P(L \geq 0)p_1 + P(L \geq 40)p_2 + P(L \geq 60)p_3 + P(L \geq 100)p_4]$$

设年内日高峰负荷为正态分布，均值为 60 MW，标准差为 10 MW，查正态分布积分表，将计算结果代入 LOLP 的计算式，可以求得

$$\text{LOLP} = 10.499 \ (\text{d/a})$$

除了与年持续负荷曲线结合计算 LOLP 的方法外，还有与其他负荷曲线结合的方法。例如，当取容量中累积概率与按时间序列形成的负荷模型中的日最大负荷概率（其值为 1）结合起来求解时，就可以得到 LOLP 的计算式为

$$\text{LOLP} = P(X \geqslant C_S - L) \tag{10.82}$$

式中：$P(X \geqslant C_S - L)$ 为系统容量模型中停运容量 X 大于或等于 $C_S - L$ 的累积概率；C_S 为系统装机容量；L 为日最大负荷。

与两级日负荷曲线结合起来求解，有

$$\text{LOLP} = \frac{P(X \geqslant C_S - L)}{e} \tag{10.83}$$

2. 期望值指标

1）电力时间不足期望值

电力时间不足期望值（loss of load expectation，LOLE）表示某一时间（如一年）内，由于发电设备故障造成发电系统发电量小于负荷需求量的天数期望值。当取容量模型中的累积概率与按时间序列形成的负荷模型中的日最大负荷概率结合起来求解时，一年的 LOLE（单位：d/a）计算可以通过累加数学期望值得到：

$$\text{LOLE} = \sum_{j=1}^{365} P(X \geqslant C_S - L_j) \tag{10.84}$$

式中：X 为停运容量；C_S 为日最大负荷；L_j 为第 j 日的日最大负荷。

2）电量不足期望值

电量不足期望值（expectation energy not supplied，EENS）表示某一时间（一年）内，由于发电设备故障而造成负荷停电的停电量期望值，它是计算发电系统停电损失的一个重要指标。一年 EENS（单位：MW·h/a）的计算式为

$$\text{EENS} = \Delta X \sum_{j=1}^{365} \sum_{k=1}^{24} P(X \geqslant C_S - L_{j,k}) \tag{10.85}$$

式中：ΔX 为容量模型中的停运容量步长。

3. 频率指标

频率指标常用来表明在一定时间内，由于发电设备故障造成系统发电量不能满足负荷需求而造成负荷停电的平均次数。当把容量模型与累积状态负荷模型结合起来求解时，通过推导，可以得到停电频率 F（单位：次/d 或次/a）的计算式为

$$F_Y(1\,\text{d}) = P(X \geqslant C_S - L) + \frac{1}{24} \times \sum_{k=1}^{24} F(X \geqslant C_S - L_k) \tag{10.86}$$

或

$$F_Y(1\,\text{d}) = \sum_{j=1}^{365} \left[P(X \geqslant C_S - L) + \frac{1}{24} \times \sum_{k=1}^{24} F(X \geqslant C_S - L_k) \right] \tag{10.87}$$

式中：Y 为系统的状态；L 为日最高负荷；C_S 为某日第 k 小时的负荷；$F(X \geqslant C_S - L_k)$ 为系统模型中停运容量 X 大于或等于 $C_S - L_k$ 的累积频率。

4. 时间指标

在对发电系统规划方案可靠性评价的过程中，可以用停电指标 D（单位：h/次）来表示由于系统发电量不能满足符合需求量而造成负荷每次停电的平均持续时间，实际应用中计算式为

$$D = \text{LOLE} \times p(L) / F_Y = \text{HLOLE}(1\,a) / F_Y(1\,a) \tag{10.88}$$

式中： $p(L)$ 为系统停运容量为日最高负荷 L 的确切概率。

10.5.4　发电系统可靠性在电力规划中的应用

1. 电力系统装机水平的确定

影响电力系统装机水平的因素包括负荷需求大小、现有装机容量和可调出力、系统中备用容量的大小和分布。通过可靠性分析可以确定系统必须新增加的装机容量。

1）电力系统装机水平确定的原则与方法

决定电力系统装机水平的条件包括电力用户的需要（客观需要），电力建设资金、物资和施工力量可能达到的装机规模。确定电力系统装机水平应遵循如下原则。

（1）电力系统的装机容量必须尽可能满足电力消耗增长的需要。以负荷预测的需求容量为规划装机容量的基础，系统负荷的需求容量加上必需的备用容量和厂用电容量，即系统需要的装机容量。

（2）必须客观地、实事求是地分析论证具体的电力建设条件，以便确定科学的、能够付诸实施的系统装机规模和进度计划。

（3）必须充分地考虑现有装机中部分设备容量退役的必要性和合理性。

（4）不但要确定规划设计水平年总的装机水平，而且应确定出规划期内逐年的装机容量，特别是在中、短期规划中，确定逐年的装机容量是必不可少的一项工作。

2）系统装机容量的确定方法

（1）常规方法。

代表是传统的电力电量平衡方法，其目的是根据系统的负荷水平、必要的备用容量和厂用电容量确定系统所需的装机容量水平，确定系统需要的发电量和新增加的发电量，核对装机规模是否满足系统需要等。该方法是长期以来我国电力规划中确定系统装机容量及年发电量所采用的方法。

（2）系统分析方法。

一般有系统分析方法（引入可靠性指标，而不是传统的备用容量概念的系统分析方法）和优化的系统分析方法。

2. 按可靠性标准确定电力系统装机水平的方法

为简化研究，作出以下假设。

① 输电系统及配电系统是十分可靠的，即此时系统的装机水平仅决定于负荷水平和发

电系统的可靠性，而与输配电系统无关。

　　② 负荷水平及负荷特性是确定的，负荷的增长速度也是确定的，即与负荷预测是一致的。

　　③ 机组的强迫停运率、故障率、修复率都是确定的。

1）理论依据

（1）可靠性指标。

　　对发电系统可靠性估计的方法不同，可靠性指标也不同，目前最普遍采用的是电力不足时间概率法。

（2）LOLP 与年最大负荷的关系曲线。

　　在可靠性分析中，一般先假定年最大负荷曲线的形状，并用标幺值表示，即选择典型的负荷曲线，同时假定负荷的增长按典型曲线的比例增长。

　　当运行机组不变时，随着负荷的增长，LOLP 值是急剧增大的，计算出不同负荷水平下的 LOLP 数值，由此得出 LOLP 对年最大负荷的关系曲线如图 10.14 所示。

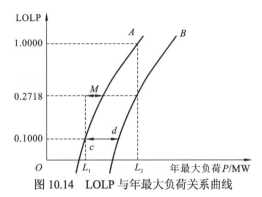

图 10.14　LOLP 与年最大负荷关系曲线

　　由图 10.14 可知，在同一装机水平下，一定的 LOLP 值对应于一定的年最大负荷，系统的装机容量与年最大负荷的差额容量即为系统的备用容量。随着系统最大负荷的增长，如果不增加装机，系统的可靠性指标数值将增大，即系统的可靠性降低。要维持系统的可靠性水平不变，必须扩大系统装机。

　　假设年最大负荷从 L_1 增长到 L_2，若维持 LOLP 为 0.1 不变，系统应扩大装机到出现 LOLP 与年最大负荷关系曲线 B，曲线 B 表示扩大装机后的 LOLP 与年最大负荷关系的曲线。cd 的长度表示扩大装机的有效容量，它等于系统投入的新机组容量与备用容量之差。即意义是，由于系统负荷的增长，为维持可靠性指标不变，必须新增加发电容量等于图 10.14 所示机组的有效容量与备用容量之和。只要确定了备用容量的大小，利用图 10.14 即可确定系统需新增的装机容量。

（3）求机组有效容量的迦弗尔（Gavre）公式。

　　当系统机组较多时，用作图法求系统新增加机组容量很麻烦。此时，可以用迦弗尔公式求出发电机组的有效容量为

$$N_{\mathrm{L}} = N_{\mathrm{C}} - M\ln(1 - r + r\mathrm{e}^{N_C/M}) \tag{10.89}$$

式中：N_{L} 为新增机组的有效容量（MW）；N_{C} 为新增机组的额定容量（MW）；r 为新增机组的事故停运率（或强迫停运率）；M 为系统特性曲线的斜率（MW）。不同的可靠性要求

有不同的 M 值，不同的负荷曲线形状，M 值也不同。

由于 LOLP 与年最大负荷关系曲线为指数曲线，求 M 值的方法如图 10.15 所示。按指数曲线的特性，其斜率可以写成

$$M = \frac{B - A}{\ln(\text{LOLP}_B / \text{LOLP}_A)} \qquad (10.90)$$

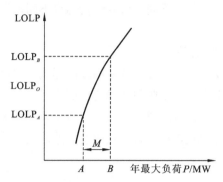

图 10.15　求 M 值的图示

当 $\text{LOLP}_B / \text{LOLP}_A = e$ 时，$M = B - A$。可以在曲线上先决定一点 LOLP_A，由 $\text{LOLP}_B = e\text{LOLP}_A$，求出另一点 LOLP_B，因此与所对应的容量差值即为 M 值。为避免取值的差异，规定由曲线求出的 M 值是对应于 A、B 两点之间的中心值。

由迦弗尔公式可以知道有效容量与哪些量有关。另外，还可以得到，在一定的 M 值下，单机容量越大，有效容量越小，M 值的大小与系统的总容量有关。大致来说，M 值相当于系统总装机的 5%～10%。所以，单机容量一般不大于系统容量的 10%，以免使机组的有效容量降低太多导致不经济。

2）利用 LOLP 法确定系统的新增装机容量

在不降低系统可靠性水平，又能满足负荷需要的前提下，确定系统新增装机的基本原则是新增机组的有效容量必须大于或等于系统增加的负荷量，即应满足公式

$$\sum_i N_\text{L} \geqslant \Delta P \qquad (10.91)$$

例 10.6　假设某电力系统的特征斜率 $M = 500\,\text{MW}$，五年后负荷预计增长 1500 MW，有 600 MW、300 MW、200 MW 三种机组可供选择。它们的强迫停运率分别为 0.10、0.08、0.06。现在要决定如何装机，使得既能满足新增 1500 MW 负荷的需要，又不降低系统的可靠性水平。

解　（1）计算不同机组的有效容量。

根据迦弗尔公式分别计算出各种机组有效容量的结果如下。

600 MW 机组：495.7 MW；

300 MW 机组：268.2 MW；

200 MW 机组：185.5 MW。

（2）求不同的装机方案。

①安装 600 MW 机组时，应装机台数为 $n = 1500/495.7 \approx 3$(台)，此时，系统增加的总装

机为 1800 MW，新增的总有效容量为 1487.1 MW。

② 安装 300 MW 机组时，应装机台数为 $n=1500/268.2 \approx 6(台)$，此时，系统增加的总装机为 1800 MW，新增的总有效容量为 1609.2 MW。

③ 安装 200 MW 机组时，应装机台数为 $n=1500/185.5 \approx 8(台)$，此时，系统增加的总装机为 1600 MW，新增的总有效容量为 1484 MW。

④ 装 2 台 300 MW 机组后，再加装 200 MW 机组，追加的 200 MW 机组台数为 $n=(1500-2 \times 268.2)/185.5 \approx 5(台)$，此时，系统增加的总装机为 1600 MW，新增的总有效容量为 1463.9 MW。

此外，还可以有多型机组的组合方式。但是以上装机方案中，只有装 300 MW 机组的方案能满足 1500 MW 负荷的需求，其他方案的有效容量均小于 1500 MW。

在利用 LOLP 法确定系统新增装机容量时，除了满足负荷增长需要和保持 LOLP 不变外，还必须将总费用最小作为确定装机方案的经济性准则。

3）利用 LOLP 法确定系统装机水平的优点

其优点是可以使系统总的备用容量占系统容量的百分比随着装机的增加而降低。与传统规划方法中采用固定备用率法（系统备用率定义为备用容量与有效容量的比值）确定系统装机水平相比较，可以节省系统装机费用。

系统 M 值的大小与系统总容量有关，系统总容量越大，M 值也就越大，而系统备用率越小，系统 M 值与系统容量和系统备用率的关系为

$$M_2 = M_1(N_2 r_{es2})/(N_1 r_{es1}) \qquad (10.92)$$

式中：N_1 为原系统的总容量（MW）；N_2 为增加新机组后系统的总容量（MW）；r_{es1} 为原系统的备用率；r_{es2} 为增加新机组后系统的备用率；M_1 为原系统的特征斜率（MW）；M_2 为增加新机组后系统的特征斜率。

因此，当维持系统的可靠性水平 LOLP 不变时，随着系统容量的增大 M 值是增大的，而 r_{es} 的值是减小的。

例 10.7　某电力系统总装机容量为 1200 MW，备用率为 20%，由于负荷增长的需要，预计每年增装一台 100 MW 机组，如果系统的可靠性水平不变，并设原始系统的特征斜率为系统总容量的 5%，即 60 MW，并且新机组的强迫停运率为 0.05。分析研究在系统可靠性水平 LOLP 不变的情况下，系统特征斜率 M 值和系统备用率与系统容量之间的关系。

解　（1）计算新增一台 100 MW 机组的新增有效容量。

应用有效容量计算公式得 100 MW 机组的有效容量为 88.3 MW。

（2）计算系统的总有效容量。

原系统的有效容量为

$$N_L = 1200/(1+20\%) = 1000 \text{ (MW)}$$

加上新投入机组的有效容量后，系统总的有效容量为

$$N_L = 1000 + 88.3 = 1088.3 \text{ (MW)}$$

（3）求新增加一台 100 MW 机组的系统备用率。

根据备用率的定义，有

备用容量 = 总容量 − 有效容量

可求得增加新机组后的备用率为

$$r_{es} = \frac{1300 - 1088.3}{1088.3} \times 100\% = 19.4\%$$

4）新增机组后系统特征斜率 M 值

利用上面的结果和系统备用率与 M 值的关系式，可求出投入一台 100 MW 的新机组后的特征斜率为

$$M_2 = M_1(N_2 r_{es2})/(N_1 r_{es1}) = 60 \times (1300 \times 0.194)/(1200 \times 0.2) = 63.1(\text{MW})$$

以此类推，可以对下一年加装 100 MW 机组计算有效容量等值，由此可求出 8 年内的有关数值，结果如表 10.6 所示。

表 10.6　系统特征值 M 和备用率随系统容量变化表

序号	新装机容量/MW	系统总容量/MW	M 值/MW	机组有效容量/MW	系统有效容量/MW	系统备用率/%
0		1200			1000	20.0
1	100	1300	60.0	88.3	1088.3	19.4
2	100	1400	63.1	88.8	1177.1	18.9
3	100	1500	66.2	89.3	1266.4	18.4
4	100	1600	69.3	89.6	1356.0	18.0
5	100	1700	71.9	89.9	1445.9	17.6
6	100	1800	74.7	90.2	1536.1	17.2
7	100	1900	77.3	90.4	1626.5	16.8
8	100	2000	79.7	90.6	1717.1	16.5

由表 10.6 可知，安装新的机组后，系统备用率是下降的。在研究系统的电源扩展规划时，根据不同机组容量和强迫停运率，可求出为满足不同最大负荷增长时备用率的大小，计算结果可得出如图 10.16 所示的关系曲线。

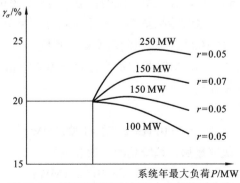

图 10.16　系统备用率与年最大负荷关系曲线

从以上的计算结果可以看出，为了改善系统的可靠性指标，希望安装容量小的机组；但从系统的经济性考虑，往往希望机组容量大些。

3. 按可靠性标准确定电力系统装机方式和装机进度的方法

这里引入一种利用可靠性指标 LOLP 的计算过程来编制电源发展规划的方法。

电源发展规划的基本任务是通过逐年计算，求出在满足预定 LOLP 指标的条件下，需要增加的发电容量、形式，以及应投入的时间。

一般情况是给定风险度及今后若干年的期望负荷增长率，未考虑计划检修，编制电源发展规划。实际上，可以按照不同的机组容量和不同的风险度列出几种计划，从经济上选出其中的最佳方案。

下面通过实际例子来说明这种方法。

例 10.8　某电力系统有四台单机容量为 50 MW 的机组，每台机组的可靠性参数为：强迫停运率 0.04，故障率 0.00111/d，修复率 0.026/d。电源模型的状态概率如表 10.7 所示，负荷模型如表 10.8 所示，假定第一年的尖峰负荷为 150 MW，风险判据用系统的故障率表示。选定可接受的水平为：按期望年负荷增长 8% 来安排增加装机，决定新增加机组容量为 50 MW，若需要，可增至总容量为 500 MW，然后装 100 MW 机组。新增机组的故障率、不可用率等可靠性参数与原机组相同。试编制电源发展规划。

表 10.7　电源系统状态概率表

序号	停运容量 X_k/MW	可用容量 Y_k/MW	确切概率 p_k	累积概率 P_k	确切频率 $f(x_k)$/(1/d)	累积频率 $F(x_k)$/(1/d)
0	0	200	0.849 346 5	1.000 000 0	0.003 737 0	—
1	50	150	0.141 557 7	0.150 653 5	0.003 213 3	0.003 673 2
2	100	100	0.008 847 4	0.009 095 8	0.000 440 6	0.000 459 8
3	150	50	0.000 245 8	0.000 248 4	0.000 018 9	0.000 019 2
4	200	0	0.000 002 6	0.000 002 6	0.000 000 3	0.000 000 3

表 10.8　负荷模型数据

状态号 i	L_i/MW	α_i	$p(L_i)$	$\lambda^+(L_i)$(1/d)	$\lambda^-(L_i)$(1/d)
0	0	—	0.50	2	0
1	100	0.1	0.05	0	2
2	120	0.2	0.10	0	2
3	140	0.5	0.25	0	2
4	150	0.2	0.10	0	2

（1）电源系统状态概率表的制定方法。

在研究电力系统的故障时，机组类型是相同的。一般来说，若同类型的机组总数为 n 台，故障数为 k 台，则可以根据状态 k 的概率、确切频率、累积概率、累积频率的计算公式计算出 n 机系统的状态概率表。

该系统的总装机容量 $Z=4 \times 50$ MW$=200$ MW。现假设任一时刻可用发电容量 Y 为系统的总装机容量与该时刻的停运容量 X 之差；Y_k 为状态 k 的可用容量，X_k 为状态 k 的停运容量。该系统的状态转移图如图 10.17 所示。

图 10.17　四机系统状态转移图

$P_k = P\{X \geqslant x_k\} = P\{Y \leqslant y_k\}$ 为停运容量大于等于 x_k 的累积状态概率，$p_k = p\{X \geqslant x_k\}$ 为停运容量等于 x_k 的确切状态概率。

可以计算出系统的确切状态概率为

$$p_0 = p(x_0 = 0) = C_4^0 0.04^0 (1-0.04)^4 = 0.843\ 46\ 5$$

$$p_1 = p(x_1 = 50) = C_4^1 0.04^1 (1-0.04)^3 = 0.141\ 557\ 7$$

$$p_2 = p(x_2 = 100) = 0.008\ 847\ 4$$

$$p_3 = p(x_3 = 150) = 0.000\ 245\ 8$$

$$p_4 = p(x_4 = 200) = 0.000\ 002\ 6$$

并依据公式计算系统的确切频率等，将结果填入表 10.7 中。

（2）负荷模型中数据的计算方法。

给定负荷模型是个两级模型，$L_0 = 0\ \text{MW}$，L_i 的分布规律如图 10.18 所示。即 10% 的天数峰荷为 100 MW，20% 的天数峰荷为 120 MW，50% 的天数峰荷为 140 MW，20% 的天数峰荷为 150 MW。

图 10.18 所示的负荷图是低负荷 $L_0 = 0\ \text{MW}$ 和高负荷 L_i 的阶梯曲线，一般 L_0 是不变的，而 L_i 则每天变化，是个随机序列，每个尖峰负荷在转移到次日的另一个尖峰之前，先回到每天的低负荷，在低负荷期间，一般不考虑电力不足的可能性。于是可以得出负荷的状态转移图如 10.19 所示。

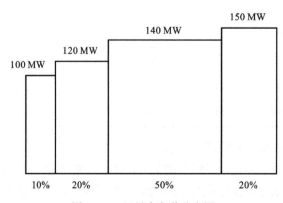

图 10.18　日最大负荷分布图

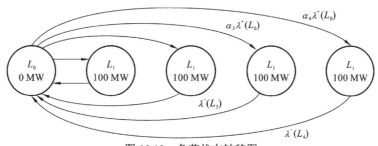

图 10.19　负荷状态转移图

尖峰负荷出现的个数为 $l=4$，尖峰负荷为 L_i $(i=1,2,3,4)$，且 $L_1 < L_2 < L_3 < L_4$，尖峰负荷出现的次数为 $n(L_i)$，研究周期为 $D = \sum_{i=1}^{l} n(L_i)$。表 10.9 给出了两级日负荷模型的计算公式。

表 10.9　两级日负荷模型计算公式

计算项目	尖峰负荷	低负荷
平均持续时间	e	$1-e$
确切概率	$p(L_i) = \dfrac{n(L_i)}{D} e$	$p(L_0) = 1-e$
向较大峰荷转移率	$\lambda^+(L_i) = 0$	$\lambda^+(L_0) = \dfrac{1}{1-e}$
向较小峰荷转移率	$\lambda^-(L_i) = \dfrac{1}{e}$	$\lambda^-(L_0) = 0$
确切频率	$f(L_i) = \dfrac{n(L_i)}{D}$	$f(L_0) = 1$

在本负荷模型中，最大负荷系数取 $e = 12\,\mathrm{h}/24\,\mathrm{h} = 0.5$，从状态 L_0 向较大峰荷的转移率 $\lambda^+(L_0) = 1/(1-e) = 2$，从状态 L_0 到状态 L_1 的相对频率为

$$\alpha_1 = f(L_1) = \frac{n(L_1)}{D} = \frac{10\%}{100\%} = 0.1$$

从状态 L_1 向 L_0 的转移率为

$$\lambda^-(L_1) = 1/e = 2$$

从状态 L_1 向 L_2 的转移率为

$$\lambda^+(L_0) = 0$$

处于状态 L_0 的概率为

$$p(L_0) = 1 - e = 0.5$$

处于状态 L_1 的概率为

$$p(L_1) = \frac{n(L_1)}{D} \cdot e = 0.1 \times 0.5 = 0.05$$

同理可以计算出状态 L_2、L_3、L_4 的相应参数。

由此，表 10.8 中的全部数据可以求出。

（3）裕度容量模型。

假定发电机组的故障停运与负荷的变化两事件是随机且独立的，此时，可以将这两事件的概率模型加以综合。

裕度容量 M_k 定义为电源可用发电容量与负荷容量之差，即

$$M_k = Y_j - L_i \tag{10.93}$$

$M_k > 0$ 表示系统正常；$M_k < 0$ 表示系统故障；$M_k = 0$ 为临界状态。负裕度容量和正裕度容量之间的边界即为状态空间内的故障与完好之间的边界，它们之间的关系可用图 10.20 表示。

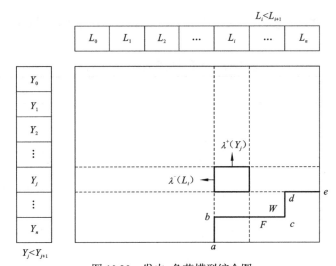

图 10.20　发电-负荷模型综合图

图 10.20 中的折线 *abcde* 为正裕度容量与负裕度容量之间的边界线，边界线的下方为系统故障区，系统要缺电；折线上方为系统正常状态区。从状态 k 向较大裕度容量的转移率 λ_k^+ 可以表示为

$$\lambda_k^+ = \lambda^-(L_i) + \lambda^+(Y_j) \tag{10.94}$$

式中：$\lambda^-(L_i)$ 为向较小负荷状态的转移率；$\lambda^+(Y_j)$ 为向较大发电可用容量的转移率。

类似地，从状态 k 向较小裕度容量的转移率为

$$\lambda_k^- = \lambda^+(L_i) + \lambda^-(Y_j) \tag{10.95}$$

注意：对于给定负荷，当 $i \neq 0$ 时，$\lambda^+(L_i) = 0$，$\lambda^-(L_0) = 0$。

若用 NM 表示负裕度状态集合，PM 表示零和正裕度状态集合，则系统故障概率由下式确定：

$$P_F = \sum_{k \in NM} p_k \tag{10.96}$$

式中：p_k 为裕度容量的确切概率，$p_k = p_{L_i} p_{Y_j}$。

由于图 10.20 中向水平和垂直方向的转移是相互独立的，系统故障频率为

$$F_F = \sum_{k \in NM} p_k \cdot \sum_{L \in PM} \lambda_{kL} \tag{10.97}$$

系统故障平均持续时间为

$$T_F = P_F / F_F \tag{10.98}$$

若直接用系统状态概率表 10.7 的符号表示，即

$$X = Z - (M + L_i) \tag{10.99}$$

式中：X 为停运容量（MW）；Z 为系统的装机容量（MW）；M 为裕度容量（MW）；L_i 为负荷（MW）。

确切概率和累积概率公式分别为

$$p(M) = \sum_{i=0}^{l} p(X)p(L_i) \tag{10.100}$$

$$P(M) = \sum_{i=0}^{l} P(X)p(L_i) \tag{10.101}$$

转移率公式为

$$\lambda^+(M) = \sum_{i=0}^{l} \frac{p(X)p(L_i)[\lambda^+(X) + \lambda^-(L_i)]}{p(M)} \tag{10.102}$$

$$\lambda^-(M) = \sum_{i=0}^{l} \frac{p(X)p(L_i)[\lambda^-(X) + \lambda^+(L_i)]}{p(M)} \tag{10.103}$$

确切频率公式为

$$f(M) = \sum_{i=0}^{l} p(L_i)\{f(X) + p(X)[\lambda^-(L_i) - \lambda^+(L_i)]\} \tag{10.104}$$

以上各式中：$p(X)$ 和 $p(M)$ 分别为 X 状态和 M 状态的确切概率；$f(X)$ 和 $f(M)$ 分别为 X 状态和 M 状态的确切频率；$P(X)$ 和 $P(M)$ 分别为 X 状态和 M 状态的累积概率；$\lambda^+(M)$ 和 $\lambda^-(M)$ 分别为状态 M 向较大和较小裕度容量状态的转移率。

在本节的四机系统中，系统装机容量为 200 MW，根据机组停运情况的不同，其可用容量状态分别为 $Y_0 = 200\,\text{MW}$，$Y_1 = 150\,\text{MW}$，$Y_2 = 100\,\text{MW}$，$Y_3 = 50\,\text{MW}$，$Y_4 = 0\,\text{MW}$；给定负荷状态分别为 $L_0 = 0\,\text{MW}$，$L_1 = 100\,\text{MW}$，$L_2 = 120\,\text{MW}$，$L_3 = 140\,\text{MW}$，$L_4 = 150\,\text{MW}$。因此，负荷与电源的不同状态组合共有 25 种合并状态。现状态参数的确定过程如下。

① 裕度容量计算。

对状态 Y_0L_0，即当 Y_jL_j 取 $j = 0$，$i = 0$ 时，$M_1 = Y_0 - L_0 = 200 - 0 = 200\,\text{MW}$；

对状态 Y_1L_0，$M_2 = Y_1 - L_0 = 150 - 0 = 150\,\text{MW}$；

对状态 Y_0L_1，$M_3 = Y_0 - L_1 = 200 - 100 = 100\,\text{MW}$。

② 状态转移率计算。

从状态 Y_0L_1 到状态 Y_1L_0 的转移率为 $4\lambda = 4 \times 0.0011 = 0.0044$；

从状态 Y_1L_0 到状态 Y_0L_0 的转移率为 $\mu = 0.026\,(1/\text{d})$；

从状态 Y_0L_0 到状态 Y_0L_1 的转移率为 $\alpha_1\lambda^+(L_0) = 0.1 \times 2 = 0.2$；

从状态 Y_0L_1 到状态 Y_0L_0 的转移率为 $\lambda^-(L_1) = 2$。

同理可以求出其他状态之间的转移率，并画出如图 10.21 所示的状态图。

③ 各状态的确切概率计算。

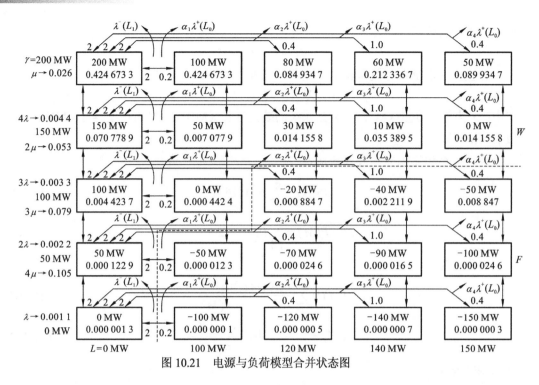

图 10.21　电源与负荷模型合并状态图

在图 10.21 中，方块标明了该状态的裕度容量及相应的状态概率。图中第 1 行的状态之间的转移率已经写出，第 2~5 行，每一行的状态之间的转移率都与第 1 行相同；图中第 1 列的状态之间的转移率也已写出，第 2~5 列每一列的状态之间的转移率也与第 1 列相同。各状态的确切概率可以根据相应的计算公式求得。

当 M = 200 MW 时，对应的可用发电容量为 200 MW，负荷为 0 MW，则

$$p(M - 200) = p(Y = 200)p(L = 0) = 0.849\,346\,6 \times 0.5 = 0.424\,673\,3$$

同理，可以求出其他确切状态概率，不再重复计算过程。计算结果都写入图 10.21 所示的方块中。

④状态的确切频率和累积频率。

各状态的确切频率也可以参照表 10.7 和表 10.8 的数据结果计算得出。

将裕度容量相同的状态合并，合并后状态裕度容量为 M_m，其概率为 p_m，累积概率为 P_m，累积频率为 F_m。计算结果如表 10.10 所示。

表 10.10　相同裕度容量状态的概率、累积概率和累积频率

M_m	p_m	P_m	F_m	M_m	p_m	P_m	F_m
200	0.424673	1.000000	—	−20	0.000884	0.004105	0.008423
150	0.707789	0.575327	0.850951	−40	0.002212	0.006221	0.006609
100	0.046891	0.504548	0.990903	−50	0.000897	0.001009	0.002073
80	0.084935	0.457657	0.914794	−70	0.000025	0.000112	0.000233

M_m	p_m	P_m	F_m	M_m	p_m	P_m	F_m
60	0.212337	0.372723	0.745349	−90	0.000062	0.000087	0.000182
50	0.092136	0.160386	0.321738	−100	0.000025	0.000026	0.000054
30	0.014156	0.068250	0.138203	−120	0.0000003	0.0000012	0.0000027
10	0.035390	0.054095	0.109566	−140	0.0000007	0.0000009	0.0000021
0	0.014600	0.018705	0.037973	−150	0.0000003	0.0000003	0.0000006

由表 10.10 可知，裕度容量小于 −20 MW 时系统才出现缺电状态，$M \leqslant -20 \text{ MW}$ 的概率 $P(M) = 0.00411$，其相应的累积频率 $F(M) = 0.00842 \,(1/\text{d})$。由于本例中负荷系数为 $e = 0.5$，该系统日失负荷概率为

$$\text{LOLP} = 0.00411 / e = 0.00822$$

年失负荷概率为

$$\text{LOLE} = 0.00822 \times 365 = 2.998 \,(\text{d/a})$$

注意：上述计算 LOLP 的方法只在有载时才正确，即低负荷状态不存在电力不足的情况。

（4）系统装机方案的确定。

由本节例题中可以知道，系统的基本最高负荷为 150 MW，以后年均增长率为 8%，据此可以推算出今后 16 年的预计最高负荷值如表 10.11 所示。

表 10.11　今后 16 年内预测负荷最大值

年度	最大负荷/MW	年度	最大负荷/MW	年度	最大负荷/MW
1	150.00	7	238.03	13	377.73
2	162.00	8	257.07	14	407.95
3	174.96	9	277.64	15	440.59
4	188.96	10	299.85	16	475.84
5	204.07	11	323.84		
6	220.40	12	349.75		

按照要求，安排系统的新增 50 MW 机组，直到系统总容量达到 500 MW 时，再加装 100 MW 机组，并用系统故障率来判断装机的时间（或称进度）得到表 10.12，从表中可以得出扩建机组的容量及最佳扩建年份为：第 1、2、5、8、11、12 年，每年各扩建一台 50 MW 机组，第 13、16 年分别增加一台 100 MW 机组，可以保证系统的故障概率在 0.002 以下。

表 10.12　决定各年新增的机组容量、台数

第 X 年	新增机组容量/MW	系统总安装容量/MW	峰值负荷/MW	系统故障概率 P_F
1		200	150.00	>0.002
	50	200	150.00	<0.002
2		250	162.00	>0.002
	50	250	162.00	<0.002
3		300	174.96	<0.002
4		300	188.95	<0.002
5		300	204.07	>0.002
	50	350	204.07	<0.002
6		350	220.89	<0.002
7		350	238.08	<0.002
8		350	257.07	>0.002
	50	400	257.07	<0.002
9		400	277.63	<0.002
10		400	299.85	<0.002
11		400	323.85	>0.002
	50	450	323.85	<0.002
12		450	349.74	>0.002
	50	500	349.74	<0.002
13		500	377.72	>0.002
	100	600	377.72	<0.002
14		600	407.94	<0.002
15		600	440.57	<0.002
16		600	475.81	>0.002
	100	700	475.81	<0.002

　　当然也可以假定不相同的机组容量来规划扩建年份的装机方案。

10.6　电网规划的可靠性分析方法

10.6.1　电网规划可靠性概述

1. 电网规划可靠性的概念

电网包括输电系统和配电系统。输电系统可靠性是指包括电厂和高压输电网络、但不包括负荷点在内的整个输电系统及设备按照可接受标准和期望数量满足用户电力及电能需求能力的度量。配电系统的可靠性是指从供电点到用户,包括变电站、高低压线路、接户线在内的整个配电系统及设备按照可接受标准和期望数量满足用户电力和电能需求能力的度量。

输配电系统可靠性评价中主要评估充裕度,它通过可靠性指标来体现[111]。

2. 电网规划可靠性的判别准则

电网规划可靠性的判别准则是以电网能否将发电系统发出的电能安全可靠地送到电力用户作为判别依据的。在对电网规划的静态可靠性进行评价时,通常可以采用如下判别准则。

（1）一条线路或变压器故障停运时,电网没有发生故障停电的情况。

（2）两条线路或两台变压器同时发生故障或相继停运时,电网没有发生负荷停电的情况。

（3）一条线路或一台变压器处于计划检修状态的同时、另外一条线路或变压器发生故障停运时,电网没有发生负荷停电的情况。

（4）一条母线故障停运时,电网没有发生负荷停电的情况。

（5）一台发电机故障停运时,电网没有发生负荷停电的情况。

10.6.2　电网可靠性分析一般步骤

1. 输电系统可靠性分析方法

1）基本原理

其基本原理是通过对研究的系统进行故障后果分析（failure effects analysis,FEA）,以达到计算可靠性指标的目的。输电系统可靠性分析方法的故障后果分析法流程图如图 10.22 所示。

（1）定义所研究事件的事件类型（与采用的分析方法有关）。通常输电系统可靠性分析中研究两种事件类型,即输电线路故障停运和发电设备、输电线路同时故障停运。

（2）确定在该类型故障中要研究哪些有关事件。本章输电系统可靠性分析中根据输电网络规划设计中采用的 $N-1$ 规则,着重研究网络中只有一条回路发生故障的事件。

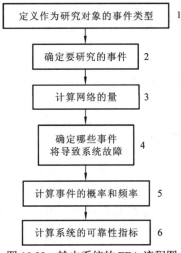

图 10.22   输电系统的 FEA 流程图

（3）计算网络的量。主要是针对第（2）步确定的事件，对网络进行潮流分析，从而求得研究的输电系统在既满足发电容量又满足输电线路不过负荷的条件下，这一系统的负荷供应能力（load supplying capacity，LSC）。

（4）确定哪些事件将导致系统故障。一般在输电系统中，当负荷母线处于工作中断或其质量变得不容许时，则可以认为系统已经发生故障。

通常，当下列任一事件发生时，就可能出现故障：

① 系统中有效发电容量不足；

② 向某一负荷点的供电中断；

③ 输电线过负荷；

④ 母线电压偏离容许值。

导致系统故障的事件确定后，最后两步将计算这些事件的概率和频率，从而计算出系统的可靠性指标。

2）相关概念

（1）输电系统负荷供应能力（load supplying capacity，LSC）的概念。

输电系统负荷供应能力是指一个系统的发电容量通过输电网络后能提供给负荷的最大功率。

图 10.23 横坐标为负荷需要的功率，纵坐标为系统实际可能提供的功率。当考虑电网的因素时，受输电线路可能出现过负荷的限制，系统提供给负荷的功率实际上达不到理论上的极限值，这个实际极限值称为电网的输电系统负荷供应能力。其意义与计算发电系统时用到的有效发电容量相同。若能计算出各种偶发故障情况下系统的 LSC 值，并将负荷需求与之比较，即当 LSC 值小于负荷时，则可以确定此偶发故障属于系统故障或系统电力不足。

（2）输电系统可靠性分析的 $N-1$ 规则。

从规划者的角度，通常并不需要通过所有停运事件来检验一个电网的可靠性，而是特别注意在某一类或两类特定偶发故障下系统的可靠性水平。在电网规划中应用的 $N-1$ 规则即属于这种情况。

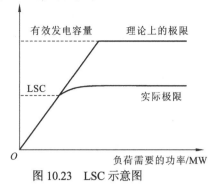

图 10.23　LSC 示意图

只需对所有单重回路故障计算 LSC 值来检验电网的可靠性，因此有时也称之为单一故障可靠性检验。当然，这会对可靠性分析结果带来一定误差。

根据 N-1 规则计算一个网络的 LSC 值包括如下内容。

① 计算网络在正常情况下的 LSC 值及各线路的潮流。显然，在这种情况下各线路不会出现过负荷的情况。

② 依次停运网络中的一条独立支路，并在每一次停运后计算网络的 LSC 值及各支路的潮流分布。这样便可以得到一系列网络处于不同停运状态下的 LSC 值及相应的网络的潮流分布。在分析中，把每一条线路停运作为系统出现了一次单重故障，并规定当第 i 条输电线停运时，系统即处于状态 i。

2. 配电系统可靠性分析方法

配电系统可靠性分析通常采用故障模式影响分析法（failure mode and effect analysis，FMEA）。其基本思想是：根据选定的可靠性准则，将配电系统划分为完好和故障两类状态，并根据故障状态计算出相应的可靠性指标。通常在配电系统可靠性评估中采用连续性作为故障准则，即供电连续性遭破坏（停电）为故障状态，保持连续供电为完好状态。

具体做法是：建立故障模式影响分析表，查清每一个故障事件及其影响，并加以综合分析，计算出可靠性指标[112-115]。

配电系统可靠性分析方法适用于放射状网络，并且可扩展应用于有转移设备的复杂网络的全面分析。

10.6.3　电网规划可靠性的评价指标及其计算

1. 输电网规划可靠性的评价指标

1）电力不足时间概率

电力不足时间概率（loss time probability，LOLP）定义为电网某日在某一负荷水平下由于电网结构不合理、设备检修或故障停运而引起供电能力不足造成用户停电的概率。当设备相互独立时，电力不足时间概率的计算式为

$$\text{LOLP} = P_L \sum_{q \in F} P_{sq} = P_L \sum_{q \in F} P_{sq} \prod_{j \in h} P_{qj} \prod_{k \in H} (1 - P_{qk}) \tag{10.105}$$

式中：F 为导致电网供电不足的所有故障状态集合；H 为电网中所有正常设备的集合；h 为电网中所有故障设备和停运检修设备的集合；P_L 为负荷水平 L 发生的概率；P_{sq} 为电网处于 q 状态的概率；P_{qj} 和 P_{qk} 分别表示电网在 q 状态下第 j 台和第 k 台设备工作的概率、故障停运率和计划检修停运概率。

2）平均供电可靠率

平均供电可靠率（average service availability index，ASAI）为研究期间由电网供电用户的可用小时数与总的要求的供电小时数之比。实际工程中计算式为

$$\text{ASAI} = (1 - \text{LOLP}) \times 100\% \tag{10.106}$$

3）电力时间不足期望值

研究期间，电网在不同负荷水平下由于电网结构不合理、设备检修或故障停运而引起供电不足造成用户停电时间的均值称为电力时间不足期望值（loss of load expectation，LOLE）。若研究期间的负荷水平集为 NL，其中第 r 个负荷水平出现的概率为 P_{L_r}，则电力时间不足期望值 LOLE（单位：d/期间）的计算式为

$$\text{LOLE} = \sum_{r \in \text{NL}} P_{L_r} \prod_{j \in h} P_{qj} \prod_{k \in H} (1 - P_{qk}) \tag{10.107}$$

4）电力不足频率

研究期间，电网在不同负荷水平下由于电网结构不合理、设备检修或故障停运而引起供电不足造成用户停电的平均次数称为电力不足频率（loss of load frequency，LOLF）（单位：次/期间）。电力不足频率不仅与负荷水平和设备状态有关，还与电网各状态之间的转移有关，其计算式为

$$\text{LOLF} = \sum_{r \in \text{NL}} P_{L_r} \sum_{q, r \in F} \prod_{j \in h} P_{qj} \prod_{k \in H} (1 - P_{qk}) \sum_{l \in S} \lambda_{ql} \tag{10.108}$$

式中：S 为电网正常状态集合；λ_{ql} 为电网从故障状态 q 到正常状态 l 的转移率。若只考虑单重设备停运，则其为设备的修复率；若考虑设备的多重故障，则需要对所有的转移进行检验后，才能根据各设备修复率确定相应的状态转移率。

5）电力不足持续时间

研究期间，由于电网结构不合理或电网故障引起用户停电的平均时间称为电力不足持续时间（loss of load duration，LOLD）（单位：d/次）。其计算式为

$$\text{LOLD} = \frac{\text{LOLE}}{\text{LOLF}} \tag{10.109}$$

6）电网的电量不足期望值

研究期间，由于电网结构不合理或部分电气设备停运造成电网供电不足，使用户得不到供电的缺电量的平均值称为电网的电量不足期望值（expected energy not supplied，EENS）（单位：kW·h/期间）。其计算式为

$$EENS = \sum_{r \in NL} P_{L_r} \sum_{q,r=F} APNS_{q,r} \prod_{j \in h} P_{qj} \prod_{k \in H} (1 - P_{qk}) \qquad (10.110)$$

式中：$APNS_{q,r}$ 为电网在负荷水平为 r、故障状态为 q 时向用户少供的有功功率总值，即削减的总负荷量。

2. 配电网规划可靠性的评价指标

1）系统平均停电频率指标

系统平均停电频率指标（system average interruption frequency index，SAIFI）是指每个由系统供电的用户在单位时间内所遭受到的平均停电次数（单位：次/（用户·a））。它可以用一年中用户停电的累积次数除以系统供电的总用户数来预测，即

$$SAIFI = \frac{\sum_i \lambda_i N_i}{\sum_i N_i} \qquad (10.111)$$

式中：N_i 为负荷点 i 的用户数；λ_i 为负荷点 i 的故障率。

2）系统平均停电持续时间

系统平均停电持续时间（system average interruption duration index，SAIDI）是指每个由系统供电的用户在一年中所遭受的平均停电持续时间（单位：h/（用户·a））。它可以用一年中用户遭受的停电持续时间总和除以该年中由系统供电的用户总数来预测，其计算式为

$$SAIDI = \frac{\sum_i \lambda_i U_i}{\sum_i N_i} \qquad (10.112)$$

式中：U_i 为负荷点 i 的等值年平均停电时间。

3）系统平均供电可用率指标

系统平均供电可用率指标（average service availability index，ASAI）是指一年中用户获得的不停电时间总数与用户要求的总供电时间之比。若一年中用户要求的供电时间按全年 8760 h 来计算，则其计算式为

$$ASAI = \frac{8760 \sum_i N_i - \sum_i N_i U_i}{\sum_i N_i} \qquad (10.113)$$

4）系统电量不足指标

系统电量不足指标（energy not service index，ENSI）是指系统中停电负荷的总停电量（单位：kW·h/a）。其计算式为

$$ENSI = \sum L_{a(i)} U_i \qquad (10.114)$$

式中：$L_{a(i)}$ 为连接在停电负荷点 i 的平均负荷（kW）。

5）用户平均停电频率指标

用户平均停电频率指标（customer average interruption frequency index，CAIFI）是指一年中每个受停电影响的用户所遭受的平均停电次数（单位：次/（停电用户·a））。其计算式为

$$CAIFI = \frac{\sum_i \lambda_i N_i}{\sum_{j \in EFF} N_i}$$

（10.115）

式中：EFF 为受停电影响的负荷点的集合。

6）用户平均停电持续时间指标

用户平均停电持续时间指标（customer average interruption duration index，CAIDI）是指一年中被停电的用户所遭受的平均停电持续时间（单位：h/（停电用户·a））。它可以用一年中用户停电持续时间的总和除以该年停电用户总次数来估计。其计算式为

$$CAIDI = \frac{\sum_i U_i N_i}{\sum_i \lambda_i N_i}$$

（10.116）

例 10.8 如图 10.24 所示的放射状配电系统，图中的隔离开关是常闭的。负荷点 A、B、C 由供电干线向装有熔断器的分支线供电。假设该系统由配电站母线单电源供电，又假设配电站母线和供电主干线的断路器是完全可靠的。当系统中某一部分发生故障时，可以手动操作隔离开关，断开故障部分使系统恢复供电。表 10.13 是图 10.24 所示的放射系统的元件可靠性指标。试求该配电系统可靠性评价指标。

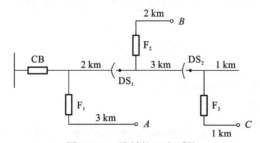

图 10.24 放射状配电系统

CB：配电干线断路器；F：熔断器；DS：隔离开关；A、B、C：负荷点

表 10.13 放射状配电系统的元件可靠性指标

名称	故障率/(次/km·a)	平均修复时间/h	隔离开关操作时间/h	负荷点供电的用户数
供电干线	0.10	3.0		
分支线	0.25	1.0		
DS1、DS2			0.5	
A				250
B				100
C				50

分析 配电系统可靠性的基本方法是建立故障模影响分析表，即查清楚每个故障事件及其后果，并加以综合。进行故障分析采用三个指标：负荷点故障率 λ（次/km·a）；负荷点

每次故障平均停电持续时间 r（h/次）；负荷点的年平均停电时间 U（h/a）。

解　建立该放射状配电系统的故障模式及后果分析表如表 10.14 所示。

表 10.14　故障模式及后果分析表

元件		负荷点 A			负荷点 B			负荷点 C		
		λ/(次/a)	r/(h/次)	U/(h/a)	λ/(次/a)	r/(h/次)	U/(h/a)	λ/(次/a)	r/(h/次)	U/(h/a)
供电干线	3 km 段	0.30	0.50	0.15	0.30	3.00	0.90	0.30	3.00	0.90
	2 km 段	0.20	3.00	0.60	0.20	3.00	0.60	0.20	3.00	0.60
	1 km 段	0.10	0.50	0.05	0.10	0.50	0.05	0.10	3.00	0.30
分支线	3 km 段	0.75	1.00	0.75						
	2 km 段				0.50	1.00	0.50			
	1 km 段							0.25	1.00	0.25
合计		1.35	1.15	1.55	1.10	1.86	2.05	0.85	2.41	2.05

注：①负荷点 A 的故障率 $\lambda = 0.2 + 0.3 + 0.1 + 0.75 = 1.35$（次/a）；

②负荷点 A 的每次故障平均时间 $r = (0.2 \times 3.0 + 0.3 \times 0.5 + 0.1 \times 0.5 + 0.75 \times 1.0) / 1.35 = 1.15$(h/次)；

③负荷点 A 的年平均停电时间 $U = \lambda r = 1.35 \times 1.15 = 1.55$（h/a）。

根据表 10.13 和表 10.14 的数据，以及配电系统可靠性评价指标的计算公式可以得到：

系统的平均停电频率指标 SAIFI = 490/400 = 1.23（次/（用户·a））；

系统平均停电持续时间 SAIDI = 695/400 = 1.74（h/（用户·a））

系统平均供电可用率指标 ASAI = （400×8760−695）/（400×8760）= 0.999 802。

用户平均停电持续时间指标 CAIDI = 605/490 = 1.42（h/（停电用户·a））。

10.6.4　电网规划可靠性的成本-效益分析法

1. 电网规划中进行可靠性成本-效益分析的意义

在电力市场机制下，电网规划中所考虑的供电成本不仅包括投资成本、运行成本，还包括需求侧的缺电成本（由于电网供给电力不足或中断所造成的用户缺电损失）。后一部分是供电可靠性水平高低的直接经济体现。电网规划的目标是通过分析电网建设的投资成本以及由此带来的可靠性效益，确定在什么样的投资下才能获得供电总成本最低的最佳可靠性水平，使规划出的电网将来投运后整体社会效益最好[116]。

2. 可靠性成本效益分析的理论基础

1）相关概念

（1）边际成本。

边际成本（marginal cost，MC）是指每增加一个单位收益而需要增加的投资成本，即

$$MC = \frac{\partial TC}{\partial B} \tag{10.117}$$

式中：TC 为总成本；B 为收益。

（2）边际效益。

边际效益（marginal benefit，MB）是指因增加一个单位销售而获得的收益，即

$$MB = \frac{\partial TB}{\partial B} \tag{10.118}$$

式中：TB 为总效益。

（3）平均成本。

平均成本（average cost，AC）是指分摊到每个单位收益的总成本，即

$$AC = \frac{TC}{B} \tag{10.119}$$

（4）净效益。

净效益是指总效益减去总成本，即

$$TTB = TB - TC \tag{10.120}$$

式中：TTB 表示净效益。

2）理论分析

（1）当净效益最大时，有 $\frac{\partial TTB}{\partial B} = \frac{\partial TB}{\partial B} - \frac{\partial TC}{\partial B}$，表明当边际成本等于边际效益时，净效益达到最大。此时，每增加单位成本，就会增加单位效益。

（2）总成本 TC 和总效益 TB 都是一个决策方案收益 B 的函数，如图 10.25 所示，图（b）中绘出了边际成本、边际效益和平均成本与收益的关系。可以看出，当 MC 小于 MB 和 AC 时，MB 和 AC 均下降；当 MC 大于 MB 和 AC 时，MB 和 AC 均上升。曲线上任何一点的平均值是从原点到这一点的射线的斜率。在图 10.25（a）中，OA 显然是一条斜率最小的射线，所以 S 是最小平均成本时的收益。当净效益（总效益减去总成本）最大值在点 S^* 处时，曲线 MB 与 MC 相交，边际成本等于边际效益。

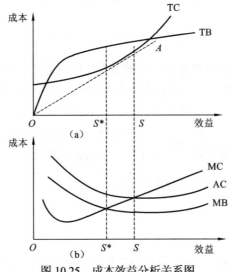

图 10.25　成本效益分析关系图

3）成本效益关系

如图 10.26 所示，在投资初期，投资的增加能够带来较大的投资效益；随着投资增加与投资效益的增加逐步达到平衡，再增加投资只能带来较小的投资效益。

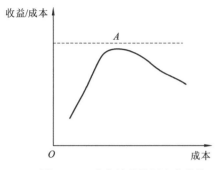

图 10.26　成本效益比例变化曲线

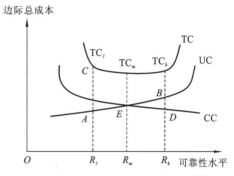

图 10.27　可靠性成本效益分析曲线

4）电网规划中的可靠性成本效益分析

供电企业为使系统达到一定供电可靠性水平而需要增加的投资成本（也包括运行成本），称为供电系统可靠性成本。可靠性效益是因为供电系统达到一定供电可靠性水平而增加的效益或因此减少的停电成本。可靠性边际成本是为增加一个单位可靠性水平而需要增加的投资成本；可靠性边际效益定义为因增加一个单位可靠性水平而获得的效益或因此而减少的停电成本，故也称为边际停电成本[117]。

在图 10.27 所示曲线中，UC 为可靠性边际成本曲线，CC 为可靠性边际效益曲线即边际停电成本曲线，TC 为边际供电成本曲线。

从图 10.27 可知，在曲线 UC 与 CC 的交点处，即当边际成本等于可靠性边际效益时，边际供电总成本最低（即 TC_m），对应的可靠性水平 R_m 为最佳可靠性水平。供电系统投资不足情况下，若可靠性成本对应于曲线 UC 上的点 A，则相应的供电可靠性水平 R_l 低于 R_m，导致边际供电成本 TC_l 高于 TC_m；供电系统投资过高的情况下，若可靠性成本对应于 UC 上的点 B，虽然相应的可靠性水平 R_k 高于 R_m，但是边际供电总成本 TC_k 仍然高于 TC_m。因此，只有当每增加一个单位供电可靠性水平所需的投资成本等于因该可靠性提高而获得的效益（或由此减少的停电成本）时，即满足

$$\frac{\partial BE}{\partial R} \cdot \frac{\partial R}{\partial C} = 1 \tag{10.121}$$

式中：BE 为获得的效益；R 为可靠性水平；C 为投资成本。

此时，电网的边际供电总成本最低，电网可靠性水平是最合理的。这也是供电企业为采取措施提高可靠性而进行电网建设投资决策的优化准则。

若以供电总成本最低为电网建设投资决策的目标，则目标函数可以表示为

$$\min Z = WC + UEC \tag{10.122}$$

式中：Z 为电网供电总成本；WC 为电网建设或改造的投资成本；UEC 为由于电网供电可靠性问题而产生的停电成本。

对 WC 求导，可得

$$\frac{\partial Z}{\partial WC} = \frac{\partial UEC}{\partial WC} + 1 = 0 \qquad (10.123)$$

若用增量形式表示，则为

$$-\Delta UEC = \Delta WC \qquad (10.124)$$

由式（10.124）可知

① 当 $-\Delta UEC > \Delta WC$，$\dfrac{\partial Z}{\partial WC} < 0$ 时，电网建设或改造的投资成本的增加小于停电成本的减少，此时，电网的可靠性水平的提高只需要较少的投资费用，投资增加能够获得收益。

② 当 $-\Delta UEC = \Delta WC$，$\dfrac{\partial Z}{\partial WC} = 0$ 时，投资成本的边际增加将完全为停电损失成本的边际减小所抵消，供电总成本 TC 达到最小。

③ 当 $-\Delta UEC < \Delta WC$，$\dfrac{\partial Z}{\partial WC} > 0$ 时，电网建设或改造投资成本的增加大于停电成本的减少。此时，电网可靠性水平的提高需要大量增加投资费用，投资增加已经不能获得收益。

综上所述，式（10.124）是电网建设或改造最佳投资和达到最佳可靠性水平的边界条件。

3. 可靠性成本的计算方法

电网可靠性成本就是供电企业为使电网可靠性达到一定水平而花费的成本，包括电网建设与改造的一次投资费用、设备运行费用和维护费用、管理费用、人工费用等，其中一次投资费用包括设备备、土建费、安装费，以及税收、银行贷款利息等。这些费用的总和就是电网的可靠性成本。

在不同时间投入的资金及获得的效益，其价值也是不同的。为计算电网的可靠性成本，需要把为使电网可靠性达到一定水平而所花费的投资费用、运行费用和维护费用等按照进行时间价值的换算后才能计算出来。

4. 可靠性效益的计算方法

停电成本是电网可靠性高低水平的直接经济体现，即在单位停电成本不变的情况下，停电成本越低，可靠性效益就越高。可以把电网的可靠性成本与可靠性效益统一在经济上衡量。

对供电企业来说，停电成本应该包括少售电而无法获得的电费收入、因设备故障而增加的检修费用或更换设备的费用，以及对电力用户停电损失的赔偿费（也称用户停电成本）。

1）影响电力用户停电成本计算的因素

影响电力用户停电成本计算的因素包括停电发生时间、停电提前通知时间、停电量、停电持续时间、停电频率。

2）停电成本的计算

理论上可以先对每种停电故障进行可靠性计算，并对每种影响因素进行分析，然后由停电成本函数得出该故障下的停电成本，最后利用停电故障概率求出所有停电故障下的停电成本期望值。实际应用中，停电成本函数很难精确构造，有些因素的影响程度也很难表达、计算,这些导致停电成本的计算十分困难。

目前,对停电成本采用下列几种简单的估算方法。

(1)按 GDP 计算。这种计算方法是按每缺 1 kW·h 电量而减少的 GDP 计算平均停电成本,即 GDP/总用电量。它反映了停电对整体经济的平均影响,但是无法描述各类用户收到的实际影响。

(2)电价倍数计算。根据对各类用户进行停电损失的调查和分析,用平均电价的倍数来估算停电成本。这种估算方法虽然反映了停电损失影响,但没有考虑停电持续时间等因素的影响。

(3)按停电功率、停电量、停电持续时间、停电频率计算。这种方法虽然计入了影响电力用户停电成本计算的因素,但没有反映系统中各负荷点用户的单位停电成本,不利于系统在安全运行受到威胁的情况下按单位停电成本大小削减节电负荷的方案实施。

为了方便而又不失一般性地反映停电影响,可以通过构造停电损失评价率(interrupted energy assessment rate,IEAR)来计算停电成本的方法。

停电损失评价率定义为由于供电系统中断造成用户得不到单位电量而引起的经济损失。在此是把用户停电功率或停电量下的平均停电成本作为停电时间函数,而其他一些影响因素在 IEAR 的构造中得以反映。

研究期间内的停电成本(unserved energy cost,UEC)(单位:元/期间)的计算式为

$$UEC = \sum_{i=1}^{k} IEAR_i \times EENS_i \tag{10.125}$$

式中:n 为供电系统负荷节点数;$IEAR_i$ 为节点 i 的停电损失评价率(元/(kW·h));$EENS_i$ 为研究期间内节点 i 的电量不足值,可以通过可靠性计算得到(kW(h/期间))。

可以通过向用户调查所得到的基础资料及系统可靠性计算结果来构造 IEAR,其一般过程如下。

① 对供电区内用户进行调查,获取不同停电时间段内各类用户的停电损失情况。

② 将所得的资料进行汇编整理,并以此为依据建立供电区内各类用户停电损失函数(sector customer damage function,SCDF),以表征各类用户停电损失与停电时间的关系。

③ 根据建立的停电损失函数及各类用户年峰荷或年电能消耗量,求出以节点为单位的用户综合停电损失函数(composite customer damage Function,CCDF)(单位:元/kW 或元/(kW·h)),以说明用户综合停电损失与停电时间的关系,即

$$CCDF_i(t) = \sum_{j=1}^{N} SCDF_j(t) \times \left[\frac{P_j}{\sum_{j=1}^{N} P_j} \right] \tag{10.126}$$

或

$$CCDF_i(t) = \sum_{j=1}^{N} SCDF_j(t) \times \left[\frac{E_j}{\sum_{j=1}^{N} E_j} \right] \tag{10.127}$$

式中:$SCDF_j(t)$ 为第 j 类用户停电 t 时的损失;P_j 和 E_j 分别为第 j 类用户的年峰荷值和电能消耗量;N 为节点 i 上的用户分类数。

④ 算出各节点停电损失评价率 IEAR_i。在综合考虑停电量、停电持续时间、停电频率、用户综合停电损失的情况下，停电损失评价率的计算公式为

$$\text{IEAR}_i = \frac{\sum_{k=1}^{m} L_{ik} f_k C_{ik}(d_k)}{\sum_{k=1}^{m} L_{ik} f_k d_k} \tag{10.128}$$

式中：m 为造成节点 i 用户停电的故障总次数；L_{ik} 为第 k 种故障节点 i 的负荷停电量；f_k 和 d_k 分别为第 k 种故障出现的频率和持续时间；$C_{ik}(d_k)$ 为相应的单位停电损失，可由用户综合停电损失函数求得。

式（10.128）中，分母表示研究期间内 m 次故障下节点 i 的停电量，分子表示相应的停电成本。整个式子表示综合考虑系统故障情况下的停电成本。

使用的近似计算式为

$$\text{IEAR}_i \approx C_i(d_{avi}) / d_{avi} \tag{10.129}$$

式中：d_{avi} 为造成节点 i 停电的持续故障时间平均值，可通过可靠性计算得出；$C_i(d_{avi})$ 为相应的单位停电损失。

3）目前我国对用户停电损失的赔偿计算方法

按照我国 2018 年颁布实施的《中华人民共和国电力法》第六十条规定：因电力运行事故给用户或者第三人造成损害的，电力企业应当依法承担赔偿责任。

按照同年颁布实施的《供电营业规则》第九十五条规定：供用双方在合同中订有电力运行事故责任条款的，按照下列规定办理：由于供电企业电力运行事故造成用户停电的，供电企业应按用户在停电时间内可能用电量的电度电费的五倍（单一制电价为四）给予赔偿。用户在停电时间内可能用电量，按照停电前用户正常用电月份或正常用电一定天数内的每小时平均用电量乘以停电小时求得。电度电费按国家规定的目录电价计算。

按照《供电营业规则》第九十九条规定：因电力运行事故引起城乡用户居民家用电器损坏的，供电企业应按《居民用户家用电器损坏处理办法》进行处理。

5. 基于可靠性成本-效益分析的实用计算方法

在实际工程中，当可比较的方案并不是很多时，通常采用实用计算方法。

设 $f(R)$ 为可靠性成本，$g(R)$ 为停电成本。假设现在供电企业为提高电网可靠性而准备采取的措施是增架线路进行电网改造，电网有两种改造方案，实施后对应的可靠性分别为 R_{21} 和 R_{22}。

方案一　改造费用为 $f(R_{21})$，改造后产生的效益为 $b(R_{21}) = g(R_1) - g(R_{21})$。

若 $b(R_{21}) > f(R_{21})$，则该方案可取；否则不可取。

方案二　改造费用为 $f(R_{22})$，改造后产生的效益为 $b(R_{22}) = g(R_1) - g(R_{22})$。

若 $b(R_{22}) > f(R_{22})$，则该方案可取；否则不可取。

如果需要在两个及两个以上的可行方案中选取最优的方案，可以通过成本效益比的概念来进行比较，即

$$\frac{\text{Cost}}{\text{Benefit}} = \frac{f(R)}{b(R)} \tag{10.130}$$

在可行的方案中，成本效益比最小的方案即为最优方案。

综上所述，可得方案的判据为

$$\frac{\text{Cost}}{\text{Benefit}} < 1 \tag{10.131}$$

最优方案的判据为

$$\min\frac{\text{Cost}}{\text{Benefit}} \tag{10.132}$$

参 考 文 献

[1] 侯熙光. 电力系统最优规划[M]. 武汉: 华中理工大学出版社, 1991: 1-2.

[2] 金义雄, 王承民. 电网规划基础及应用[M]. 北京: 中国电力出版社, 2019: 2-3.

[3] 何仰赞, 温增银. 电力系统分析(上)[M]. 4 版. 武汉: 华中科技大学出版社, 2016: 4-5.

[4] 全球能源互联网发展合作组织. 中国"十四五"电力发展规划研究[R/OL]. (2020-7-23)[2020-10-20]. https://www. sohu. com/a/411546038-100005941.

[5] 电力工业部电力规划设计总院. 电力系统设计手册[M]. 北京: 中国电力出版社, 1994: 3-4.

[6] 王锡凡. 电力系统规划基础[M]. 北京: 中国电力出版社, 1998: 9-11.

[7] 韩祯祥, 吴国炎. 电力系统分析[M]. 5 版. 杭州: 浙江大学出版社, 2018: 3-4.

[8] 康重庆, 夏清, 刘梅. 电力系统负荷预测[M]. 2 版. 北京: 中国电力出版社, 2017: 7-8.

[9] 牛东晓, 曹树华, 卢建昌, 等. 电力系统负荷预测技术及其应用[M]. 2 版. 北京: 中国电力出版社, 2009: 1-3.

[10] 钟惠锋. 提高电网短期负荷预测精度的研究[J]. 广东电力, 2011, 24(6): 97-100.

[11] 崔旻, 顾洁. 基于数据挖掘的电力系统中长期负荷预测新方法[J]. 电力自动化设备, 2004, 24(6): 18-21.

[12] 李艳梅, 孙薇. 多元线性回归分析在用电量预测中的应用[J]. 华北电力技术, 2003 (11): 40, 41.

[13] 钱虹, 阮大兵, 黄正润. 电力系统超短期负荷预测算法及应用[J]. 上海电力学院学报, 2013, 29(1): 9-12.

[14] 杨位钦, 顾岚. 时间序列分析与动态数据建模[M]. 北京: 北京工业学院出版社, 1986: 8-16.

[15] 张美英, 何杰. 时间序列预测模型研究综述[J]. 数学的实践与认识, 2011, 41(18): 189-195.

[16] 李金颖, 牛东晓. 非线性季节型电力负荷灰色组合预测研究[J]. 电网技术, 2003, 27(5): 26-28.

[17] 邓聚龙. 灰色预测与决策[M]. 武汉: 华中科技大学出版社, 2002: 1-6.

[18] 周平, 杨岚, 周家启. 电力系统负荷灰色预测的新方法[J]. 电力系统及其自动化学报, 1998, 10(3): 45-50.

[19] 刘思峰, 谢乃明. 灰色系统理论及其应用[M]. 北京: 科学出版社, 2010: 1-12.

[20] 谢开贵, 李春燕, 周家启. 基于神经网络的负荷组合预测模型研究[J]. 中国电机工程学报, 2002, 22(7): 85-89.

[21] 蔡国伟, 杜毅, 李春山, 等. 基于支持向量机的中长期日负荷曲线预测[J]. 电网技术, 2006, 30(23): 56-60.

[22] 律方成, 刘怡, 亢彦珣, 等. 基于改进遗传算法优化极限学习机的短期电力负荷预测[J]. 华北电力大学学报(自然科学版), 2018, 45(6): 1-7.

[23] 王丽, 朱文广, 杨为群, 等. 基于灰色神经网络与灰色关联度的中长期日负荷曲线预测[J]. 武汉大学学报(工学版), 2019, 52(1): 58-64.

[24] 李瑾, 刘金朋, 王建军. 采用支持向量机和模拟退火算法的中长期负荷预测方法[J]. 中国电机工程学报, 2011, 31(16): 63-66.

[25] KANDIL M S, EL-DEBEIKY S M, HASANIEN N E. Long-term load forecasting for fast developing utility using a knowledge-based expert system[J]. IEEE Transactions on Power Systems, 2002, 17(2): 491-496.

[26] WILLS H L, SCHAUER A E, NORTHCOTE-GREEN J E D, et al. Forecasting distribution system loads using curve shape clustering[J]. IEEE Transactions on Power Apparatus and Systems, 1983, 102(4): 893-901.

[27] 肖白, 周潮, 穆钢. 空间电力负荷预测方法综述与展望[J]. 中国电机工程学报, 2013, 33(25): 78-92.

[28] 余贻鑫, 张弘鹏, 张崇见, 等. 空间电力负荷预测小区用地分析的模糊推理新方法[J]. 天津大学学报, 2002, 35(2): 135-138.

[29] 朱凤娟, 王主丁, 寿挺, 等. 考虑规划小区发展时序的空间负荷预测分类分区法[J]. 华东电力, 2011, 39(3): 423-427.

[30] WU H C, LU C N. A data mining approach for spatial modeling in small area load forecast[J]. IEEE Transactions on Power Apparatus and Systems, 2002, 17(2): 516-521.

[31] 张建平, 刘杰锋, 陈屹东, 等. 基于人均用电量和人均用电负荷的饱和负荷预测[J]. 华东电力, 2014, 42(4): 661-664.

[32] 朱云毓, 高丙团, 陈宁, 等. 自下而上的群体居民日负荷预测[J]. 东南大学学报(自然科学版), 2019, 50(1): 46-55.

[33] 中华人民共和国国家能源局. 电力系统设计技术规程: DL/T 5429—2009[S]. 北京: 中国电力出版社, 2009: 6-8.

[34] 王夫晶. 抽水蓄能电站容量的规划[D]. 合肥: 合肥工业大学, 2011.

[35] 萧国泉, 徐绳均. 电力规划[M]. 北京: 水利电力出版社, 1993: 45-53.

[36] 王锡凡. 电力系统优化规划[M]. 北京: 水利电力出版社, 1990: 183-220.

[37] 李小明, 陈金富, 段献忠, 等. 电源规划模型及求解方法研究综述[J]. 2006, 34(23): 78-84.

[38] 唐权. 电力系统电源规划模型及算法研究[D]. 武汉: 华中科技大学, 2006.

[39] 王锡凡, 王秀丽. 随机生产模拟及其应用[J]. 电力系统自动化, 2003, 27(8): 10-15.

[40] 言茂松, 邹斌. 电力系统随机生产模拟的有效容量分布的累积量法[J]. 控制与决策, 1992, 7(1): 41-47.

[41] 魏国华, 王芬. 线性规划[M]. 北京: 高等教育出版社, 1989: 31-38.

[42] 王燕军, 梁治安, 崔雪婷. 最优化基础理论与方法[M]. 2版. 上海: 复旦大学出版社, 2018: 31-38.

[43] 高雷阜. 最优化理论与方法[M]. 沈阳: 东北大学出版社, 2005: 175-187, 202-211.

[44] 丁明, 石雪梅. 基于遗传算法的电力市场环境下电源规划的研究[J]. 中国电机工程学报, 2006, 26(21): 43-49.

[45] 吴耀武, 侯云鹤, 熊信艮, 等. 基于遗传算法的电力系统电源规划模型[J]. 电网技术, 1999, 23(3): 10-14.

[46] 贺峰, 熊信艮, 吴耀武. 改进免疫算法在电力系统电源规划中的应用[J]. 电网技术, 2004, 28(11): 38-44.

[47] 杨琦, 马世英, 宋云亭, 等. 分布式电源规划方案综合评判方法[J]. 电网技术, 2012, 36(2): 213-216.

[48] 高赐威, 吴天婴, 何叶, 等. 考虑风电接入的电源电网协调规划[J]. 电力系统自动化, 2012, 36(22): 30-35.

[49] 张节潭. 含风电场的电源规划研究[D]. 上海: 上海交通大学, 2009.

[50] 韩杏宁. 大区电力系统新能源电源规划及储能配置方法研究[D]. 武汉: 华中科技大学, 2017.

[51] AHRENS C D. Transition to very high share of renewables in Germany[J]. CSEE Journal of Power and Energy Systems, 2017, 3(1): 17-25.

[52] 孙惠娟, 刘君, 彭春华. 基于分类概率综合多场景分析的分布式电源多目标规划[J]. 电力自动化设备, 2018, 38(12): 39-45.

[53] 朱益平. 电网规划不确定性及其处理方法与模型研究综述[J]. 山东电力高等专科学校学报, 2012, 15(2): 1-6.

[54] 刘玉方, 俞晓容, 孙蓉. 电网规划中电压等级的选择与确定[J]. 江苏电机工程, 2006, 25(2): 41-43.

[55] 潘雄. 电网优化规划方法研究[D]. 重庆: 重庆大学, 2002.

[56] 刘宝碇, 赵瑞清, 王纲. 不确定规划及应用[M]. 北京: 清华大学出版社, 2003: 1-8.

[57] 张焰, 陈章潮, 谈伟. 不确定性的电网规划方法研究[J]. 电网技术, 1999, 23(3): 15-18.

[58] 张立波, 程浩忠, 曾平良, 等. 基于不确定理论的输电网规划[J]. 电力系统自动化, 2016, 40(16): 159-167.

[59] 王秀丽, 王锡凡. 遗传算法在输电系统规划中的应用[J]. 西安交通大学学报, 1995, 28(9): 1-9.

[60] 徐向军. 多目标多阶段电网模糊规划[D]. 上海: 上海交通大学, 1995.

[61] 王瑞莲, 赵万里. 基于模糊决策的城市高压输电网规划方案评价方法[J]. 电网技术, 2013, 37(2): 488-492.

[62] 方国华, 黄显峰. 多目标决策理论、方法及其应用[M]. 北京: 科学出版社, 2011: 35-41.

[63] 伍力, 吴捷, 钟丹虹. 多目标优化改进遗传算法在电网规划中的应用[J]. 电力系统自动化, 2000, 24(12): 45-48.

[64] 程浩忠, 高赐威, 马则良, 等. 多目标电网规划的一般最优化模型[J]. 上海交通大学学报, 2004, 35(8): 1229-1237.

[65] 程浩忠, 高赐威, 马则良. 多目标电网规划的分层最优化方法[J]. 中国电机工程学报, 2003, 23(10): 11-16.

[66] 孙洪波, 徐国禹, 秦翼鸿, 等.电网规划的模糊随机优化模型[J]. 电网技术, 1996, 20(5): 4-7.

[67] SILVA I J, RIDER M J, ROMERO R, et al. Transmission network expansion planning considering uncertainty in demand[J]. IEEE Transactions on Power Systems, 2006, 21(4): 1565-1569.

[68] 何井龙, 杨红梅. 基于合作协同进化和IMPSO算法的多阶段多目标电网规划[J]. 电力系统保护与控制, 2008, 36(20): 10-14.

[69] 贾鸥莎. 电力发展新形势下城市电网多阶段规划研究[D]. 天津: 天津大学, 2012.

[70] 马艳霞, 车彬, 孟旭红, 等. 基于多目标的多阶段主动配电网规划方法分析[J]. 电网与清洁能源, 2019, 35(10): 62-67.

[71] 肖白, 郭蓓. 配电网规划研究综述与展望[J]. 电力自动化设备, 2018, 38(12): 200-211.

[72] 中华人民共和国国家电网公司. 城市电力网规划设计导则:Q/GDW 156—2006[S]. 北京: 国家电网公司, 2006: 2-5.

[73] 中华人民共和国住房和城乡建设部, 中华人民共和国国家质量监督检验检疫总局. 城市电力规划规范: GB/T 50293—2014[S]. 北京: 中国建筑工业出版社, 2014: 9-13.

[74] 程浩忠. 电力系统规划[M]. 2 版. 北京: 中国电力出版社, 2014: 217-220.

[75] 李鑫滨, 朱庆军. 变电站选址定容新模型及其遗传算法优化[J]. 电力系统及其自动化学报, 2009, 21(3):

32-35, 62.

[76] 王成山, 魏海洋, 肖峻, 等. 变电站选址定容两阶段优化规划方法[J]. 电力系统自动化, 2005, 29(4): 62-66.

[77] 葛腾宇. 配电网接线方式研究[D]. 武汉: 华中科技大学, 2015.

[78] 国家电网公司. 配电网规划设计技术导则: Q/GDW 1738—2012[Z]. 北京: 国家电网公司, 2013: 1-2.

[79] 方向辉. 中低压配电网规划与设计基础[M]. 北京: 中国水利水电出版社, 2004: 1-8.

[80] 国家电网公司. 国家电网公司电力系统电压质量和无功电压管理规定[Z]. 北京: 国家电网公司, 2004: 1,2.

[81] 许家宝. 电力系统无功补偿优化规划[J]. 九江学院学报(自然科学版), 2013(2): 37-39.

[82] 李林川, 王建勇, 陈礼义, 等. 电力系统无功补偿优化规划[J]. 中国电机工程学报, 1999, 19(2): 66-69.

[83] 刘桂龙, 王维庆, 张新燕, 等. 无功优化算法综述[J]. 电网与清洁能源, 2011, 27(1): 4-8.

[84] 王成山, 唐晓莉, 余贻鑫, 等. 基于启发式算法和 Bender's 分解的无功优化规划[J]. 电力系统自动化, 1998, 22(11): 14-17.

[85] 刘方, 颜伟, DAVID C Y. 基于遗传算法和内点法的无功优化混合策略[J]. 中国电机工程学报, 2005, 25(15): 67-72.

[86] 郭创新, 朱承志, 赵波, 等. 基于改进免疫算法的电力系统无功优化[J]. 电力系统自动化, 2005, 29(15): 23-28.

[87] 颜伟, 孙渝江, 罗春雷, 等. 基于专家经验的协同进化方法及其在无功优化中的应用[J]. 中国电机工程学报, 2003, 23(7): 76-80.

[88] 程彬, 刘方, 颜伟, 等. 动态无功优化的混合智能算法[J]. 重庆大学学报(自然科学版), 2007, 30(1): 22-27.

[89] 谭涛亮, 张尧. 基于遗传禁忌混合算法的电力系统无功优化[J]. 电网技术, 2004, 28(11): 57-61.

[90] 梁雄健, 孙青华, 张静, 等. 通信网规划理论与实务[M]. 北京: 北京邮电大学出版社, 2006: 5-12.

[91] 中华人民共和国国家发展和改革委员会. 电力系统调度自动化设计规程: DL/T 5003—2017[S]. 北京: 计划出版社, 2017: 6-32.

[92] 张景景. 基于 IEC61850 标准的变电站自动化通信系统设计[D]. 南昌: 华东交通大学, 2014: 6-8.

[93] 国家能源局. 配电自动化技术导则: DL/T 1406—2015[S]. 北京: 国家能源局, 2015: 3-23.

[94] 中华人民共和国国家经济贸易委员会. 配电自动化系统功能规范:DL/T 814—2002[S]. 北京: 国家电网公司, 2002: 2-5.

[95] 刘晓茹. 配电自动化中通信系统的设计与评价方法的研究[D]. 北京: 华北电力大学, 2009.

[96] 中华人民共和国国家质量监督检验检疫总局, 中国国家标准化管理委员会. 配电自动化智能终端技术规范: GB/T 35732—2017[S]. 北京: 中国国家标准化管理委员会, 2017: 2-15.

[97] 郭亚军. 综合评价理论与方法[M]. 北京: 科学出版社, 2003: 21-31.

[98] 孙文全. 电力技术经济评价理论、方法与应用[M]. 北京: 中国电力出版社, 2004: 35-42.

[99] 程林, 何剑. 电力系统可靠性原理和应用[M]. 2 版. 北京: 清华大学出版社, 2015: 35-50.

[100] 郭永基. 电力系统可靠性分析[M]. 北京: 清华大学出版社, 2003: 33-38.

[101] 丘文千. 电力系统优化规划模型与方法[M]. 2 版. 杭州: 浙江大学出版社, 2019: 131-144.

[102] 余闯. 浴盆曲线及其模型相关问题研究[D]. 北京: 北京航空航天大学, 2014: 7-12.

[103] 赛义德. A. 赛义德. 可靠性工程[M]. 杨舟, 译. 北京: 电子工业出版社, 2013: 30-51.

[104] 何选森. 随机过程[M]. 北京: 人民邮电出版社, 2009: 136-151.

[105] 韩富春, 边丽江, 刘亚新. 电力系统规划可靠性评估研究[J]. 太原理工大学学报, 2001, 32(5): 469-471, 481.

[106] YU D C, NGUYEN T C, HADDAWY P. Bayesian network model for reliability assessment of power systems[J]. IEEE Transactions on Power System, 1999, 14(2): 426-432.

[107] 刘传铨, 顾金弟, 吴旭鹏, 等. 输电网规划方案的可靠性评估研究[J]. 华东电力, 2010, 38(12): 184-187.

[108] 黄超. 配电网可靠性评估方法的研究[D]. 广州: 华南理工大学, 2019.

[109] 苏慧玲. 发电系统可靠性的理论与实例研究[D]. 南昌: 南昌大学, 2007: 9-24.

[110] 郭永基. 电力系统及电力设备的可靠性[J]. 电力系统自动化, 2001, 25(17): 53-56.

[111] 王超, 徐政, 高鹏, 等. 大电网可靠性评估的指标体系探讨[J]. 电力系统及其自动化学报, 2007, 19(1): 42-48.

[112] 肖峻, 崔艳妍, 王建民, 等. 配电网规划的综合评价指标体系与方法[J]. 电力系统自动化, 2008, 32(15): 36-40.

[113] BIANCO V, MANCA O, NARDINI S. Linear regression models to forecast electricity consumption in Italy[J]. Energy Sources, Part B: Economics Planning and Policy, 2013, 8(1): 86-93.

[114] BUNNOON P, CHALERMYYANONT K, LIMSAKUL C. Mid term load forecasting of the country using statistical methodology: Case study in Thailand[J]. IEEE Computer Society, 2009: 924-928.

[115] SUSTERAS G, RAMOS D. Experiences of the electricity system operator incentive scheme in Great Britain[J]. Energy and Power Engineering, 2012, 4(4): 218-225.

[116] 何剑, 程林, 孙元章. 电力系统运行可靠性成本价值评估[J]. 电力系统自动化, 2009, 33(2): 5-9.

[117] 张焰. 电网规划中的可靠性成本-效益分析研究[J]. 电力系统自动化, 1999, 23(15): 33-35.